PEIDIANWANG GUIHUA SHEJI ZHIDAO SHOUCE

配电网规划设计指导手册

国网新疆电力有限公司经济技术研究院 编

内 容 提 要

本书共十一章，主要内容包含总论、配电网现状分析与评价、配电网供电区域划分、配电网的负荷预测与分析、配电网方案规划、配电网网架结构及设备选型、配电网的无功补偿与电压调整、配电网规划的电气计算、配电网智能化规划、用户及电源接入、配电网规划评价指标体系，书后还列出了资金换算表和给出配电网几种典型供电模式方案图，以方便查阅和参考。

本书内容简洁实用，既有理论基础，又有工程实例分析。

本书可作为配电网规划设计专业人员的参考工具书，也能为非专业人员提供参考和借鉴。

图书在版编目（CIP）数据

配电网规划设计指导手册 / 国网新疆电力有限公司经济技术研究院编. —北京：中国电力出版社，2020.9（2021.9重印）

ISBN 978-7-5198-4890-3

Ⅰ. ①配… Ⅱ. ①国… Ⅲ. ①配电系统–电力系统规划–系统设计–技术手册 Ⅳ. ①TM715–62

中国版本图书馆 CIP 数据核字（2020）第 156060 号

出版发行：中国电力出版社
地　　址：北京市东城区北京站西街 19 号（邮政编码 100005）
网　　址：http://www.cepp.sgcc.com.cn
责任编辑：薛　红（010-63412346）
责任校对：黄　蓓　马　宁
装帧设计：郝晓燕　张俊霞
责任印制：石　雷

印　　刷：三河市百盛印装有限公司
版　　次：2020 年 9 月第一版
印　　次：2021 年 9 月北京第二次印刷
开　　本：787 毫米×1092 毫米　16 开本
印　　张：16.25
字　　数：381 千字
定　　价：80.00 元

编 委 会

前　言

配电网作为地区电网承上启下的重要环节和城乡发展不可或缺的基础设施，是服务营商环境的主战场。为满足我国经济发展方式转变，产业结构优化升级，城市化进程加快，电力体制改革逐步深入等背景下配电网发展需要，特编著了《配电网规划设计指导手册》一书。本书以习近平新时代中国特色社会主义思想为指导，深入贯彻国家能源发展战略，旨在有效地指导配电网高质量发展的同时，为目前正在开展的国土空间规划工作提供一些参考。

本手册共十一章，第一章总体上对配电网规划进行概述，阐明了配电网规划的重要性、任务、内容以及程序和方法。第二章至第四章首先介绍了配电网现状分析与评价的内容，包括电网规模、设备运行状况、存在问题等；随后对配电网供电区域、网格、单元划分的标准、方法及实例分析等内容详细说明；最后再结合负荷的分类、负荷特性以及负荷预测方法的理论，提供相关预测实例并加以论述。第五章至第六章先从配电网网架结构规划、中性点接地方式、变电站规划等方面论述了配电网电压等级规划及方案规划；然后分别从高、中、低压介绍配电设备选型方法和原则，为实际设备选型提供参考。第七章阐述了配电网的无功补偿原则与电压调整，重点研讨了110kV及以下电网无功补偿及电压调整，并给予无功补偿实例分析说明。第八章详细介绍了配电网电气计算并给出计算方法，包括电网元件参数计算、潮流计算、短路电流计算。第九章从配电网智能规划原则及要求、配电自动化规划、通信网规划、综合能源服务等4个方面论述了配电网智能规划。第十章主要介绍了用户接入和分布式电源接入的原则要求及相关流程。第十一章分别从技术指标评价和经济型分析的理论角度介绍了配电网规划评价指标体系，以工程经济学基本知识为基础，从电网规划方案角度研究了资金的时间价值和各种费用换算关系，并结合提供的实例帮助读者进一步加深认识。

此书编写过程中，得到国网经济技术研究院有限公司、国网山东省电力公司经济技术研究院、国网江苏省电力有限公司经济技术研究院、国网甘肃省电力公司经济技术研究院、国网青海省电力公司经济技术研究院、国网陕西省电力公司经济技术研究院的大力支持，在此一并表示衷心的感谢。由于时间匆忙，难免会有疏漏及错误，敬请读者及同仁不吝赐教。

编　者

2020年8月

目 录

第一章

总　论

第一节　概　　述

电能作为优质、清洁、高效的二次能源，是目前世界各国能源消费的主要形式之一。电能作为一种特殊的商品，不能大量储存，其生产、运输、销售和消费是同时完成的。用户对电能需求的不断增长，只有通过电力工业本身的基本建设以不断扩大电力系统的规模才能满足。要满足国民经济发展的需要，电力工业必须先行。因此，做好电力工程建设的前期工作，落实发、送、变电本体工程的建设条件，协调其建设进度，优化其设计方案，其意义尤为重大。

电力网络从功能上可以划分为输电网和配电网。我国220kV及以上电压电网一般称为输电电网，其功能是输送电能。目前我国输电网已形成1000/500//220kV和750/330（220）kV两个交流电压等级的序列，其中750/330（220）kV主要用于西北地区；直流输电主要包括±1100、±800、±600、±500kV等电压等级。配电网的主要功能是从输电网或地区发电厂接受电能，通过配电设施就地或逐级分配给用户。同输电网相比，配电网电压等级较低，供电距离较近。我国一般将110kV及以下电压电网称为配电网。配电网是电网的重要组成部分，与城乡规划建设密切相关，是服务民生的重要基础设施，直接面向终端用户，需要快速响应用户需求，具有外界影响因素复杂、地域差异性大、设备数量多、工程规模小且建设周期短等特点。随着分布式电源和多元化负荷的大量接入，配电网的功能和形态发生深刻变化，由"无源"变为"有源"，潮流由单向变为多向，呈现变化大、多样化的新趋势。配电网根据电压等级分为高压配电网、中压配电网和低压配电网。在我国，高压配电网的电压等级一般采用110kV和35kV，东北地区主要采用66kV；中压配电网的电压等级一般采用10kV，个别地域采用20kV或6kV；低压配电网的电压等级采用380/220V。配电网包括一次设备和二次设备。一次设备直接配送电能，主要包括变压器、开关设备、架空线路、电力电缆等；二次设备对配电网进行测量、保护与控制，主要包括继电保护装置、安全装置、计量装置、配电自动化终端、相关通信设备。

配电网规划是电力系统规划设计的重要组成部分，是配电网工程前期工作的基础。它是关于单项本体工程设计的总体规划，是具体建设项目实施的方针和原则，是一项具有战略意义的工作。配电网规划设计工作应在国家产业和能源政策指导下，在国民经济综合平衡的基础上进行。配电网规划应根据国民经济发展和社会发展的需要而定。配电网规划应着重研究配电网整体，分析配电网状态，研究配电网负荷增长规律，优化配电网结构，提高配电网供电可靠性，使配电网具有充分的供电能力，以满足各类用电负荷增长的需要，使配电网的容量之间、有功功率和无功功率之间的比例趋于协调，使供电指标达到规划目标的要求，成为设备更新迅速、结构完善合理、技术水平先进的电网。配电网的发展速度及其经济合理性不仅关系到电力工业本身能源利用和投资的经济效益和社会效益，而且也将对国民经济其他行业的发展产生巨大的影响。正确、合理的配电网规划设计实施后可以最大限度地节约国家基建投资，实现高效合理的电能分配，促进国民经济其他行业的健康发展，提高其他行业的经济效益和社会效益。

由于历史原因，我国配电网发展不平衡，建设总体滞后，负债较多，与国际先进水平还有明显差距。长期以来缺乏先进发展理念，网架建设被动跟随用户工程，发展随意性大，建设标准不统一，设备质量参差不齐，制约了电网整体的功能发挥。

我国配电网规划起步较晚，工作基础相对薄弱。当前配电网发展的老问题和新需求相互交织，规划问题日趋复杂，迫切需要提高配电网规划设计人员的业务水平和综合能力，运用全新的规划理念、工具和方法，加强统一规划，提高精益化、标准化水平，实现规划引领，促进配电网科学发展。

第二节　配电网规划的重要性

规划节约是最大的节约，规划浪费是最大的浪费。配电网的建设关系到发展经济、提高工农业生产、改善人民生活水平等许多问题，也关系到配电网可靠、经济、合理运行，保证用电质量，降低电力成本等许多技术问题。做好配电网规划，其实质是技术上先进、经济上合理，有计划、有步骤地实现配电网建设和改造的战略目标，使配电网成为供、用电指标先进的电网。近年来，国家投放了巨额资金来完成城网、农网改造的工程，而提高城网、农网建设和改造的质量，增加经济效益，做好配电网规划更是必要的。这对电网的发展，对推进电网的管理体制从计划经济向社会主义市场经济转变，对经济增长方式从粗放型向集约型转变起着至关重要的作用。

一、配电网的定义

配电网可以根据功能、电压等级等因素进行定义。按照功能划分，电网分为输电网和配电网。输电网承担电力输送的功能，配电网承担电力分配的功能。按电压等级划分，可将某一电压等级及以下的资产统一定义为配电网。

目前，随着各地区经济发展及电网建设情况不同，各地区不同电压等级电网承担着配电功能。例如，中西部地区一般为 110（66）kV 及以下电网承担配电功能，而东部地区及南方经济发达的高负荷密度的部分城市中的 220kV 已进入城市中心区承担配电功能。

根据历史传统及现状管理情况，配电网一般分为城市配电网和农村配电网。但目前各电网公司已逐渐弱化城市和农村口径，而统一为配电网，只是配电网的建设重点和建设标准不同。例如，国家电网公司将 110kV 及以下电压等级电网定义为配电网，包括 110（66）kV、35kV、10（20）kV 和 380V 电网，其中又包括市辖供电区电网（城市电网）和县级供电区电网（农村电网）。市辖供电区一般是指直辖市和地级市以“区”建制命名的地区，但不包括已纳入县级供电区的地区。县级供电区主要是指县级行政区（含县级市、旗等），此外还包括直辖市的远郊区中除区政府所在地、经济开发区和工业园区以外的地区，以及地级市中尚存在乡（镇）村的远郊区。南方电网公司将配电网定义为110kV及以下电压等级电网，包括110kV、35kV、10（20）kV、380/220V电网。

配电网可以分为高压配电网、中压配电网及低压配电网。按电压等级划分，一般35kV及以上电压等级配电网为高压配电网，10（20）kV电网为中压配电网，380/220V电网为低压配电网。本书所指的配电网为110kV及以下电压等级电网。

二、规划设计的目的

配电网规划是电网规划的重要组成部分，也是城乡建设规划的重要组成部分，科学、合理的配电网规划设计可以最大限度地节约电网建设投资，提高电网运行的可靠性和经济性，满足电力用户的安全可靠用电，保障国民经济健康发展。配电网规划的主要目的包括：

（1）明确配电网发展技术原则和建设标准；

（2）制定配电网近期、中期规划方案及远期规划目标，指导配电网建设；

（3）提出配电网电力设施布局所需的站址、廊道等资源需求，促进配电网与城乡发展规划协调发展。

三、配电网规划设计的特点

配电网资产规模大，直接面向用户，规划设计质量直接关系到整个电网企业的经济效益和广大电力用户安全可靠供电。由于配电网在电网中所处位置及承担的功能，配电网规划设计具有以下特点。

（1）配电网资产规模大，建设标准直接决定了电网企业的投产能力、经济效益及用户供电可靠性，配电网规划要兼顾可靠性和经济性等多方面需求。

（2）配电网工程以用户为导向，配电网不仅要与上一级电网协调优化，更要满足用户接人及供电需求。

（3）应执行统一的技术原则和建设标准。

（4）配电网工程与市政工程关系紧密，工程实施受市政条件影响大，不可控因素多。同时，配电网建设受政策法规影响大。

（5）应满足不同电力用户、分布式电源及电动汽车等多元负荷的发展，规划的前瞻性及适应性要求更高。

（6）应适应外界条件复杂、用户需求变化快、建设周期要求短、改造频繁的特点。

第三节 配电网规划的任务及内容

一、配电网发展规划的业务范围

（1）对规划年份电力负荷的发展进行预测，并对用电负荷的构成及特性进行分析。

（2）进行规划年份的电力、电量平衡。

（3）对规划地域内发电能源情况进行调查，并对包括风、光伏等资源条件及运输条件进行分析。

（4）对 110kV 及以下的电源建设方案进行优化论证。

（5）提出相应的配电网网架方案。

（6）提出系统逐年新增发电容量及退役容量、规划期发送变电工程项目及其规模、规划期及逐年基建总投资和筹措设想。

（7）规划方案的技术经济指标及经济效益。

（8）应完成的前期工作及科研项目。

二、配电网规划设计的业务范围

（1）进一步分析核算系统电力负荷和电源的水平、分布、组成及特性，必要时对负荷增长情况进行敏感性分析。

（2）进行电力电量平衡，进一步论证系统的合理供电范围和相应的电源建设方案。

（3）优化网络建设方案，包括电压等级、网络结构及过渡方案。

（4）进行无功平衡和电气计算，提出保证电压质量、短路电流的技术措施，包括无功补偿设备、调压装置及其他特殊措施。

（5）安排变配电工程及无功补偿项目的投产时间，提出主要设备数量及技术规范，估算总投资及发、供电成本。

（6）提出应进行的远景年份所需发电工程可行性研究、现有网络改造项目及其他需进一步研究的问题。

三、规划阶段划分

配电网规划的年限应与国民经济和社会发展规划的年限相一致。配电网规划阶段一般可分为近期（5 年）、中期（10 年）、远期（15 年及以上）3 个阶段，遵循“近细远粗，远近结合”的思路。

近期规划应着力解决当前配电网存在的主要问题，提高供电能力和可靠性，满足负荷需要，并依据近期规划编制年度计划。一般来说，高压配电网应给出 5 年的网架规划和分年度新建与改造项目；中压配电网应给出 2 年的网架规划和分年度新建与改造项目，并估算 5 年的建设规模和投资规模。

中期规划着重将现有配电网网架逐步过渡到目标网架，预留变电站站址和线路通道。中期规划应与近期规划相衔接，明确配电网发展目标，对近期规划起指导作用。

远期规划应侧重于战略性研究和展望，主要考虑配电网的长远发展目标，根据饱和负荷水平的预测结果确定目标网架，并对电源布局提出要求。

四、配电网规划的任务

配电网规划的任务是研究配电网长期发展的规模及其速度，以一地区或一省未来国民经济的发展为基础，以动力资源和其他经济资源为条件，测算用户对电力、电量的需求，分析 110kV 及以下电源的合理分布、构成、装机规模，研究新的变配电技术和对新的变配电设备的需求，掌握配电领域新技术的发展形势，估算未来配电网发展所需要的资金，提出配电网发展所需超前研究的科研课题和建设方针。

一般来说，配电网规划总体上主要有两个方面的任务。

（1）确定宏观规模，主要论证、提出规划期内符合增长的趋势和数量，需要新建、改造的一次设备（各级电压变电站和配电网络）工程规模及其综合投资估算，预期的经济、社会效益和可取得的技术经济指标，可能存在的主要风险和降低风险的措施等。

（2）提出实施规划的技术方针原则和工程要求，主要是确定适合配电网实际的技术原则；明确采用先进、实用的设备及对这些设备在落实国家节能、环保政策方面提出具体要求；提出合理网架布局、站址、路径和配电设施用地等要求，以及无功补偿、二次系统等建设改造的原则、规模等。不同规划期的配电网规划研究的侧重点有所不同。

由于配电网负荷的特点，配电网规划是一个较为复杂的问题，它需要确定的决策是多方面的，而这些决策又是相互影响的。目前，限于各方面条件，将它们统一在一个模型中考虑有一定困难。

根据上述可知，配电网规划有明确的分期规划目标，分为近期规划、中期规划、远期规划。

（一）近期规划

近期规划是 5 年规划，其任务如下：

从现有的电网入手，将下一年的预测负荷分配到现有的变电站和线路，进行电力潮流、电压降、短路容量等各项验算，以检查电网的适应度。针对电网中出现的不适应问题，合理规划变电站位置、容量，规划输、配电网网架，确定配电网改造方案。

新电网布局确定后，应对电网的供电可靠性、供电电压质量、电网线损率、电网经济效益等各项指标进行验算，务必使其满足近期规划的目标要求。

（二）中期规划

中期规划通常为 10 年规划，其任务如下：

（1）在做好近期规划的基础上，对今后 10 年电网的发展进行详细的分析论证。将以中期预测负荷分配到各变电站和输、配电线路以进行各项分析计算，从而检查电网的适应度。

（2）针对电网中存在的不适应问题，从远期规划的初步布局中确定比较具体的电网改造方案，其中对大型的建设项目应进行适当的论证。

（三）远期规划

远期规划为 15 年及以上规划，其任务如下：

（1）远期规划以中期规划的电网布局为基础，根据远期预测来进行各项计算分析。

（2）远期规划主要根据本地区国民经济和社会发展的长期规划来宏观地分析电力市场要求，提出电力可持续发展的基本原则和方向。

（3）远期规划主要研究电网电源的总体规模、电网的基本布局、电网的基本结构、电网的主网架等方面的问题，同时对国家的电力技术政策、电力新技术方向等给予必要的关注。

电力发展规划的编制坚持统一规划、分期管理的原则，各级电力发展规划应具有不同的工作重点，充分体现下级规划是上级规划的基础、上级规划对下级规划的指导作用，电力发展规划应进行多方案综合评价，借以对资源配置、电源布局、电网结构、建设进度、投资结构等方面进行优化，电力发展规划必须实行动态管理，近期规划应每年修订 1 次，中期规划应 3 年修订 1 次，长期规划应 5 年修订 1 次，有重大变化时应及时调整，即滚动规划（适应城乡经济社会发展的需要对配电网规划的调整）。有下列情况之一，应视需要对配电网规划目标、结构和建设方案等进行修改。

（1）城乡发展规划发生调整或修改后；

（2）上级电网规划发生调整或修改后；

（3）接入配电网的电源规划发生调整或修改后；

（4）预测负荷水平有较大变动时；

（5）电网技术有较大发展时。

五、配电网规划的内容

（一）规划设计报告

配电网规划成果为配电网规划设计报告，一般规划设计报告包括以下几部分内容。

（1）规划目的和依据：包括规划目的和意义、规划思路、规划范围与年限、规划依据等内容。

（2）地区经济社会发展概况：包括规划地区总体情况、经济社会发展历史、经济社会发展规划等内容。

（3）电网现状：包括供电企业概况、电力需求情况、并网电源情况、高压配电网现状、中压配电网现状、380/220V 电网现状、电网现状评估及问题分析。

（4）负荷预测：包括历史数据分析、电量需求预测、电力需求预测及负荷特性分析预测等内容。

（5）电源规划：包括常规电源（水电、火电等）接入规划方案和新能源电源（风能、太阳能及生物质能等）接入规划方案。

（6）规划目标和技术原则：包括供电区分类、规划目标及主要技术原则。主要技术原则具体应包括以下几方面。

1）对高压配电网，提出容载比、电网结构、建设标准和建设形式、主要设备选型和装备水平等方面的主要技术原则。

2）对中压配电网，提出电网结构、典型接线形式、供电半径、分区供电方式、建设标准和建设形式、主要设备选型和装备水平等方面的主要技术原则。

3）对低压配电网，根据地区功能定位和区域类型划分，提出 380/220V 架空线路和电缆线路的导线截面、典型接线形式、供电半径，以及低压配电装置选型等方面的主要技术原则。

（7）配电网规划方案：根据配电网特点，配电网规划方案应分为高压配电网规划方案和中压及以下配电网规划方案。

高压配电网规划方案包括上级 220kV（或 330kV）电网的规划结果等边界条件分析、网供负荷预测及电力平衡分析、变电规划（变电容量需求分析、变电建设规模、规模合理性分析、变电站布点方案等）、网架规划（网架结构规划、线路通道规划、线路建设规模等）、电气计算（潮流计算、短路计算、供电可靠性计算等）、供电安全分析、线损分析。可根据需要进行变电站用地需求和廊道选择。必要时，应进行高压配电网远期展望，论述高压配电网变电站布点与网架结构等。

中压及以下配电网规划方案主要包括网供负荷预测、网架规划（目标网架结构及过渡方案、网络新建改造建设规模等）、配电变压器规划（配电变压器容量需求分析、配电变压器新建及改造规模、无功配置、低压线路规模等内容）。

（8）其他相关规划内容：包括通信系统、二次系统（如配电自动化）等与配电网规划相关的其他专项规划内容，明确建设原则、技术政策及建设方案等。

（9）投资估算与规划成效分析：包括投资估算依据、规划投资、资金筹措方案及规划成效分析等内容。根据需要，进行投入效率分析、财务评价、敏感性分析等经济效益分析，必要时，进行社会效益分析。

（10）结论与建议：包括规划期内的建设规模、投资估算等主要规划结论。视需要对配电网发展、建设中迫切需要解决的问题提出建议。

总体来说，配电网规划的任务是通过对未来5～15年电力配电网的发展规模的研究，合理设计电源和网络建设方案，统一协调发、输、变电工程的配套建设项目，确定设计年度内系统发展的具体实施方案。

（二）规划设计研究范围及侧重点

配电网规划设计工作视研究的地域范围和解决技术问题的侧重点不同可以分为以下几类。

1. 配电系统设计

省域地市配电系统设计的任务是在系统主力电源接入系统方案和主网架方案已经确定的条件下，研究省及地市接入配电网电源接入系统方式及二次电压等级的网络方案，通过系统潮流、调相调压及短路电流计算，提出省及地市的配电系统接线方案及相应需要建设的变配电项目（包括无功补偿配置）。

2. 电源接入系统设计

电源接入系统设计的任务是根据负荷分布和电源合理供电范围，研究电源最佳接入系统方式（包括电压等级及出线回路数）、电源送出工程相关网络方案、建设规模及无功补偿配置，并提出系统运行对设计电源的技术要求（如稳定措施、调峰、调频、调压设备的规范及发电机的进相及调相能力等）。

3. 本体工程设计的系统专业配合

本体工程设计的系统专业配合的任务是把电厂接入系统设计中确定的技术原则落实到具体工程设计中去，包括设计规模，分期建设方案，电气主接线、主设备规范，建设进度、技术条件校核及可能采取的措施等。系统专业的配合资料是本体工程设计的依据和基础资料。

4. 电力系统专题设计

为解决设计年限内系统出现的专门技术问题，需要进行系统专题设计。其范围主要包括：

（1）系统扩大联网设计；

（2）系统高一级电压等级论证；

（3）交、直流输电方式选择；

（4）电源开发方案优化论证；

（5）弱受端系统供电方案；

（6）特殊负荷的供电方案；

（7）新技术设备的应用研究。

第四节　配电网规划的基本原则、程序及方法

一、配电网规划的基本原则

配电网应向用户提供充足、可靠和优质的电能，而经济性、可靠性和灵活性是配电网系统应该具有的品质，故满足一定程度的经济性、可靠性和灵活性是配电网规划设计的基本要求。

（一）供电能力充分满足用电负荷增长需求

在规划期内应当尽快改善、解决配电网现存的薄弱环节，并使规划期配电网具有足够的供电能力，充分满足预测负荷的需求。

具体衡量标志如下。

（1）配电网在规划期内、期末常态工况下，能够满足当前负荷和预期负荷增长的需求，配电网所有元部件（包括变压器、供配电线路等一次主设备）运行的负载率在技术上、经济上合理，电压质量合格，不发生满负荷、过负荷问题。这是最基本的要求。

（2）高中压配电网网架在规划期或稍长时间内，在常态工况下能够满足比预测负荷增长率高的负荷增长需求，而配电网一次主设备不致过负荷，并保持电压质量在规定的合格范围内。

（3）配电网网架在规划期或稍长时间内，在规定元部件 $N-1$ 维修工况下，能够通过调度操作调控，满足负荷需求，不致使配电网元部件过负荷。

（二）配电网具有良好的安全供电性能

良好的安全供电性能是指配电网运行满足规定的 $N-1$ 安全准则，即在网络常态工况（含 $N-1$ 维修工况）下，一个元件发生意外故障（如雷击、短路）或设备事故冲击时，配电网及其他元件的安全稳定运行状态不被破坏，仍能保持（或迅速恢复）正常供电而不损失负荷。$N-1$ 安全准则是检验配电网安全供电能力的基本准则。

（三）提供良好的电能质量

配电网在常态工况下应保障终端用户电能质量指标符合国家颁布的 5 项供电质量标准。其中，电压偏差是对用户用电和配电网安全、经济运行影响敏感的基本指标，主要取决于配电网结构、无功补偿及其调节能力及运行方式，需要在配电网规划阶段打下良好基础。供电企业对时有发生的电压不合格现象应制定控制电压合格率的企业标准和相应的实测规则与改进计划。

（四）提供良好的用户供电可靠性

用户供电可靠性表征配电网向用户持续供电的程度，是用户真正感受到供电是否可靠的基本标志。用户供电可靠性指标主要有用户供电可靠率 RS－1 和 RS－3、用户年

平均停电时间 AIHC－1 或 AIHC－3、用户年平均停电次数等。世界各国电力公司都对提高用户供电可靠性十分重视，采取措施，不断提高用户供电可靠率，不断提高用户满意度。

（五）具有较低的线损率

配电网电能损耗是将电能经由地区配电网向本地用户配送过程中，在该地区高、中、低压配电网及营销环节所产生的损耗和损失。线损越高，供电企业的效益就越低。因此，要科学、合理地制定规划期的线损率目标。降低线损是落实节约能源、降低能耗基本国策的重要内容，也是供电企业提高经营效益的重要途径。

近年来，我国各省电网技术线损理论计算分析和实际线损率统计分析表明，配电网线损量约占整个电网线损总量的 65%～75%，其中 10kV 及以下中、低压配电网线损电量约占 45%（有的配电网达到 50%以上）。电网典型日运行方式实测理论计算与实际统计分析还表明，我国中、低压配电网线损率与发达国家相比有较大差距。国内城市电网之间相比也存在较大差异。从这方面来说，科学地规划、建设好配电网，合理地降低配电网线损还有一定的潜力。

（六）保持供电企业负债率在合理范围内

供电企业负债率是企业经营状况的重要指标，也标志着可持续发展和盈利的能力。在配电网规划中应当宏观控制规划期资金投入数量，将最大负债率（指主业资产负债率）控制在适宜的范围。在一定负荷增长率和国家批准电价政策下，应有一个合理的年负债率变化值，从而使该规划期配电网投资既有需求扩张的目标，又有投资收益的约束，从而达到优化的目的。

一般来说，供电企业负债率在 70%以下，该企业资产属优良资产，市场信誉好、偿还能力较强，对电网发展是强有力的支撑。目前，供电业务具有自然垄断属性，在电力稳定增长的时期里，短期负债率高到 70%～80%也属于可运作资产范畴。当然，这需对一段时期（如 5 年）内的负债率变动趋势进行综合分析，不能以一个年度的具体数字而论。

二、配电网规划的程序

配电网规划设计工作的主要程序包括：

（1）所需资料及历史数据收集；

（2）负荷预测及供电分区；

（3）现状电网评估；

（4）确定规划目标及技术原则；

（5）规划设计方案制定；

（6）分析计算及技术经济比选；

（7）费用估算及经济分析；

（8）规划报告编制。

具体的配电网规划程序见图 1－1。

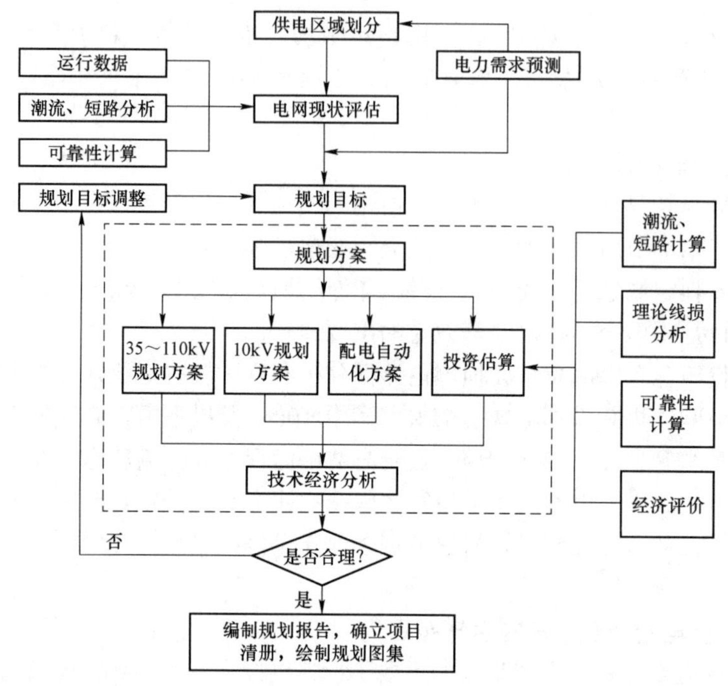

图 1－1　配电网规划程序

三、配电网规划的方法

配电网规划设计要对一个地区、一个省甚至全国配电网发展的全局性问题进行宏观指导，方法上着重于综合分析，结论主要体现对配电网技术原则、建设规模、电网投资等的宏观判断。在重大原则明确的前提下，配电网规划设计还要具体研究建设项目的建设规模、建设时序、电网拓扑及其他项目的协调一致，通常可以借助软件进行量化计算和综合分析。配电网规划设计的方法主要包括以下 5 种。

（一）调查研究

通过调查研究掌握电力工业发展所必需的基本数据和资料，是电力规划的基础工作。对于不同类型的规划，所需搜集的数据也不尽相同。

对于长期规划，需要搜集的数据主要包括：规划期末国民经济的发展目标（如国民生产总值、工农业生产总值、国民收入等数据），规划期内国民经济构成及其变化，能源利用效率及用电比例变化，人口预测资料，人均收入水平，国家规划对能源基地、重工业基地及其战略项目的发展定位和布局，国家有关经济及能源政策、能源资源条件等。

对于中期规划，除了上述资料外，还需要以下数据：各类工业的布局、各类工业的生产规模和生产力量、产品种类及生产时间分布，能源基地的建设规模、生产规模和生产量，交通运输能力及各地区的运输能力的平衡状况，国家在电力部门的投资规模，各电力用户的用电水平指标，电力设备情况及科技发展情况等。

对于短期规划，除了搜集上述数据之外，还需要了解以下内容：大用户和新增用户的用电申请数量，新建企业的布局、产品种类和生产能力，新建企业和改建企业的生产方式和工艺特点，原有企业扩建和产量自然增长情况，电力工业内部的人力、财力和物力情况，现有电力企业的生产能力和设备状况，电网存在的主要问题等。

（二）数理统计方法

由于调查所获得的数据是大量和零散的，可靠性较低，必须对这些数据进行去伪存真、由表及里的分析，因此，需要采用数理统计的方法。

近年来出现的数据挖掘技术是应用于规划的一项很好的技术，但是缺少统一的数据管理。

（三）定性分析和定量计算相结合

在规划过程中，凡是能获得的信息、能用具体的数字反映的情况，应尽可能采用数字经济学的方法尽心分析和处理。对于难于量化的问题，则可以采用定性分析的方法，甚至利用专家的经验来处理。

（四）局部寻优和整体寻优相结合

规划问题是一个整体的优化问题，为了简化，可对问题进行分解，形成多个子问题进行局部寻优。

整体优化应该从全局性考虑问题，如长期规划、中期规划都必须要考虑问题的主要影响因素。

（五）综合平衡

规划的过程就是一个平衡的过程，包括以下内容。

（1）电力工业的发展速度必须与国民经济的发展速度相适应。

（2）能源与资金等的平衡。

（3）电力工业内部的各种比例关系的平衡（各类能源结构，发、输、配电的比例，有功和无功平衡，内部资金平衡等）。

（4）供需平衡。

第五节 配电网规划相关参考资料

电网规划应坚持上一级电网规划指导下一级电网规划、上一级电网规划以下一级电网规划为基础的原则。本手册以国家宏观政策及发展规划为参考，并依据国家、行业、企业制定的电网规划、设计和运行类技术导则和规范进行编制。

一、国家宏观政策及发展规划

（1）《国务院关于印发全国资源型城市可持续发展规划（2013—2020 年）的通知》（国发〔2013〕45 号）。资源型城市作为我国重要的能源资源战略保障基地，是国民经济持续健康发展的重要支撑。促进资源型城市可持续发展，是加快转变经济发展方式、实现全面建成小康社会奋斗目标的必然要求，也是促进区域协调发展、统筹推进新型工业化和新型城镇化、维护社会稳定、建设生态文明的重要任务。本规划根据《中华人民共和国国民经济和社会发展第十二个五年规划纲要》《全国主体功能区规划》等编制，是指导全国各类资源型城市可持续发展和编制相关规划的重要依据。

规划范围包括262个资源型城市，其中地级行政区（包括地级市、地区、自治州、林区等）126个，县级市62个，县（包括自治县、林区等）58个，市辖区（开发区、管理区）16个。

规划期为2013～2020年。

（2）《中共中央　国务院关于进一步深化电力体制改革的若干意见》（中发〔2015〕9号）。贯彻落实党的十八大和十八届三中、四中全会精神及中央财经领导小组第六次会议，国家能源委员会第一次会议精神，进一步深化电力体制改革，解决制约电力行业科学发展的突出矛盾和深层次问题，促进电力行业又快又好发展，推动结构转型和产业升级。

（3）《国家能源局关于印发配电网建设改造行动计划（2015—2020年）的通知》（国能电力〔2015〕290号）。为贯彻落实中央“稳增长、防风险”有关部署，加快配电网建设改造，推进转型升级，服务经济社会发展，特制定《配电网建设改造行动计划（2015—2020年）》。配电网是国民经济和社会发展的重要公共基础设施。近年来，我国配电网建设投入不断加大，配电网发展取得显著成效，但用电水平相对国际先进水平仍有待改善。建设城乡统筹、安全可靠、经济高效、技术先进、环境友好的配电网络设施和服务体系一举多得，既能够保障民生、拉动投资，又能够带动制造业水平提升，为适应能源互联、推动“互联网+”发展提供有力支撑，对于稳增长、促改革、调结构、惠民生具有重要意义。

（4）《国家发展改革委关于加快配电网建设改造的指导意见》（发改能源〔2015〕1899号）。配电网是国民经济和社会发展的重要公共基础设施。围绕新型工业化、城镇化、农业现代化和美丽乡村建设，立足稳增长、调结构、促改革、惠民生，以满足用电需求、提高供电质量、促进智能互联为目标，坚持统一规划，统一标准，着力解决配电网薄弱问题，提高新能源接纳能力，推动装备提升与科技创新，加快建设现代化配电网络设施与服务体系，为全面建成小康社会宏伟目标提供有力保障。

（5）《国家发展改革委　国家能源局关于印发能源发展“十三五”规划的通知》（发改能源〔2016〕2744号）。能源是人类生存发展的重要物质基础，攸关国计民生和国家战略竞争力。“十三五”时期是全面建成小康社会的决胜阶段，也是推动能源革命的蓄力加速期，牢固树立和贯彻落实创新、协调、绿色、开放、共享的发展理念，遵循能源发展“四个革命、一个合作”战略思想，深入推进能源革命，着力推动能源生产利用方式变革，建设清洁低碳、安全高效的现代化能源体系是能源发展改革的重大历史使命。

本规划根据《中华人民共和国国民经济和社会发展第十三个五年规划纲要》编制，主要阐明我国能源发展的指导思想、基本原则、发展目标、重点任务和政策措施，是“十三五”时期我国能源发展的总体蓝图和行动纲领。

（6）《电力发展“十三五”规划（2016—2020年）》。电力是关系国计民生的基础产业，电力供应和安全事关国家安全战略，事关经济社会发展全局。本规划涵盖水电、核电、煤电、气电、风电、太阳能发电等各类电源和输配电网，重点阐述“十三五”时期我国电力发展的指导思想和基本原则，明确主要目标和重点任务。本规划是“十三五”电力发展的行动纲领和编制相关专项规划的指导文件、布局重大电力项目依据，规划期为2016～2020年。规划实施过程中，适时进行滚动调整。同时，分年度对规划执行情况进行梳理、微调。

（7）《电力规划管理办法》（国能电力〔2016〕139号）。该办法指出电力规划应贯彻落实国家能源发展战略和相关标准的要求，明确了电力规划的组织与职责及保障措施，将电力规划工作分为研究与准备、编制与衔接、审定与发布、实施与调整、评估与监督等环节，并对这些环节工作进行了部署。

同时，要求电力规划应与能源发展总体规划衔接一致，按照省级电力规划服从全国电力规划和省级能源发展规划的原则，对全国电力规划和省级电力规划进行衔接，对送电省电力规划和受电省电力规划进行衔接，保证上下级规划和相关省级规划之间有效衔接、协调统一。

（8）《新一轮农村电网改造升级技术原则》（国能新能〔2016〕73 号）。农村电网是农村重要的基础设施，关系到农民生活、农业生产和农村繁荣。国家能源局印发《新一轮农村电网改造升级技术原则》的通知，旨在做好“十三五”农村电网改造升级工作，明确技术标准和要求，确保工程质量，提高投资效益。通知在高压配电网、中压配电网、低压配电网、低压户表、自动化及信息通信、无功补偿及电压控制等方面提出了改造升级具体技术要求，要求进一步提升农村电网供电可靠性和供电能力，满足农民生活用电需要。

（9）《国家发展改革委 国家能源局关于提升电力系统调节能力的指导意见》（发改能源〔2018〕364 号）。为推进能源生产和消费革命，构建清洁低碳、安全高效的能源体系；推进电力供给侧结构性改革，构建高效智能电力系统，提高电力系统的调节能力及运行效率。2017 年中央经济工作会议提出，要增加清洁电力供应，促进节能环保、清洁生产、清洁能源等绿色产业发展。

（10）《国家发展改革委 国家能源局关于进一步推进增量配电业务改革的通知》（发改经体〔2019〕27 号）。为深入贯彻落实习近平新时代中国特色社会主义思想和党的十九大精神，认真落实中央经济工作会议提出的“巩固、提升、畅通”的方针和政府工作报告部署，根据《中共中央 国务院关于进一步深化电力体制改革的若干意见》（中发〔2015〕9 号）及其配套文件要求，进一步推进增量配电业务改革。

二、国家标准及行业标准

（1）《城市工程管线综合规划规范》（GB/T 50289—2016）。

（2）《城市电力规划规范》（GB/T 50293—2014）。

（3）《农村电力网规划设计导则》（DL/T 5118—2010）。

（4）《城市配电网规划设计规范》（GB/T 50613—2010）。

（5）《农村电力网规划设计导则》（DL/T 5118—2010）。

（6）《配电网规划设计技术导则》（DL/T 5729—2016）。

（7）《中低压配电网改造技术导则》（DL/T 599—2016）。

（8）《县域配电自动化技术导则》（DL/T 390—2016）。

（9）《电网运行准则》（GB/T 31464—2015）。

（10）《电力系统安全稳定导则》（DL 755—2001）。

（11）《低压配电设计规范》（GB/T 50054—2011）。

（12）《10kV 及以下架空配电线路设计技术规程》（DL/T 5220—2005）。

（13）《分布式电源接入配电网技术规定》（NB/T 32015—2013）。

（14）《标准电压》（GB/T 156—2017）。

（15）《电能质量　供电电压偏差》（GB/T 12325—2008）。

（16）《继电保护和安全自动装置技术规程》（GB/T 14285—2006）。

（17）《3kV～110kV 电网继电保护装置运行整定规程》（DL/T 584—2017）。

（18）《重要电力用户供电电源及自备应急电源配置技术规范》（GB/T 29328—2018）。

（19）《城市电网供电安全标准》（DL/T 256—2012）。

（20）《电能质量标准源校准规范》（DL/T 1368—2014）。

（21）《配电自动化系统技术规范》（DL/T 814—2013）。

（22）《采用配电线载波的配电自动化　第 4—511 部分：数据通信协议　系统管理 CIASE 协议》（DL/T 790.4511—2006）。

（23）《电力自动化通信网络和系统　第 10 部分：一致性测试》（DL/T 860.10—2018）。

（24）《串联补偿系统可靠性统计评价规程》（DL/T 1090—2008）。

（25）《配电变压器运行规程》（DL/T 1102—2009）。

（26）《继电保护设备标准化设计规范》（DL/T 317—2010）。

（27）《电力系统光纤通信运行管理规程》（DL/T 547—2010）。

（28）《电力变压器运行规程》（DL/T 572—2010）。

（29）《电力系统继电保护及安全自动装置运行评价规程》（DL/T 623—2010）。

（30）《母线保护装置通用技术条件》（DL/T 670—2010）。

（31）《电能信息采集与管理系统》（DL/T 698）。

（32）《电力通信运行管理规程》（DL/T 544—2012）。

（33）《电力线载波通信运行管理规程》（DL/T 546—2012）。

（34）《配电变压器能效技术经济导则》（DL/T 985—2012）。

（35）《配电线路故障指示器技术条件》（DL/T 1157—2012）。

（36）《配电自动化远方终端》（DL/T 721—2013）。

（37）《配电自动化系统技术规范》（DL/T 814—2013）。

（38）《电力自动化通信网络和系统》（DL/T 860）。

（39）《串联谐振型故障电流限制器技术规范》（DL/T 1296—2013）。

（40）《静止无功补偿装置运行规程》（DL/T 1298—2013）。

（41）《农村低压电力技术规程》（DL/T 499—2001）。

（42）《供电系统用户供电可靠性评价规程》（DL/T 836—2016）。

（43）《农村电网建设与改造技术导则》（DL/T 5131—2015）。

（44）《电能质量　电压波动和闪变》（GB/T 12326—2008）。

（45）《电能质量　公用电网谐波》（GB/T 14549—1993）。

（46）《电能质量　三相电压不平衡》（GB/T 15543—2008）。

（47）《电能质量　电力系统频率偏差》（GB/T 15945—2008）。

（48）《电能质量　暂时过电压和瞬态过电压》（GB/T 18481—2001）。

（49）《电能质量　公用电网间谐波》（GB/T 24337—2009）。

（50）《电能质量　电压暂降与短时中断》（GB/T 30137—2013）。

（51）《标准电流等级》（GB/T 762—2002）。

（52）《标准频率》（GB/T 1980—2005）。

（53）《供配电系统设计规范》（GB 50052—2009）。
（54）《低压配电设计规范》（GB/T 50054—2011）。
（55）《35kV～110kV 变电站设计规范》（GB/T 50059—2011）。
（56）《城市电力规划规范》（GB/T 50293—2014）。

三、企业标准

（1）《配电网规划标准化图纸绘制规范》（Q/GDW 11616—2017）。
（2）《配电网规划设计技术导则》（Q/GDW 1738—2012）。
（3）《国家电网公司配电网规划内容深度规定》（Q/GDW 1865—2012）。
（4）《配电自动化规划设计技术导则》（Q/GDW 11184—2014）。
（5）《农网建设与改造技术导则》（Q/GDW 462—2010）。
（6）《城市电力网规划设计导则》（Q/GDW 156—2006）。
（7）《电力系统无功补偿配置技术原则》（Q/GDW 212—2008）。
（8）《城市配电网技术导则》（Q/GDW 370—2009）。
（9）《配电自动化技术导则》（Q/GDW 1382—2013）。
（10）《智能变电站技术导则》（Q/GDW 383—2009）。
（11）《农网建设与改造技术导则》（Q/GDW 462—2010）。
（12）《分布式电源接入配电网设计规范》（Q/GDW 11147—2017）。
（13）《城市配电网运行水平和供电能力评估导则》（Q/GDW 565—2010）。
（14）《配电网项目后评价内容深度规定》（Q/GDW 11728—2017）。
（15）《配电网规划后评价技术导则》（Q/GDW 11724—2017）。
（16）《配电网技术导则》（Q/GDW 10370—2016）。
（17）《县城电网建设与改造技术原则》（Q/GDW 125—2005）。
（18）《农村配电网自动化典型设计规范》（Q/GDW 338—2009）。
（19）《风电场接入电网技术规定》（Q/GDW 1392—2015）。
（20）《电动汽车充电站供电系统规范》（Q/GDW 238—2009）。
（21）《分布式电源接入电网技术规定》（Q/GDW 480—2010）。
（22）《光伏电站接入电网技术规定》（Q/GDW 617—2011）。
（23）《配电自动化建设与改造标准化设计技术规定》（Q/GDW 625—2011）。
（24）《分布式电源接入配电网运行控制规范》（Q/GDW 667—2011）。

第二章

配电网现状分析与评价

第一节　配电网规模统计分析

配电网规模是现状分析的基础数据，规模大小与区域负荷大小有关，其规模配置（装备水平）的高低反映负荷的重要级别。

配电网现状统计规模数据包括以下内容：110kV 及以下电源情况、高压变电站座数及变电容量、各电压等级线路情况（条数、长度、型号）、中低压配电变压器台数及容量、中低压开关设备、“三遥”（遥测、遥信、遥控）情况等。一般现状规模详细数据列入收资表。在配网规划报告中，现状规模主要统计的数据如表 2－1～表 2－3 所示。

表 2－1　　2019 年某省（市）直管区 110kV 及以下电源情况表

序号	所在区县	名称	接入电压/kV	类型	装机容量/万 kW	备注
……	……	……	……	……	……	……

注　10kV 及以下电厂按区（县）填写，仅需填写区（县）的汇总装接容量。

电源规模情况主要包括：电源所在区域、电源点名称、接入电压等级、电源类型、装机容量等。电源类型一般为水电、火电、风电、光伏、核电、垃圾电厂、潮汐发电等，特殊情况具体备注说明。电源规模的统计，能够帮助我们分析出该地区电源输出功率是否能够满足当地负荷需求。电源类型影响电源调度运行方式，合理的调度运行方式能使得各类电源充分发挥电源输出功率且保障供电安全稳定。

表 2－2　　某省（市）35kV 电网变电站情况

编号	类型	电压等级/kV	变电站座数		公用变电站建设形式			主变压器台数		可扩建主变压器台数		变电容量/万kW		可扩建变电容量/万 kW		10（20）kV 馈出线间隔数（公用）	
			公用	专用	全户内	半户外	全户外	公用	专用	公用	专用	公用	专用	公用	专用	间隔总数	剩余间隔数
1	市辖	35															
2	县级	35															
3	合计	35															
3.2	其中：A	35															
3.3	B	35															
3.3.1	B（城网）	35															
3.3.2	B（农网）	35															
3.4	C	35															

续表

编号	类型	电压等级/kV	变电站座数		公用变电站建设形式			主变压器台数		可扩建主变压器台数		变电容量/万kW		可扩建变电容量/万kW		10（20）kV馈出线间隔数（公用）	
			公用	专用	全户内	半户外	全户外	公用	专用	公用	专用	公用	专用	公用	专用	间隔总数	剩余间隔数
3.4.1	C（城网）	35															
3.4.2	C（农网）	35															
3.5	D	35															
3.6	E	35															

电网规模一般按照供电分区进行统计，供电分区相关内容详见第三章。变电站一般分为公用变电站和专用变电站（用户变电站），主要统计变电站座数、主变压器台数、变电容量、10（20）kV出线间隔情况等信息。其中，变电容量反映该变电站的功率输送能力，主变压器台数反映该站主变压器转供可能性及能力。因此，变电站在规划布点时，应充分考虑该区域负荷位置及将来发展的可能性。电压等级不同，变电容量要求不同，具体详见第七章相关内容。

表2-3　　某省（市）35kV电网线路情况

编号	类型	电压等级/kV	线路条数	线路总长度/km	架空长度/km	电缆长度/km	电缆化率/%
1	市辖供电区						
2	县级供电区						
3	合计						
3.2	其中：A						
3.3	B						
3.3.1	B（城网）						
3.3.2	B（农网）						
3.4	C						
3.4.1	C（城网）						
3.4.2	C（农网）						
3.5	D						
3.6	E						

线路规模同变电规模一致按照供电分区统计，一般包括：线路电压等级、条数、长度（架空和绝缘长度）、线型、电缆化率数据等。中压线路一般还会统计联络情况、开关数等信息。电压等级不同，线路长度、线型要求不同，具体详见第七章相关内容。

配网规划就是要在现状的基础上发现问题并解决问题，并规划未来5～20年的发展情况。现状规模统计是基础，发现现状问题的关键是对现状配电网设备运行情况的分析。

第二节　配电网设备运行状况分析

配电网设备包括一次设备和二次设备。一次设备是指直接用于生产、变换、输送、疏导、分配和使用电能的电气设备，经由这些设备，电能从发电厂输送到各用户。

（1）生产和变换电能的设备，如生产电能的发电机、发电厂中辅助机械运转的电动机、变换电能用的变压器。

（2）接通和断开电路的设备，如断路器、隔离开关、接触器等。

（3）限制故障电流或电压的设备，如限制故障电流电抗器、限制过电压避雷器、限制接地电流的消弧线圈等。

二次设备是对一次设备的工作进行检查、测量、操作、控制及保护的辅助设备。常用的二次设备如下。

（1）保护电器：用于反映故障，作用于开关电器的操作机构以切除各种故障或作用于信号。

（2）测量和监察设备：用于监视和测量电路中的电流、电压和功率等。

设备运行状况包括是否老旧损坏、重过载、轻载等问题及反映电网布局设计的合理性是否考虑充分。

配电网设备利用效率和技术装备水平是反映配电网资产情况的重要属性。配电网设备利用效率是配电网整体运行效率的重要体现，是配电资产寿命期内自身价值得以充分发挥的重要标记，相关评价指标包括主变压器负载率及其分布、配电变压器负载率及其分布、线路负载率及其分布等指标。配电网技术装备水平是实现企业优质供电、提升企业服务效率的主要手段，相关评价指标包括无油化断路器比例、有载调压装置覆盖率、配电网清洁能源接入率、智能化变电站比例、配电自动化终端覆盖率、中压线路电缆化率、中压架空线路绝缘化率、高损耗配电变压器比例及设备运行年限分布等。配电网设备利用效率和技术装备水平评价指标的体系结构见图 2－1。

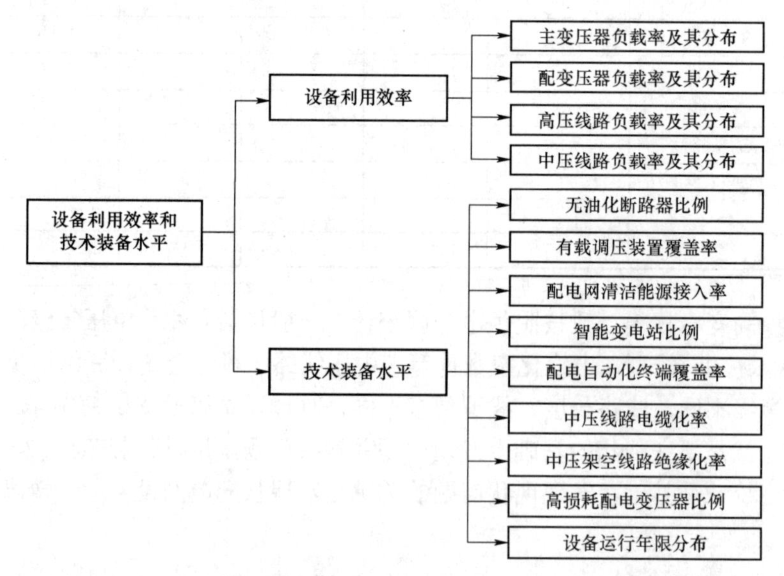

图 2－1　配电网设备利用效率和技术装备水平评价指标的体系结构

配电网设备运行状况反映其指标，详细指标介绍见第十一章相关内容。

配电网设备运行状况主要从两方面分析，一是设备运行年限或老旧程度情况，二是设备运行状况。

设备运行年限是自设备投运年至统计年的运行时长，可按 10 年及以下、10～20 年和 20 年以上 3 个区段分别统计。运行年限的长短直接反映设备老旧程度，影响设备供电可靠性及网损情况。因此，对于将超过相应运行年限或设备老旧程度不满足运行条件的设备，须提前上报改造升级计划或技改大修计划。

设备运行状况主要为变电或配电负载情况、线路负载情况。其中，负载情况可分为空载、轻载、重载、过载。一般负载率在 30%以下为轻载，80%～100%为重载，100%以上为过载。在进行电网规划时，对于不同的负载情况，均要分析原因并做合理规划方案，以应对负荷发展变化。

对于空载和轻载情况，一般存在以下几种原因。

（1）由于变电站或线路供电区域负荷尚未发展起来而造成；

（2）负荷转供或转移造成原有变电站或线路轻载；

（3）规划设计不合理。

对于重载情况应引起重视，其根本原因是输变电容量不满足负荷供电需求。不及时解决重载问题，将造成设备过载运行，可能引起设备损烧毁，严重时导致电网瘫痪。因此，在满足现状负荷供电的同时均要考虑一定裕度以满足规划年负荷供电需求。对于现状存在的重过载情况，需要分析负荷发展情况、现状线路、变电站新扩建必要性及条件等因素，考虑扩建、新建变电站或新建线路。对于迫切解决的重过载问题，可考虑改接线路进行负荷转供或临时增配主变压器进行增容。从规划的角度来看，应该尽量避免此类情况发生，规划人员应当引起重视。

第三节　配电网现状问题分析

配电网现状问题分析是电网规划中重要的环节之一，也是配网规划的重点工作任务。配电网规划不仅要解决现状问题，而且要综合考虑未来可能存在的问题，避免或减少配电网问题带来的损失。配电网一般存在以下 4 个方面的问题：供电能力、电网结构、电气设备、配电自动化。我们可以通过主要指标来判断、分析存在的问题，相关指标详见第十一章相关内容。

一、供电能力

1. 主要指标

高压配电网指标：电网容载比（宏观），线路重载、轻载占比，主变压器重载、轻载占比（微观），变电站 $N-1$ 通过率。

中压配电网指标：线路重载、轻载占比，配变重载、轻载占比，配电变压器综合负载率，线路平均装接容量 10kV 馈线间隔利用率。

2. 主要表现

区域容载在比偏低或偏高，同时存在 110、35kV 变电站重载与冗余并存的现象。

10kV 线路重载线路、重载配电变压器导致检修故障时负荷转移困难，存在安全隐患。农村户均配电变压器容量低，过年、过节期间配电变压器重载问题严重。

10kV 间隔利用率高，变电站负载率低，甚至存在 10kV 间隔资源紧张，部分变电站无法出线现象。

3. 主要措施

容载比偏低问题将通过新增变电站站点、合理优化变电站供电范围逐步解决。

变电站重载与冗余并存问题通过优化变电站供电范围的方式解决；变电设备冗余问题将随着地区负荷的增长或负荷的重新分配逐步解决。

通过新增配电变压器布点、配电变压器增容改造，解决负荷转移问题、农村地区户均容量低的问题。

对 110kV 变电站进行改造，增加屏位，在站内建设开闭所，将部分容量较小负荷并柜或采取双拼电缆引接至站外建设开闭所集中接带负荷。

二、电网结构

1. 主要指标

高压配电网指标：单线单变比例、主变压器线路 $N-1$ 通过率。

中压配电网指标：联络率、站间联络率、线路 $N-1$ 通过率、供电半径、10kV 线路平均分段数。

2. 主要表现

高压配电网：单辐射和单线单变压器比例较高，不能满足 $N-1$ 要求，供电可靠性低，负荷转供能力较弱。部分偏远地区 35kV 网架存在供电距离长、多级串供的情况。不满足线路 $N-1$ 配置的要求，当一条线路故障时，另一条线路无法转供，导致末端多个变电站停电，供电能力和负荷转供能力受限。

中压配电网：供电范围交叉重叠、迂回供电问题突出；电网结构不清晰，单辐射线路比例较大；联络点设置不合理，无效联络较多；转供能力不强；分段数偏少，供电灵活性差，停电影响范围大。部分地区 10kV 线路供电半径超过要求，有时存在迂回供电、用户电压质量差等情况。

3. 主要措施

通过新建变电站布点，优化 110、35kV 网络结构，逐步完善建成辐射至链式、单环至双环的电网结构。

通过新增变电站的新出 10kV 线路、新建联络工程线路与已有线路进行联络，重新优化变电站供电范围，去除无效联络，架空网目标接线按多分段适度联络、电缆网目标接线按单环网（双环网）理顺，加强中压网架，逐步满足 $N-1$ 要求，提高中压线路转带能力，提升配电网对上级电网的支撑能力。

三、电气设备

1. 主要指标

20 年以上设备占比、高损配电变压器占比、电缆化率、中低压线路绝缘化率。

2. 主要表现

部分设备老旧，健康状况差，运行，维护难度大，供电可靠性低。

10kV 配网架空线路（裸导线）抵御自然灾害的能力不强。

大部分未改造台区设备的质量较差，存在高损配电变压器，不满足配电网经济运行的要求。

农村低压线路还有裸导线，存在大量的安全隐患。

3. 主要措施

结合设备的实际情况，以改造和更换的方式逐步解决设备老旧问题。根据安全运行及市政需要，逐步提升绝缘化率和电缆化率。以自然村为单位对低压台区进行梳理、整治，切改线路长、负荷大的线路，逐村清理高损配电变压器及未改造台区，逐年降低综合线损。

四、配电自动化

1. 主要指标

配电自动化率、配电自动化有效覆盖率。

2. 主要表现

配电自动化建设缺乏与配电网规划衔接，需对大量现有线路、开关、通信网络进行改造。

3. 主要措施

在变电站出口断路器、环网柜、开关站、联络点等关键点按照配电自动化设计导则要求进行设备改造。对无法加装 FTU、TV、通信装置或改造机构等的设备应进行更换。

第三章

配电网供电区域划分

第一节　概　　述

一、供电区域划分的作用

配电网规划应坚持标准化的原则。但由于配电网覆盖范围大，各区域经济发展及用户供电需求差别大，因此配电网建设标准应遵循差异化原则，而进行供电区域划分是实现差异化规划的有效手段。通过供电区域划分，可以实现以下目标。

（1）按区域进行电网评估，分析电网存在的不足。

（2）根据区域的不同特点，因地制宜制定不同的建设标准。

（3）细化负荷预测结果，进行空间负荷及饱和负荷预测。

（4）适应区域特点，制定分区规划方案。通过分区细化功能单元，实现同一区域内网络结构、用户接入设备选择的标准化。

二、供电区域划分的一般原则

（1）供电区域应以规划目标年为水平年进行划分。

（2）供电区域划分应与地域功能分区相协调。

（3）供电区域划分应与上级电网相协调。

（4）供电区域划分应充分考虑变电站及线路供电范围。

（5）供电区域划分应与规划设计、运行管理要求相协调。

（6）供电区域划分应不遗漏、不重叠交叉。

（7）同一供电区域应具备同一特征，满足确定同一规划标准和制定规划方案的要求。

供电区域划分主要考虑供电区相对独立性、网架完整性、管理便利性等需求，按照目标网架清晰、电网规模适度、管理责任明确的原则，构建“供电区域、供电网格、供电单元”三级网络，见图3－1。

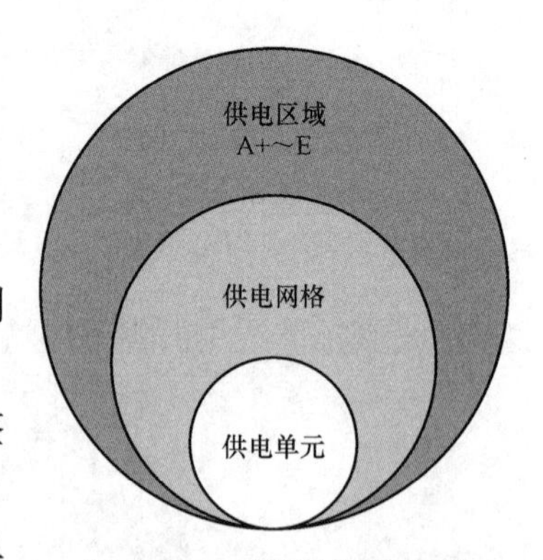

图3－1　三级网络关系图

三、供电区域划分需要考虑的主要因素

根据配电网的功能定位及供电区域划分的作用，进行供电区域划分应考虑以下因素。

（1）地域行政区划，如市区、县城、乡镇、街道办事处等。

（2）区域功能，如商业区、文教区、居民小区或经济技术开发区等。

（3）区域供电关系，如与上一级电网的关系、变电站及线路的供电范围等。

（4）区域负荷情况，如负荷密度、负荷特性、用户构成、可靠性要求及供电安全标准等。

（5）市政实施条件，如市政道路及河道等天然屏障、地方关于电力设备及设施布局要求等。

第二节 供电区域划分

一、供电分区划分

（一）供电分区划分标准

供电分区划分主要依据规划水平年的负荷密度或行政级别，也可参考经济发达程度、用户重要程度、用电水平、GDP等因素确定，划分为A、B、C、D、E 5类供电区域，如表3－1所示。

表3－1　　供电分区划分表

供电区域		A	B	C	D	E
行政级别	省会	市中心区或 $15 \leqslant \sigma < 30$	市区或 $6 \leqslant \sigma < 15$	城镇或 $1 \leqslant \sigma < 6$	农村或 $0.1 \leqslant \sigma < 1$	—
	地级市（自治州）	$\sigma \geqslant 15$	市中心区或 $6 \leqslant \sigma < 15$	市区、城镇或 $1 \leqslant \sigma < 6$	农村或 $0.1 \leqslant \sigma < 1$	农牧区
	县（县级市）	—	$\sigma \geqslant 6$	城镇或 $1 \leqslant \sigma < 6$	农村或 $0.1 \leqslant \sigma < 1$	农牧区

注 1. σ 为供电区域的负荷密度（MW/km^2）。
2. 供电区域面积一般不小于 $5km^2$。
3. 供电区域划分过程中需计算负荷密度时，应扣除可靠性要求不高的110kV高耗能专线负荷，以及高山、戈壁、荒漠、水域、森林等无效供电面积。

A类标准适用的供电区域，简称A类供电区域，B～E类供电区域的定义类似。各类供电区域面积一般不小于 $5km^2$。

负荷密度为 $2MW/km^2$ 以上的地区及有发展潜力的开发区、工业园、能源基地如有特殊的用电需求，可以划分为A类或B类供电区域。负荷密度为 $1 \sim 2MW/km^2$ 以上的地区可以划为B类供电区域。

特殊用户、高危客户等对供电可靠性有较高要求的特殊供电区域，从考虑供电安全的角度出发，可划分为更高一级的供电区域。

在各类供电区域的基础上进一步合理划分供电区，以功能分区作为供电区域划分的基础单元，把A区大致分为8种重要功能区，即居民区、商业区、工业园区、教育基地、仓储基地、行政办公区、医疗卫生用地、交通运输用地。

B 区大致分为 10 类重要功能区，即商住混合区、轻工业园区、教育基地、医疗卫生用地、文化娱乐用地、行政办公区、仓储基地、交通广场用地、农业区、边境合作区。

C 区大致分为 15 类重要功能区，即商住混合区、轻工业园区、教育基地、医疗卫生用地、文化娱乐用地、行政办公区、仓储基地、交通广场用地、农业区、经济开发区、农产品交易区、发展备用地、边防区、旅游区、郊区。

D 区大致分为 19 类重要功能区，即商住混合区、轻工业园区、教育基地、医疗卫生用地、文化娱乐用地、行政办公区、仓储基地、交通广场用地、农业区、林业区、牧业区、经济开发区、农产品交易区、发展备用地、边防区、旅游区、郊区、城乡结合区、种植基地。

（二）供电分区划分实例

1. 供电分区划分的目标

配电网发展的方向是标准化建设。但国家电网公司经营区面积广大，不同地区的建设需求、条件及可靠性要求均存在一定差异。按照一个统一的标准建设配电网会造成设备资产利用率不高甚至严重浪费，技术、经济不合理。供电区域划分是配电网规划的基础，是实施标准化建设的重要手段。分区的主要目标如下：

（1）差异化指导规划。开展供电区域划分，统一对配电网进行分类分区，充分体现地区发展情况和电网差异特点，在此基础上开展配电网规划，真正做到规划的科学、合理、经济。

（2）分区统一技术标准。以供电区域为单元细化标准分类，建立适用于不同类型供电区域的配电网技术标准体系和标准模块，确保同类型的地区建设标准相同。

2. 供电分区划分的步骤

配电网供电区域划分以县（区）级区域为单位，包括片区划分、负荷密度计算、供电区域划分、合理性校核 4 个步骤。下面对具体步骤进行介绍。

（1）片区划分。配电网建设通常受城市发展定位、自然因素、变电站布点及主网分层分区等因素影响，不同区域对电网建设需求存在差异化。在明确的行政区划及负荷密度条件下，供电区域划分还应综合考虑以下因素的影响。

1）市政规划总体规划。

2）道路、山脉、河流、高速铁路等电网建设影响因素。

3）行政边界变电站布点及间隔资源、配电网运行管理的要求。

4）大网分层分区对配电网的影响。

（2）负荷密度计算。对于开展过空间负荷预测的地区，可直接引用空间负荷预测结果，根据所得目标年负荷密度进行供电区域划分；对于未开展空间负荷预测的地区，可以区域预测负荷或预测变电站负荷为依据，确定区域负荷密度。负荷密度应等于预测负荷与有效供电面积之比。

（3）供电区域划分。在供电片区划分结果的基础上，按照国家电网公司《配电网规划设计技术导则》（Q/GDW 1738—2012）界定的标准进行区域划分。

（4）合理性校核。根据本省各地市区域经济发展情况，对供电区域划分的面积、最大负荷及负荷密度情况进行分析，校核划分结果的合理性。

3. 供电分区划分的结果

划分供电区域采用自下而上的方法，以县（区）为单位进行见图 3－2。对县（区）级供电区域划分结果进行汇总，得到地市级供电区域划分结果；对各地市级供电区域划分结果进行汇总，得到全省供电区域划分结果。

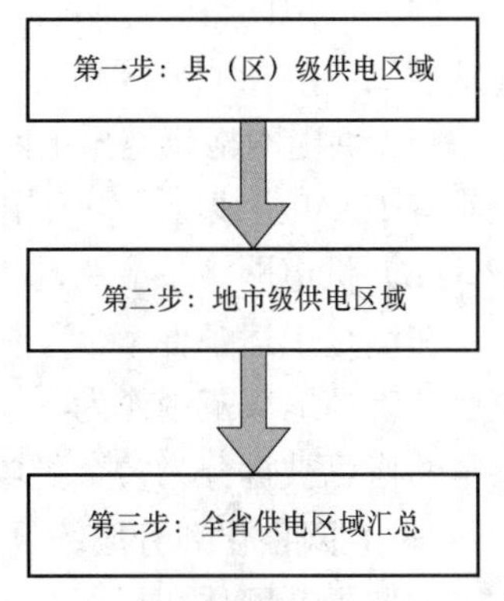

图 3－2 供电区域划分过程示意图

按照供电区域分级分类原则，至 2020 年该省 A+类供电区域总面积约 41.60km²，A 类供电区域总面积约 262.49km²，B 类供电区域总面积约 3280.93km²，C 类供电区域总面积为 13 565.18km²，D 类供电区域总面积为 58 162.02km²。某市及全省供电区域划分结果见表 3－2。

表 3－2 某市及全省供电区域划分结果

分区名称	供电分区	供电面积/km²	范围说明
×××市	A+	41.6	市中心区域，主要包括××市区中心供电区、北站和中街区域
	A	73.1	曹仲、南塔、大东一环内、于洪街道、道义街道、铁西一环地区和黄河、华山中心供电区
	B	767.31	市区中除 A+、A 类区域以外区域，于洪区、沈北区和苏家屯区域的城镇区域
	C	3554.11	于洪区、沈北区、苏家屯、东陵区、康平县、法库县、新民市城镇区域及部分农村区域
	D	5516.74	除以上区域外的农村区域
全省合计	A+	41.6	省会城市中心区域，主要包括和平区、沈河区中心供电区及北站和中街区域
	A	262.49	省会城市、主要地市的市中心区域及某市的大洼辽滨供电区（国家开发区）
	B	3280.93	市区中除去 A 类区域以外的区域
	C	13 565.18	城镇镇区及重点乡镇镇区
	D	58 162.02	农村地区

二、供电网格划分

网格化规划的核心思想在于为每个单元格制定符合该供电单元格未来发展的目标网架，不同单元格之间存在一定的差异，如片区的功能定位、负荷发展水平、负荷密度水平、负荷性质等方面，在构建目标网架过程中，应充分考虑供电单元格的特征，体现差异化建设的理念。原则上，应首先确定网格远景年目标网架，根据远景年目标网架和控制性详规，结合远景年饱和负荷发展水平，合理划分供电网格和用电单元。

供电网格划分遵循以下原则。

（1）供电网格划分以饱和负荷预测结果为依据，并充分考虑现状电网改造难度、街道河流等因素，划分应相对稳定，具有一定的近远期适应性。

（2）供电网格划分应保证网格之间或单元之间不重、不漏。

（3）供电网格划分应兼顾规划、设计、运行、检修、客户服务等全过程业务的管理需要。

（4）供电网格一般结合道路、河流、山丘等明显的地理形态进行划分，与城乡控制性详细规划中的功能分区相对应。

（5）供电网格应遵循电网规模适中且供电范围相对独立的原则，远期一般应包含 2～4 座具有 10kV 出线的上级公用变电站。

（6）供电网格不应跨越供电区域（A+～E），不宜跨越 220kV 供电分区。

在满足上述条件下，为便于建设、运维、供电服务管理权限落实，可将供电营业部（供电所）管辖地域范围作为一个供电网格，当管辖区域较大、供电区域类型不一致时，一个供电网格可被拆分为多个供电网格。

（一）网格化划分层级

为便于从整体和局部两个方面分析未来负荷发展规模、网架构建思路，首先确定规划区域划分层级，将规划区域划分为 4 个层级（传统规划方法划分 3 级，即大区、中区、小区），分别为大区、中区、网格、小区。

（1）大区划分：以乡镇、县（市）城区、大型园区为单位划分大区为原则。

（2）中区划分：依据一定标准，将规划区域划分为若干个“网格”，网格的划分将促使规划区域配电网区块化，并形成明显的联络通道，结构清晰化、模块化，为构建坚强配电网奠定基础。

（3）小区划分：按照用地性质在规划区范围内划分出相应用地小区，每个小区只包含一种性质的用地，且只属于一个网格，并对每个小区进行详细的编号。

（二）大区及小区划分的方法及意义

网格的划分对配电网规划的结果具有较大的影响，尤其是中区网格的划分直接决定了最终规划方案。本章主要对大区及小区的划分进行阐述，中区的划分方法及原则在第四章进行详细分析与论述。

1. 大区划分的方法及意义

大区的划分以城市总体规划报告为基础，确定城市总体范围及四周边界等。一般情况下，一个县城区或者一个乡镇区划分为一个大区，对于大型城市，可按照行政区划的边界条件划分为多个大区。例如，对于昌吉州的 9 个县级供电区而言，县市城区可作为一个大区，每个乡镇作为一个大区；对于工业园区而言，其负荷特性有别于周边片区，可作为单独的大区划分出来。

大区划分的意义主要体现在高压变电站的布点方案及其网架构建上。一般而言，一个规划片区布置几座变电站形成一个完整且相对独立的供电区域。针对中小型县市城区典型的做法是将其划分为一个大区，针对一般乡镇典型的做法是将其划分为一个大区。大区的供电能力体现在整体的容载比水平上，而中区的供电能力体现在供电中压线路的回数及负载率控制上，这是本质区别。

2. 小区划分的方法及意义

小区的影响在于网格的负荷构成方面，根据城市总体规划中最小单元的地块控制情况，不应再对其进行切割，因此没有继续划分的必要性。

小区划分的意义在于形成一个最小且不可分割的负荷点，若干负荷点共同构成一个中区的负荷点群，由中区的规划线路负责供电。小区的特点是每个小区的负荷类型是固定的，预测饱和负荷是定值。

（三）网格划分影响因素的重要程度

在网格划分原则中，影响网格划分的因素较多，在实际网格划分过程中应综合考虑。下面通过分析各影响因素重要程度，从而明确衡量各因素的标准。

将各主要影响因素按照重要程度划分为3级，分别为重点考虑（Ⅲ级）、一般考虑（Ⅱ级）、适当考虑（Ⅰ级）。

网格划分影响因素的重要程度级别如表3-3所示。

表3-3 网格划分影响因素的重要程度级别

编号	网格划分影响因素	重要程度级别
1	市政规划对网格划分的影响	Ⅲ
2	道路、河流等作为划分网格的依据	Ⅲ
3	变电站布点及间隔资源对网格划分的影响	Ⅱ
4	现状电网及运维管理的要求对网格划分的影响	Ⅱ
5	供电面积和负荷密度对网格划分的影响	Ⅰ

（四）命名及编码规则

1. 供电网格命名原则

（1）供电网格应具有唯一的命名。

（2）供电网格命名宜体现省、地市、县（区）、代表性特征等信息。代表性特征命名宜选择片区名称、代表建筑、供电所名称等。例如，济南西客站片区为一个供电网格，建议命名为“山东省济南市槐荫区西客站网格”，在县（区）级规划中可简称“西客站网格”。

2. 供电网格编码规则

（1）为了便于数字化存储和识别，每个供电网格应在唯一命名基础上具有唯一的命名编码。

供电网格命名编码形式应为“省份编码－地市编码－县（区）编码－代表性地名编码”。

（2）省份、地市、县（区）编码参照公司SAP系统中的编码，如山东省编码为SD，济南市本级编码为JN，槐荫区编码为HY。

（3）代表性特征编码使用代表性地名中文拼音的2～3位大写英文缩写字母，如西客站网格编码为XKZ。

三、供电单元划分

供电单元划分为4个层级：

（1）一级以供电区域为单位进行划分；

（2）二级以功能定位为单位进行划分；

（3）三级以供电单元格为单位进行划分；

（4）四级以单一用地性质地块为单位进行划分。

（一）城市单元格类型

近几年，随着城市化进程的不断推进，政府规划部门在城市未来发展规模、发展方向、城市功能优化等方面做了大量工作，从其规划工作也可以看出，每个城市或者县区均出台了总体规划甚至控制性详细规划。通过对规划资料分析，城市建设区域可分为以下 3 种类型。

1. 发展成熟单元格

城市在历史建设过程中自然形成商业、住宅、医疗、教育等集中片区，人口密度高、城市化水平高、商业开发程度高是其主要特征。从配电网供电角度分析，该类单元格用电负荷较大，负荷密度高，且对供电可靠性要求比较高。另外，在历史形成过程中，往往存在路网结构不规则、供电线路负荷较重或者网架结构薄弱等问题。对于城市供电片区而言，一般发展成熟单元格为城市中心片区，如阿克苏市老城区。

2. 快速发展单元格

快速发展单元格一般指城市中心片区的周边区域，或者政府力推的近期建设片区，该类型单元格现供电负荷较小，但后期按照城市片区的规格进行建设，如阿克苏市的西部片区，属于城市扩张的范畴。该类型单元格现有的配电网水平低于成熟发展单元格的，但随着负荷的不断发展，其负荷密度将会达到或者超越成熟单元格。

3. 潜力发展单元格

潜力发展单元格一般指城市建设边缘片区或者城乡结合片区，其未来发展潜力较大，但近期看仍不如快速发展单元格。其属于城市规划范围内，应按照城市配电网建设标准对其进行规划，保持城市配电网建设的统一性和协调性。远期可以预见，该类型单元格将随着城市规划的逐年调整、城市规模的不断扩大，逐步过渡到快速发展单元格。

（二）影响供电单元划分的因素层级

影响单元格划分的因素较多，在实际单元格划分过程中应综合考虑。下面通过分析各影响因素的重要程度，从而明确衡量各因素的标准。原则上，每个供电网格应含有多个（至少 2 个）变电站或稳定电源点，每个供电单元格应含有多条（至少 2 条）不同电源点的配出线路。

将各主要影响因素按照重要程度划分 3 级，分别为重点考虑（Ⅲ级）、一般考虑（Ⅱ级）、适当考虑（Ⅰ级）。

单元格划分影响因素的重要程度级如表 3－4 所示。

表 3－4　　供电单元划分影响因素的重要程度级别

编号	单元格划分影响因素	重要程度级别
1	市政规划对单元格划分的影响	Ⅲ
2	道路、河流等作为划分单元格的依据	Ⅲ
3	变电站布点及典型接线馈线组对单元格划分的影响	Ⅱ
4	现状电网及运维管理的要求对单元格划分的影响	Ⅱ
5	供电面积和负荷密度对单元格划分的影响	Ⅰ

（三）供电单元划分的原则

1. 市政规划对单元格划分的影响

市政规划主要包含土地利用总体规划、市政总体规划、城市总体规划、产业布局总体规划等，尤其在控制性详细规划中，已经对整个区域进行了片区划分，同时对各片区的社会职能、发展定位、发展规模、建设时序等做出了详细规定和描述。

电力规划作为城市发展的重要基础，为保证电力规划能充分与城市规划相衔接，保证电力规划的可实施性，在单元格划分过程中，应重点考虑市政规划的相关成果。评定等级为Ⅲ级。

2. 道路、河流等作为划分单元格的依据

对于较高等级的公路（如高速公路等）、铁路、较大的河流等自然因素，跨越这些天然屏障建设配电网络存在诸多问题，如项目投资大、施工难度大、运维作业困难、管理不便等。因此，对上述自然因素采取避让的原则。评定等级为Ⅲ级。

3. 变电站布点及典型接线馈线组对单元格划分的影响

变电站布点作为中压配电网供电及网络构建的基础，对整个分区划分有着较大的影响，应结合变电站布点规划结果进行分区界定。每个单元格的供电变电站不少于两个，一般以两座或者三座为宜。

作为 10kV 配电网的组网单元，中压配电网典型接线馈线组直接影响单元格的划分结果。对于任意一个单元格来讲，为单元格供电的 10kV 线路必须是一个完整的馈线组，从而便于线路的运行和维护；同时，一个完整的馈线组仅能为一个单元格供电，严禁存在跨单元格供电的情况，因此为保证线路始端至末端均能承接单元格内负荷，保证线路资源的最大利用，这就要求 10kV 线路均处于单元格范围内。这就对 10kV 线路上级电源点提出要求：变电站应尽量靠近单元格边界。

通过以上分析可得单元格划分标准：单元格需以完整馈线组×N 为单位来划分。

在电源点充足的情况下，单元格应以变电站为界进行划分，从而提升 10kV 线路资源利用率。

4. 供电半径和负荷密度对单元格划分的影响

（1）由变电站供电范围确定单元格面积上限。

以下在建立数学几何模型的情况下，忽略城市路网不规则的情况，理想认为道路<东－西>、<南－北>直线贯穿城区路网结构。在实际计算时，变电站供电半径应考虑路网曲折系数。

实际变电站供电范围经验值 $a'=1/2a$（其中，1/2 为曲折系数，a 为理想变电站供电半径）。

1）2 座变电站为单元格供电的情况。变电站供电半径为 a km。在 2 座变电站总供电范围将单元格全部覆盖的情况下，建立数学几何模型，见图 3－3。供电单元面积为 $S=2a^2$。

2）3 座变电站为单元格供电的情况。变电站供电半径为 a km。在 3 座变电站总供电范围将单元格全部覆盖的情况下，建立数学几何模型，见图 3－4。

以变电站供电半径 3km 为例，在考虑路网曲折系数的情况下，2 座变电站为单元格供电的情况下，单元格面积应控制在 5km^2 以内；3 座变电站为单元格供电情况下，单元格面积应控制在 6.7km^2。

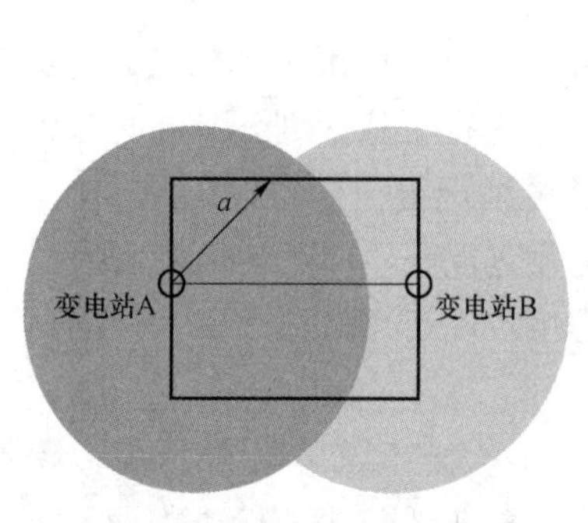

图 3－3　单元格划分标准图

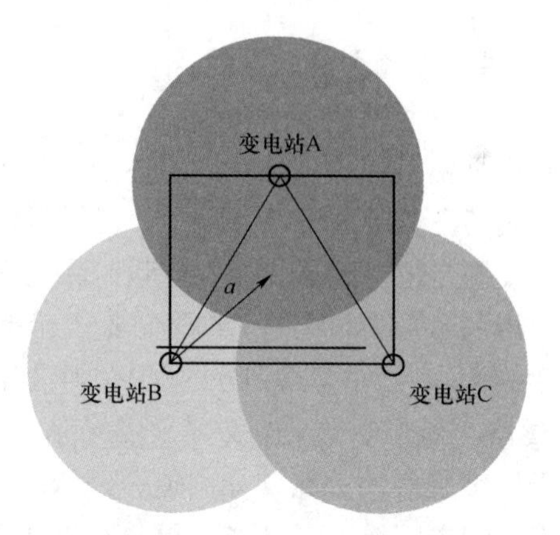

图 3－4　数学模型图

（2）由负荷密度确定单元格面积下限。

以负荷密度 10.21MW/km^2 为例，即平均 1km^2 范围，负荷达到 10.21MW。下面以几种常见的典型接线模式为例分别分析负荷密度与单元格面积之间的关系。

1）多分段单联络接线。架空绝缘 240mm^2 导线，在满足线路 $N-1$ 校验、满足经济运行负载率的情况下，单回线路承载负荷在 4MW 左右，即一组馈线最大承载负荷为 8MW，如负荷密度为 10.21MW/km^2，则承载负荷范围为 0.78km^2，即供电单元格最小面积为 0.78km^2。

考虑廊道资源充分利用的情况下，对于主干道路，至少需要 2 组馈线，最大承载负荷范围为 1.57km^2，即供电单元格最小面积为 1.57km^2。

2）多分段两联络接线。架空绝缘 240mm^2 导线，在满足线路 $N-1$ 校验、满足经济运行负载率的情况下，单回线路承载负荷在 5MW 左右，即一组馈线最大承载负荷为 15MW，如负荷密度为 10.21MW/km^2，则承载负荷范围为 1.47km^2，即供电单元格最小面积为 1.47km^2。

考虑廊道资源充分利用的情况下，对于主干道路，至少需要 2 组馈线，最大承载负荷范围为 2.94km^2，即供电单元格最小面积为 2.94km^2。

对于负荷密度较高/高供电区划分等级地区，单元格划分数量可以增加，供电面积可以减小；对于负荷密度较低/低供电区划分等级地区，单元格划分数量可以减少，单位面积可以增大。评定等级为 I 级。

变电站供电半径及负荷密度对单元面积的影响总结如表 3－5 所示。

表 3－5　　变电站供电半径及负荷密度对单元面积影响总结

序号	供电半径/km^2	上级电源点个数	负荷密度 MW/km^2	接线方式	单元格面积上限/km^2	单元格面积下限/km^2
1	3	2	10.21	单联络	6.28	0.78
2		3		两联络	8.82	1.47
3		2		单环网	6.28	0.78

（四）命名及编码规则

1. 供电单元命名原则

（1）供电单元应具有唯一的命名。

（2）供电单元命名应在供电网格名称基础上体现供电单元序号、单元属性等信息。

供电单元属性包含目标网架接线类型、供电区域类别、区域发展属性3种信息。目标网架接线类型代码如表3－6所示。

表3－6　目标网架接线类型代码表

接线模式	接线模式代码
架空多分段单联络	J1
架空多分段两联络	J2
架空多分段三联络	J3
电缆单环网	D1
电缆双环网	D2

供电区域类别分为A+、A、B、C、D、E共6类。按照区域发展属性程度，供电区域分为规划建成区、规划建设区、自然增长区3类，分别用数字1、2、3表示。

2. 供电单元编码规则

（1）为了便于数字化存储和识别，每个供电单元应在唯一命名基础上具有唯一的命名编码。

（2）供电单元命名编码形式为“网格编码－供电单元序号－目标网架接线代码/供电区域类型+区域发展属性代码”。例如：山东省济南市槐荫区西客站网格002单元（目标网架单环网、A类建成区）的编码为SD－JN－HY－XKZ－002－D1/A1。供电单元编码释义见图3－5。

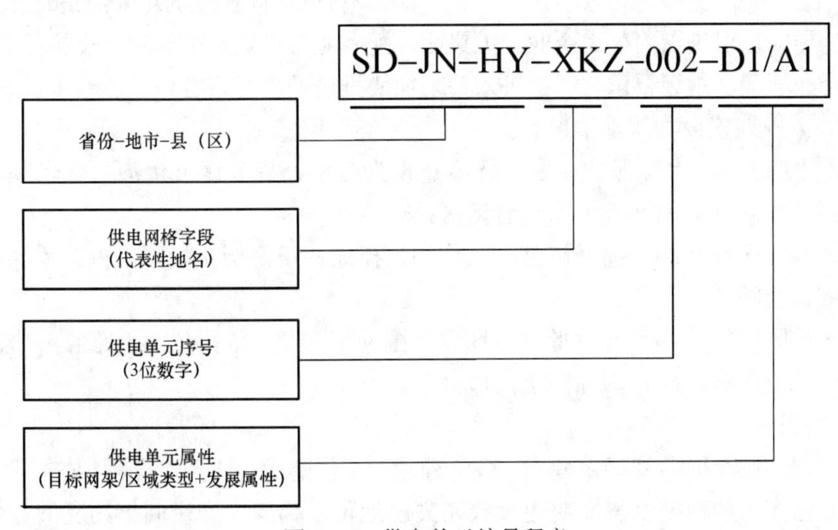

图3－5　供电单元编号释义

（五）供电单元划分实例

1. 区域概况

（1）区域简介。

2014 年年初，××地区首次提出了“高起点、高标准规划建设经贸合作区，将其打造成城市生态新区和对外开放合作的高地”，市委、市政府做出将经贸合作区作为××地区的第六大产业基地的战略部署。

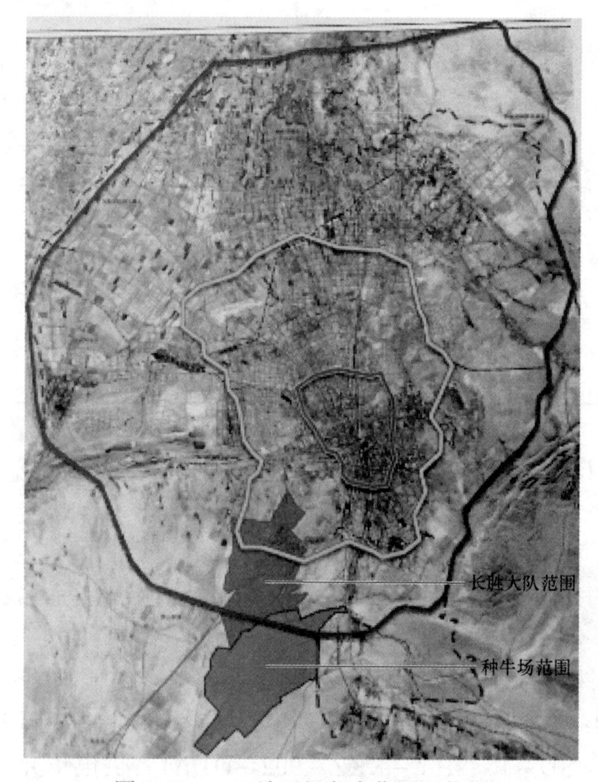

图 3－6　××地区经贸合作区区位图

××地区经贸合作区（见图 3－6）位于××地区南部区域，即 Q 地区和 R 地区，规划占地面积 105km²，地势平坦，交通便利，发展前景优越。经贸合作区的开发和建设必将对拓展××地区城区发展空间、加快产业结构调整、改善生态环境带来前所未有的新格局。

经贸区总用地面积约 105km²，规划区域涉及 H 区和 G 区，其中 G 区管辖范围约 62km²，H 区管辖范围约 43km²。目前两区区委、区政府都十分重视对该合作区的开发和推进，H 区及时成立了由区委主要领导挂帅的“经贸合作区”推进机构，多次就“结合 H 区的改革、发展、稳定如何利用好此块宝地”召开专题会议进行研究讨论，初步确定了“以面向亚欧的对外经贸合作产业、国际物流业为主，引进一些大企业、大集团及相关配套服务产业”的发展定位。G 区将以面向亚欧的对外经贸合作产业、国际物流业为导向，引进国内外大企业、大集团，配套服务产业和配套仓储设施；提高门槛，严格落户企业环评、规划要求，严把进入关，加快推进城南经贸合作区建设步伐。

（2）城市规划建设与改造情况。

1）功能定位。以水源保护和生态环境建设为抓手，提升区域优势自然景观，改善生态环境，创建宜居宜业的南部生态综合新区；

发挥××地区在丝绸之路经济带上的作用，抓住并用好历史机遇，将该片区打造成丝绸之路经济带上的亚欧经贸合作区；

推动老城区内的口岸和专业批发市场向外围地区转移，依托丝绸之路经济带能源资源大通道节点区位优势，构建国际商贸口岸区。

2）发展目标。

a. 生态城区。全面落实经济建设、政治建设、文化建设、社会建设、生态文明建设“五位一体”的总体布局，把生态文明建设放在突出地位，构建生产空间集约高效、生活空间宜居适度、生态空间山清水秀的城市南部生态综合城区，重点结合现代设施农业改造提升、城市饮用水源地保护、沙坑地治理及大雅山环境改造等项目进行生态建设，纳入环城生态园，形成“城市绿肺”，有效改善区域整体生态环境质量。

b. 开放城区。完善开放型经济体系，创新开放模式，全面提高开放型经济水平；积极推进××地区与丝绸之路沿线国家与城市的全方位务实合作，推动同周边国家互联互通，加大“引进来、走出去”力度，争取上海合作组织常驻机构入驻，打造国际经济合作和竞争的开放区域，培育带动区域发展的开放高地；促进加工贸易转型升级，发展服务贸易，增强企业国际化经营能力，培育世界水平的跨国公司。

c. 创新城区。抓住中央经济工作会议提出的“大力发展战略性新兴产业，加快传统产业优化升级”战略机遇，抢占××地区在全省（自治区）的人才优势制高点，引进科研机构和高端人才，提高自主创新能力，积极培育战略性新兴产业，使科技创新的成果更多转化为现实生产力，着力增强创新驱动发展新动力。

3）用地布局。规划形成“一轴、三心、五片区”的用地空间布局形态，如图3－7所示。

一轴：空间拓展轴。

三心：创新研发中心、中亚采购中心、综合服务中心。

五片区：亚欧经贸合作区、国际商贸口岸区、综合服务区、产业探索区、生态涵养区。

a. 一轴（见图3－8）。沿P高速南联络线（规划为快速路）贯通南北用地，连接Q地区和R地区，作为区域空间拓展廊道。

轴线串联用地南部的亚欧经贸合作区、北部的综合服务区和国际商贸口岸区，轴线向南联系S县、T城区，向北联系中心城区，是该片区实现空间拓展、带动片区经济发展、增强区域辐射力的主要动力轴线。

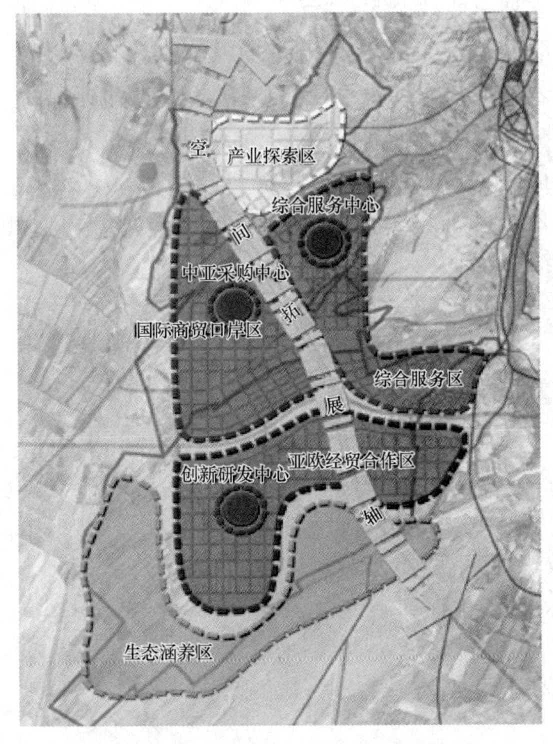

图3－7　××地区经贸区用地布局图

图3－8　××地区经贸区空间拓展轴

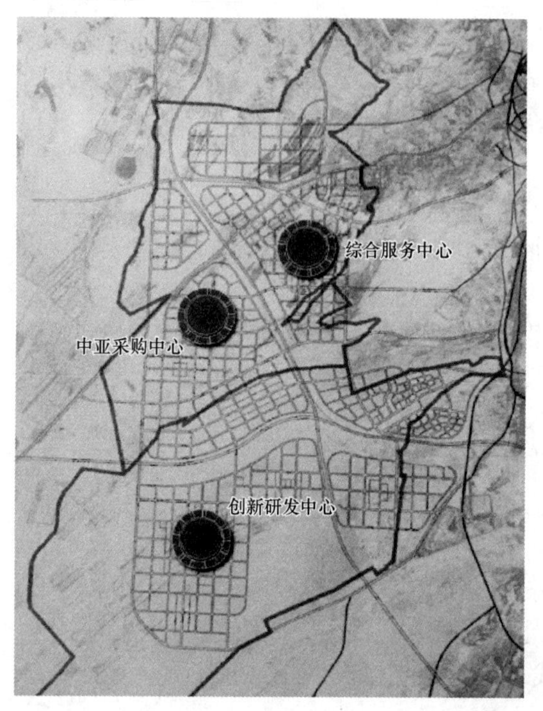

图 3-9 经贸区三心布局

b. 三心（见图 3-9）。围绕亚欧经贸合作区打造创新研发中心，组织各项职业教育、科技研发、技术创新、产业孵化等生产型服务，是该区域产业转型升级、强化创新驱动的核心。

发挥地缘优势，在国际商贸口岸区建设中亚采购中心，形成开放格局。

依托综合服务区构建区域综合服务中心，为区域提供行政办公、文化教育、医疗养老、休闲娱乐、康体度假和配套居住等服务，优化城市环境、提升服务功能。

c. 五片区。

a）亚欧经贸合作区。抓住并用好中央经济工作会议提出的“大力发展战略性新兴产业，加快传统产业优化升级”战略机遇，抢占××地区在全省（自治区）的人才优势制高点，引进科研机构和高端人才，提高自主创新能力，积极培育战略性新兴产业，促进加工贸易转型升级，发展服务贸易，增强企业国际化经营能力，培育世界水平的跨国公司。

最终将该片区打造成国际经济合作和竞争的开放区域，培育带动区域发展的开放高地，使其成为××地区六大产业基地之一。规划用地规模约 20km^2。

b）国际商贸口岸区。依托丝绸之路经济带能源大通道节点区位优势，建设国际商贸口岸区，承接老城区的批发贸易市场转移出来的批发商贸功能。

北部利用 P 高速公路、U 路、V 国道和规划城市 W 路形成的便捷的交通条件和紧邻城市建成区边缘的区位优势，规划建设中亚采购基地和全省（自治区）纺织服装贸易中心。

重点安排为口岸批发市场服务的行政办公、金融服务、国际贸易、信息咨询、中介服务、海关、检验检疫等服务。规划用地面积约 18km^2。

c）综合服务区。高水准、配套完善、有针对性的服务设施是发展该片区的重要支撑和有力保障。

要充分发挥××地区在丝绸之路经济带上的作用，抓住构建丝绸之路经济带的大好机遇，规划安排与亚欧经贸合作区、国际商贸口岸区相配套的国际社区、医疗养老社区、娱乐康体社区和生态居住社区，吸引多样化的人群入住，为区域提供多样化的便利服务；同时依托×国际物流基地建设现代物流园区，力争把××地区发展成为中亚区域性物流中心、新亚欧大陆桥中段最重要的物流枢纽。规划用地面积约 16km^2。

d）产业探索区。城市 W 路以北片区紧邻垃圾填埋场，市政府已明确依托垃圾填埋场规划建设“××地区固废处理循环经济示范园”，因受垃圾场污染气体影响和循环经济示范园特殊的环保要求，近期该片区不适合作为城市建设用地，此外，规划范围周边零星不规则用地宜结合周边用地统筹考虑。

该片区作为城市发展备用地，为后续产业探索留有余地。规划预留产业探索用地面积约 18km²。

e）生态涵养区。重点结合现代设施农业改造提升、城市饮用水源地保护、沙坑地治理等项目进行生态建设，纳入环城生态圈，形成“城市绿肺”，有效改善区域内因挖沙取土、粗放农牧方式和大风扬沙对城市生态环境和水源保护带来的负面影响。其中，保留基本农田集中区约 13km²，规划区内城市一级饮用水源保护地约 8km²，生态用地总规模约 21km²。

4）先行启动区。G 区范围内的先行启动区：V 国道以南、P 高速公路两侧，涵盖国际商贸口岸区和综合服务区两个功能分区，总用地规模约 8km²。该用地部分已纳入政府储备用地。

H 区范围内的先行启动区：Y 高速以南、Z 路以东，总用地规模约 7km²。

经贸区先行启动区如图 3－10 所示。

5）道路建设。东 W 路西侧修至 P 高速联络线、配合 I 高速 8 车道改造工程，P 高速连接线全线拓宽，并在 L、V 国道交叉口设置互通式立交桥。

K 路—V 国道全线拓宽改造。

为解决片区出行、带动片区发展、改善交通环境，规划区内新建“三纵四横”7 条道路。

通过“三纵四横”道路与既有道路的互联互通，解决片区出行问题，同时带动近期重点建设区和先行启动区的发展。

经贸区路网建设如图 3－11 所示。

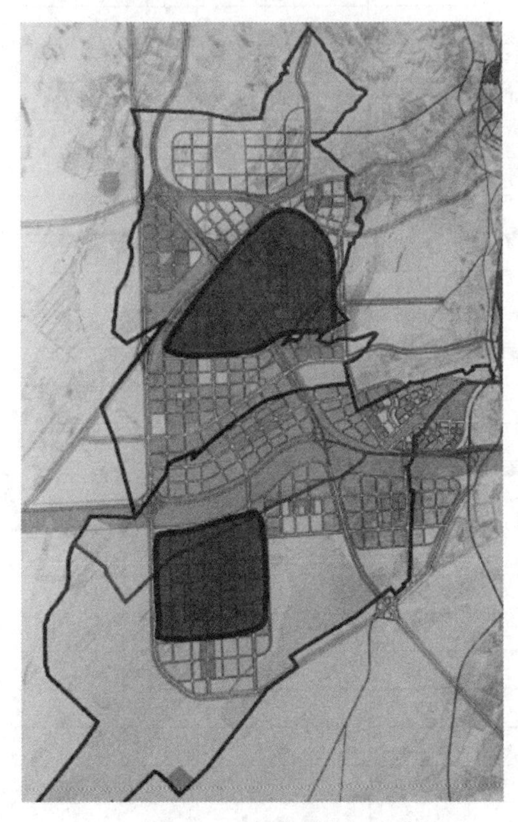

图 3－10　经贸区先行启动区

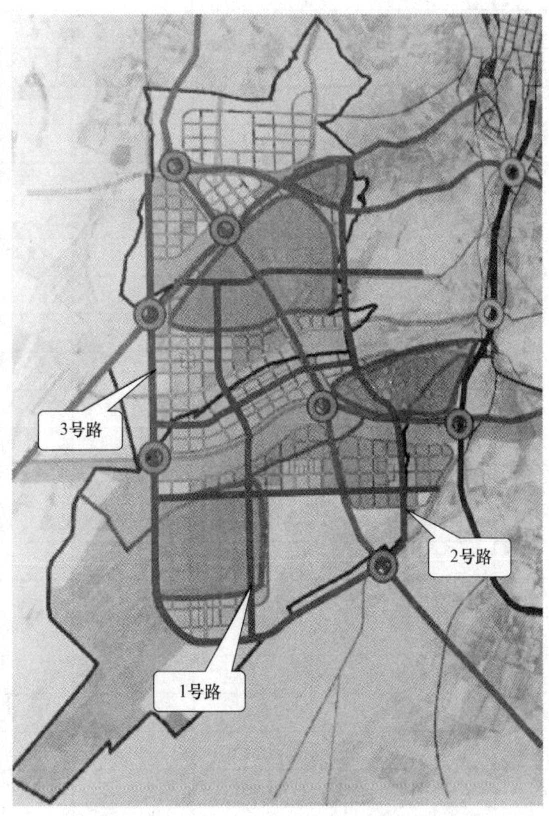

图 3－11　经贸区路网建设

2. 供电单元划分结果

以供电单元为单位，在远景空间负荷预测的基础上，构建各单元远景目标网架，一方面满足负荷供应需求，另一方面有一定裕度保证互联互供以提升区域供电可靠性。

分析每个供电单元的建设开发情况、企业入驻情况、负荷情况、电源情况、目标网架构建情况等，并给出目标网架对应的电网规模情况。

以供电单元为单位，统计经贸区目标网架总体规模情况如表3－7所示。

表3－7　经贸区各供电单元规划情况

序号	单元	负荷/MW	一级开闭所	双环网	单环网	10kV线路数量/条	平均线路负荷/（MW/条）
1	××－××－×－1	13.13			2	4	3.28
2	××－××－×－2	25.08	1		2	6	4.18
3	××－××－×－3	15.58			2	4	3.90
4	××－××－×－4	25.20	1	1		6	4.20
5	××－××－×－5	34.33	2	1		8	4.29
6	××－××－×－6	8.60			1	2	4.30
7	××－××－×－7	25.92		1	1	6	4.32
8	××－××－×－8	25.71	3			6	4.29
9	××－××－×－9	34.37		2		8	4.30
10	××－××－×－10	31.02		2		8	3.88
11	××－××－×－11	20.72		1	1	6	3.45
12	××－××－×－12	16.58			2	4	4.14
13	××－××－×－13	17.01			2	4	4.25
14	××－××－×－14	24.61			3	6	4.10
15	××－××－×－15	16.33			2	4	4.08
16	××－××－×－16	8.98	1			2	4.49
17	××－××－×－17	16.31		1		4	4.08
18	××－××－×－18	20.35			3	6	3.39
19	××－××－×－19	17.30		1		4	4.33
20	××－××－×－20	17.01		1		4	4.25
21	××－××－×－21	17.04			2	4	4.26
22	××－××－×－22	15.41		1		4	3.85
23	××－××－×－23	13.53		1		4	3.38
24	××－××－×－24	8.62			1	2	4.31
25	××－××－×－25	16.76			2	4	4.19
26	××－××－×－26	8.07			1	2	4.03
27	××－××－×－1	9.43	1	0	0	2	4.71
28	××－××－×－2	15.86	0	1	0	4	3.97
29	××－××－×－3	15.51	0	1	0	4	3.88
30	××－××－×－4	34.19	0	2	0	8	4.27
31	××－××－×－5	25.00	0	1	1	6	4.17
32	××－××－×－6	23.31	0	1	1	6	3.89

续表

序号	单元	负荷/MW	一级开闭所	双环网	单环网	10kV 线路数量/条	平均线路负荷/（MW/条）
33	××－××－×－7	24.45	0	1	1	6	4.07
34	××－××－×－8	18.74	0	1	0	4	4.68
35	××－××－×－9	15.05	0	1	0	4	3.76
36	××－××－×－10	23.01	0	0	3	6	3.84
37	××－××－×－11	22.84	0	1	1	6	3.81
38	××－××－×－12	30.51	2	1	0	8	3.81
39	××－××－×－13	7.90	0	0	1	2	3.95
40	××－××－×－14	21.84	1	1	0	6	3.64
41	××－××－×－15	24.91	1	1	0	6	4.15

××地区经贸区共划分为 41 个供电单元，至远景年，经贸区区域内共新建一级开闭所 13 座、双环网 26 组、单环网 35 组，共新建 10kV 线路 200 回，每个供电单元 2～8 回 10kV 线路供电，线路平均负荷为 4.03MW/回，满足区域供电需求，并留有一定的裕度满足经贸区突增负荷的供电。就 41 个供电单元来看，各供电单元目标网架也能独立完成供电任务，且满足 $N-1$ 转供电要求。

第四章

配电网的负荷预测与分析

第一节　概　　况

一、负荷预测的目的

电力负荷是电力系统中所有用电设备消耗功率的总和。电力负荷预测是指通过分析国民经济和社会发展的各种相关因素与电力需求之间的关系，对电网的电力负荷水平进行预测。电力负荷预测是电网规划设计的基础，是研究、制定电网规划方案的重要依据。

电力负荷包含电量和最大负荷，电量等于最大负荷与最大负荷利用小时数的乘积。

二、负荷预测的内容

电力负荷预测的内容一般包括电量预测、最大负荷预测及负荷特性预测等。

电力负荷预测的阶段划分与电网规划设计年限保持一致。长期电力负荷预测主要用于电网远景规划发展，确定未来电网在电压等级、输电方式、网架结构、输电技术等方面的发展目标及技术路线，一般考虑一个方案；中长期电力负荷预测主要用于电网规划设计，确定电网方案、建设规模、资金需求等，一般考虑多个方案，并以其中一个方案作为电网规划设计的基础方案，针对其他方案进行敏感性分析；近期电力负荷预测主要用于电网建设时序、输变电工程及电网运行方式安排等，一般要逐年预测。

1. 全社会用电量和最大负荷

预测规划期内某一区域内的全社会用电量和全社会最大负荷。预测对象通常为一个县、一个市或一个省，预测结果为全系统的负荷值，不区分电压等级，应与输电网规划、电源规划等预测结果保持衔接。预测结果主要用于判断该地区全社会用电量和最大负荷的宏观走势，以及确定配电网各电压等级网供最大负荷。

2. 各电压等级网供最大负荷

在全社会最大负荷的基础上，预测由各电压等级配电网公共变压器供给的最大负荷，这一过程称为网供负荷预测。预测结果包括 110（66）kV 网供最大负荷、35kV 网供最大负荷和 10kV 网供最大负荷，各电压等级网供负荷一般通过扣除上一电压等级直供负荷、本电压等级专线负荷及下一电压等级发电输出功率得到。网供负荷的预测结果主要用于确定电压等级配电网在规划期内需新增的变压器容量需求。

3. 配电网负荷的空间位置分布

配电网负荷的空间位置分布是确定变电站布点位置和线路出线的重要依据，应采用空间负荷预测方法预测，一般需结合用地规划、地块性质、建筑面积、建筑物构成等信息将规划区域划分为若干个区块，对每个区块预测其规划目标年的最大负荷和远景年的饱和负荷值。

4. 电力用户最大负荷

电力用户最大负荷是确定用户供电电压等级、选取电气设备和导体的主要依据。电力用户最大负荷的计算对象可以是居民住宅区、厂矿企业、高层建筑等，通常根据用户的电气设备功率、单位用电指标等，考虑用电同时率计算得到。

三、负荷预测的要求

配电网负荷变化受到经济、气候、环境等多种因素的影响，根据历史数据推测未来数据往往具有一定的不确定性和条件性。因此，配电网负荷预测一般应采取多种方法进行，宜以 2～3 种方法为主，并采用其他方法校验。针对预测结果，应根据外部边界条件制定高、中、低不同预测方案，提出推荐方案。开展预测时应注意以下几个方面。

（1）既要作近期预测，也要作中远期预测。近期预测要给出规划期逐年的预测结果，用以论证工程项目的必要性，确定配电网的建设规模和建设进度。中远期预测用于掌握配电网负荷的发展趋势，确定配电网目标网架，为站址、通道等设施布局提供指导。

（2）既要作电量预测，也要作电力预测。电量预测是电力预测的基础。由于最大负荷受需求侧管理、拉闸限电等外部因素影响，规律性较差，因此通常根据历史年的用电量水平，采用合适的方法预测规划期内逐年的用电量，再根据最大负荷利用小时数法，确定各年的最大负荷。

（3）既要作总量预测，也要作空间预测。配电网全社会最大负荷及分电压等级网供负荷用于分析配电网负荷的发展趋势，指导规划期内配电网变压器新增容量需求计算。另外，还应通过空间负荷预测确定负荷增长点所在的地理位置，细化负荷分布，为明确新增的变电站的布局提供依据。

（4）既要作全地区的负荷预测，也要作分区块的负荷预测。配电网负荷预测应包括以县、市、省等行政管理范围为对象的全地区预测，也应包括居民住宅区、工商业区、新开发地区等较小区块的预测。分区块的预测结果应能够与全地区的预测结果互相校验，一省或一市的预测结果能够根据该省或该市下级行政区划的结果推导得出。

四、负荷预测的基本流程

电力负荷预测的基本流程见图 4－1。首先，确定负荷预测的工作目标，包括确定预测年限、预测区域和预测内容；其次，收集资料，包括国民经济历史资料和发展规划、地区发展规划、电力需求、负荷特性情况及大工业用户规划等；再次，选择科学、有效的预测方法，一般选择电力弹性系数法、人均用电量法、产值用电单耗法等适用的规划方法，确定合理的预测参数，提出多个预测方案；最后，提出高（中）低预测结果综合分析得出最终预测结果。

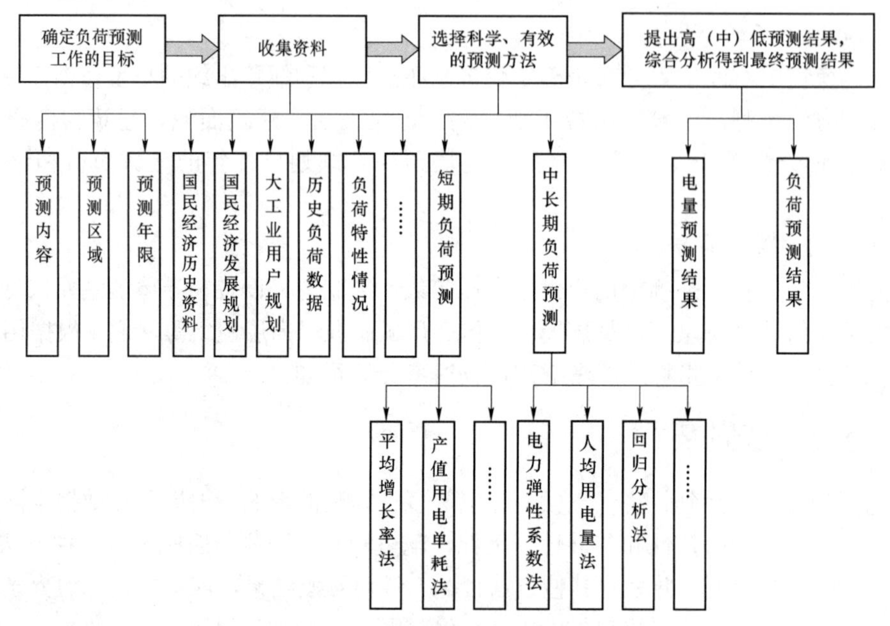

图 4－1　电力负荷预测的基本流程

第二节　配电网负荷的分类

一、按物理性能分类

负荷按物理性能分为有功负荷和无功负荷。有功负荷是指把电功率转化为其他形式的功率，在用电设备中实际消耗的功率。无功负荷一般由电路中的电感或电容元件引起。负荷预测主要预测有功负荷，通常根据有功负荷预测结果来制定电网规划方案，并依据规划方案，进行无功平衡计算，配置合理的无功补偿设备，满足无功负荷需求。

二、按发生时间分类

负荷按发生时间可分为高峰负荷、最低负荷和平均负荷。高峰负荷是指电网和用户在一天时间内所发生的最大负荷值。通常选一天 24h 中最高的一个小时的平均负荷为最高负荷；最低负荷是指电网或用户在一天 24h 内发生的用电量最小的一点的小时平均电量；平均负荷是指电网或用户在某一段确定时间阶段内的平均小时用电量。

三、按中断供电造成的损失程度分类

电力负荷按中断供电造成的损失程度（国家制定负荷分级建设标准）可分为一、二、三级负荷。

（1）一级负荷：包括中断供电将造成人身伤亡和将在政治、经济上造成重大损失的负荷，如造成重大设备损坏，打乱重点企业生产秩序并需要长时间才能恢复，重要铁路枢纽无法工作，经常用于国际活动的场所秩序混乱等的负荷。

（2）二级负荷：中断供电将在政治经济上造成较大损失、将影响重要用电单位的正常工作。

（3）三级负荷：不属于一级负荷和二级负荷者应为三级负荷。

对于一级负荷，供电要求可靠，一般要求有 1 个以上的供电电源［如来自不同的变电所或发电厂，或虽来自同一变电所（或发电厂），但故障时相互不影响的不同母线段供电电源］。

四、按所属行业分类

电力负荷按所属行业分类可分为城乡居民生活用电和国民经济行业用电，也可分为第一产业用电、第二产业用电、第三产业用电和城乡居民生活用电。其中，国民经济用电共分 7 大类，如表 4－1 所示。按照所属行业对用电负荷进行分类，根据各行业的发展趋势和特点分别进行预测，叠加得到总预测值。

表 4－1　国民经济行业划分表

产业	行业
第一产业	农、林、牧、渔、水利业
第二产业	工业
	建筑业
第三产业	地质普查和勘探业
	交通运输、邮电通信业
	商业、公共饮食业、物资供销和仓储业
	其他事业

五、按发供用电环节分类

负荷按发供用电环节可分为发电负荷、供电负荷和用电负荷。发电负荷是指在某一时刻电力系统内各发电场实际发电输出功率的总和。发电负荷减去各发电厂厂用负荷后，就是系统的供电负荷，它代表了由发电厂供给电网的电力。供电负荷减去电网中线路和变压器的损耗后，就是系统的用电负荷，即系统内各个用户在某一时刻所耗用电力的总和。在电网规划设计中，通常用电负荷进行电力平衡。发电负荷、供电负荷的计算公式为

$$\text{供电负荷}=\text{用电负荷}/(1-\text{线损率}) \tag{4-1}$$

$$\text{发电负荷}=\text{供电负荷}/(1-\text{厂用电率}) \tag{4-2}$$

厂用电负荷占本厂额定发电输出功率的百分数称为发用电率，由于机型和燃料种类的差异，不同电厂的厂用电率是不同的，表 4－2 给出了不同类型发电厂厂用电率，仅供参考。线路及变压器等电力设备中的电力损失占供电负荷的百分数称为线损率，可根据统计数据获得；缺乏数据时，可考虑 5%～10%。

表 4－2　不同类型发电厂厂用电率表

电厂类型		厂用电率
热电厂		9%～12%
火电厂	300MW	6%～11%
	600MW	5%～10%
	1000MW	5%～6%
水电厂		0.1%～1%
核电站		5%～8%

第三节　配电网的负荷曲线及负荷特性指标

一、配电网的负荷曲线

负荷随时间变化的曲线称为负荷曲线。负荷曲线主要用于确定电网运行方式、区间潮流交换，分析电网调风能力、新能源消纳能力等。负荷曲线主要有日负荷曲线、周负荷曲线、年负荷曲线以及持续负荷曲线。负荷曲线中最大负荷、最小负荷和平均负荷的定义如下。

（1）最大负荷 P_{max} 是指在某一时间段内电网负荷的最大值，目前电网统计的最大负荷一般为瞬时值。

（2）最小负荷 P_{min} 是指在某一时间段内电网负荷的最小值。

（3）平均负荷 P_{av} 是指在某一确定时间段内负荷的平均值，等于某一确定时间段内总的用电（或发电量）E 除以小时数 t，即

$$P_{av}=E/t \tag{4-3}$$

（一）日负荷曲线

日负荷曲线表示负荷数值在一昼夜0时至24时内的变化情况。典型的日负荷曲线见图4－2。平均负荷 P_{av} 与最大负荷 P_{max} 之间的部分称为峰荷，最小负荷 P_{min} 与 0 之间的部分称为基荷，平均负荷 P_{av} 与最小负荷之间的部分称为腰荷。

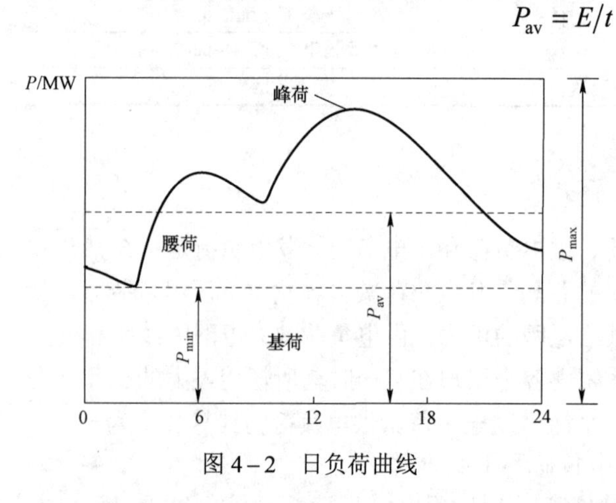

图4－2　日负荷曲线

日负荷曲线在电网规划设计中主要用于电力电量平衡、调压及无功补偿平衡等计算，以及进行电网安全分析，在电网调度中用于安排发电计划。

在电网规划设计中，一般选取夏季、冬季两个典型日负荷曲线，我国夏季典型日负荷曲线通常选取6～9月数据，冬季典型日负荷曲线通常选取11～12月数据。水电比例较大的区域一般选取丰（5～10月）、枯（11月～次年4月）两个典型日负荷曲线。

在电网规划中，日负荷曲线常采用历史负荷曲线修改法、用户负荷曲线叠加法、典型系统法3种方法编制。

（1）历史负荷曲线修改法：在实际负荷曲线基础上，结合远景负荷结构的变化进行修改。

（2）用户负荷曲线叠加法：将各类负荷的日负荷曲线按设计水平年负荷的大小叠加而成系统的日负荷曲线。

（3）典型系统法：根据设计水平年各类负荷用电比例，采用负荷结构相近的典型负荷曲线。典型负荷曲线可按照其他电力系统的负荷曲线修改而成，也可根据各类负荷的典型负荷曲线叠加后修改而成。

（二）周负荷曲线

周负荷曲线表示一周内每天最大负荷的变化状况，主要根据实际系统统计资料，经分析整理而成，见图4－3。周负荷曲线在电网规划设计中通常用于包含新能源的电力电量平衡计算，提高准确度。

（三）年负荷曲线

年负荷曲线（见图4－4）表示一年内各月最大负荷的变化情况。年负荷曲线主要根据两种情况来编制，一种是对于季节性生产用电比例小于10%或用电构成比例没有大变化的，仍采用现状年负荷曲线；另一种是对于季节性生产用电比例大于10%或季节性用电构成比例有较大变化的，需分别作出连续性生产用电和季节性生产用电的年负荷逐月变化曲线，然后叠加成系统年负荷曲线。

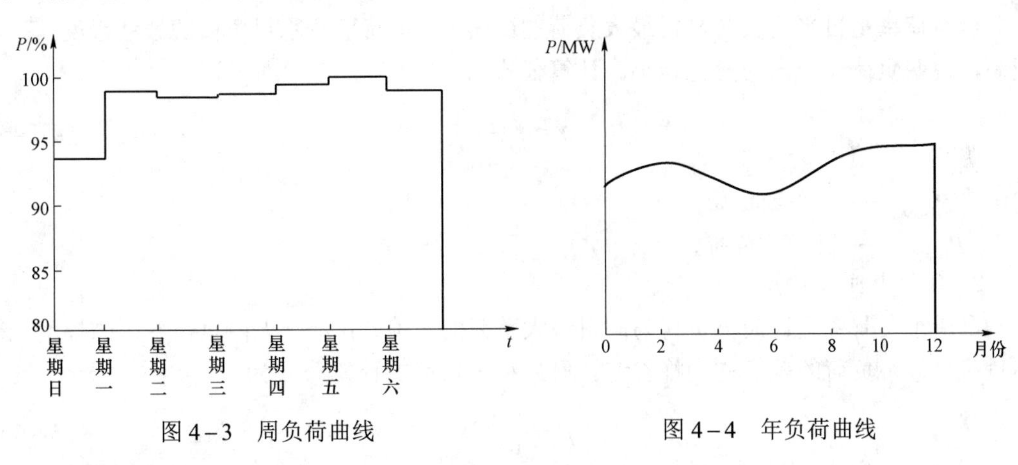

图4－3　周负荷曲线

图4－4　年负荷曲线

（四）持续负荷曲线

持续负荷曲线是根据某一时间段内各个负荷大小的累计持续时间绘制出来的曲线，一般分为日持续负荷曲线和年持续负荷曲线。日持续负荷曲线可用来计算系统日用电量，年持续负荷曲线在电网规划中可用来计算系统年发（用）电量并进行可靠性计算。

日持续负荷曲线是根据一日内负荷的大小及其持续时间绘制而成的曲线，图4－5为日负荷持续曲线的一般形式。

年持续负荷曲线是按全年逐时负荷大小及其持续时间绘制而成的曲线，持续时间通常按一年8760h计算。图4－6为年负荷持续曲线的一般形式。

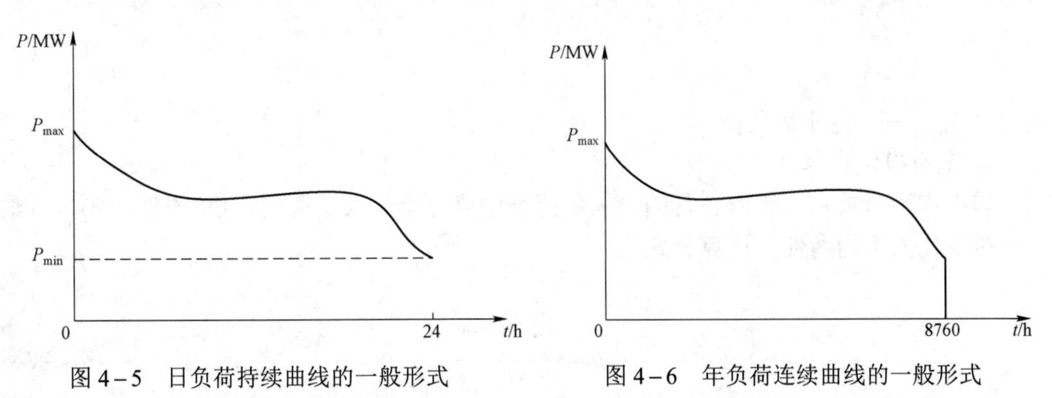

图4－5　日负荷持续曲线的一般形式

图4－6　年负荷连续曲线的一般形式

二、配电网的负荷特性指标

负荷特性指标用于归纳负荷变化的规律和特性。常用的负荷特性指标有日负荷特性指标、年负荷特性指标及负荷同时率等。

（一）日负荷特性指标

日负荷特性指标通常用日负荷率γ和日最小负荷率β来表示。在电网规划设计中，日负荷特性指标主要用来进行电力平衡，确定电厂的运行方式、地区间及联络线的功率交换和电网的潮流分布，确定调峰容量，选择适合的调峰方式；还可以在调度运行中确定电厂的工作容量和总装机容量。

1. 日负荷率γ

日负荷率是日平均负荷与日最大负荷的比值。日负荷率表示日负荷的波动程度，其值越高，说明负荷一天内的变化越小。计算公式为

$$\gamma=\frac{P_{\mathrm{d-av}}}{P_{\mathrm{d-max}}} \tag{4-4}$$

式中 $P_{\mathrm{d-av}}$——日平均负荷；

$P_{\mathrm{d-max}}$——日最大负荷。

2. 日最小负荷率β

日最小负荷率是日最小负荷与同日最大负荷的比值，表示一天内负荷变化的幅度。最小负荷与最小负荷的差值称为峰谷差。日最小负荷率的计算公式为

$$\beta=\frac{P_{\mathrm{d-min}}}{P_{\mathrm{d-max}}} \tag{4-5}$$

式中 $P_{\mathrm{d-min}}$——日最小负荷。

（二）年负荷特性指标

年负荷特性指标主要包括月不均衡系数、季不均衡系数、年负荷率及年最大负荷利用小时数，在电网规划中主要用来进行负荷预测、水电较多地区（一般水电装机比例达到总装机30%以上）的电力电量平衡计算、电网安全性分析等。

1. 月不均衡系数σ

月不均衡系数是月平均负荷与月最大负荷日平均负荷的比值，表示月内负荷变化的不均衡性。计算公式为

$$\sigma=\frac{P_{\mathrm{m-av}}}{P_{\mathrm{d-av}}} \tag{4-6}$$

式中 $P_{\mathrm{m-av}}$——月平均负荷。

2. 季不均衡系数ρ

季不均衡系数是一年内各月的最大负荷平均值与年最大负荷的比值，表示一年内月最大负荷变化的不均衡性。计算公式为

$$\rho=\frac{\sum_{1}^{12}P_{\mathrm{m-max}}}{12P_{\max}} \tag{4-7}$$

式中　P_{m-max}——各月的最大负荷；

　　P_{max}——年最大负荷。

3. 年最大负荷利用小时数

年最大负荷利用小时数可以用年发电量除以该年最大负荷得到，它说明一年内负荷变化的平复程度。计算公式为

$$T_{max}=\frac{E}{P_{max}} \tag{4-8}$$

式中　E——年发电量。

在年用电量和年最大负荷数据不明确的情况下，年最大负荷利用小时数也可按下述两种方法取值：一种是根据历史资料由专家分析判断确定；另一种是对历史统计数据进行回归分析，找出负荷结构与年最大负荷利用小时数的关系，再由预测的负荷结构计算出年最大负荷利用小时数。

4. 负荷静态下降系数 K_j

负荷静态下降系数是针对年负荷静态曲线（静态曲线假设一个年度内最大负荷没有增长，只是由于季节原因，某些季节负荷略有减少）提出的，是指不考虑负荷在一个年度内增长时，静态最小负荷月的最大负荷与静态年最大负荷的比值，用于反映因季节影响负荷自然下降的情况。计算公式为

$$K_j=\frac{P'_{max}}{P_{max}} \tag{4-9}$$

式中　P'_{max}——静态最小负荷月的最大负荷，MW；

　　P_{max}——静态年最大负荷，即系统的年最大负荷，MW。

5. 负荷（电量）的年平均增长率 α

负荷（电量）的年平均增长率为所计算的年最大负荷或电量与前一年度最大负荷（电量）的比值。计算公式为

$$\alpha=\left(\left(\frac{Y_0}{Y_n}\right)^{\frac{1}{n}}-1\right)\times100\% \tag{4-10}$$

式中　α——负荷（电量）的年平均增长率；

　　Y_0——当前年度的负荷（电量）；

　　Y_n——当前年度前推 n 年的负荷（电量）；

　　n——两个水平年相隔年数。

（三）负荷同时率

负荷同时率是指各类用户的最大负荷会出现在不同时间，因此系统的最大负荷小于系统各用户最大负荷的和，这种差别在计算中用同时率来表示，即同一时刻，系统最大负荷与各类用户最大负荷之和的比值。负荷同时率的大小与电力用户的多少、各类用户的用电方式及特点有关，一般可根据系统历史统计数据确定，计算公式为

$$负荷同时率（\%）=\frac{地区最高负荷}{各个分供电区域最高负荷之和}\times100\% \tag{4-11}$$

三、负荷特性分析

配电网中的负荷受作息时间、生产工艺、气候变化、季节等因素的影响，各行业的负荷特性差异较大。2016 年各行业典型负荷特性指标如表 4－3 所示。

表 4－3　　2016 年各行业典型负荷特性指标

行业名称	日负荷率/%		日最小负荷率/%		月不均衡系数	负荷静态下降系数	年最大负荷利用小时数/t
	冬	夏	冬	夏			
煤炭工业	0.835	0.796	0.600	0.612	0.860	0.980	6000
石油工业	0.945	0.940	0.890	0.890	0.910	1.000	7000
黑色金属工业	0.860	0.856	0.700	0.700	0.880	0.960	6500
铁合金工业	0.950	0.965	0.890	0.910	0.930	0.980	7700
有色金属采选业	0.780	0.795	0.550	0.574	0.860	0.960	5800
有色金属冶炼业	0.946	0.943	0.899	0.890	0.910	1.000	7500
电解铝	0.990	0.988	0.980	0.980	0.940	1.000	8200
机械制造业	0.660	0.675	0.400	0.445	0.900	0.900	5000
化学工业	0.940	0.960	0.900	0.895	0.900	0.960	7300
建筑材料业	0.860	0.847	0.680	0.680	0.860	1.000	6500
造纸业	0.880	0.900	0.680	0.700	0.860	0.960	6500
纺织业	0.810	0.830	0.600	0.630	0.860	0.950	6000
食品工业	0.628	0.653	0.500	0.266	0.860	0.940	4500
其他工业	0.610	0.595	0.200	0.250	0.860	0.800	4000
交通运输业	0.387	0.356	0.100	0.100	0.970	1.000	3000
电气化铁路	0.700	0.700	0.400	0.400	0.980	1.000	6000
城市生活用电	0.382	0.324	0.150	0.143	0.950	0.700	2500
农业排灌	0.110	0.925	0.010	0.300	—	0.200	2800
农村工业	0.570	0.610	0.150	0.215	0.800	0.700	3500
农村照明	0.250	0.225	0.050	0.071	0.900	0.700	1500

（一）工业用电

工业用电有以下两大特点。

（1）工业用电量大。在目前我国的用电构成中，工业用电量的比例占全社会用电量的 75%左右。

（2）工业用电比较稳定。在工业用电户中，电铝工业、有色金属冶炼业、铁合金工业、石油工业及化学工业等属于连续性用电行业，由于工艺过程的要求，对这些工业必须昼夜连续不断地均衡地供电，这类负荷的日负荷率几乎不受任何其他因素的影响，仅与用户本身的用电设备的使用情况有关，因而日负荷率较高，均在 0.9 以上。

工业负荷在月内、季度内的变化是不大的，比较均衡。除少数季节性生产的工厂外，大部分工业的生产用电受季节性变化的影响小。

1. 化学工业用电

化学工业主要用电设备有用高压电动机拖动的气体（或液体）压缩机、鼓风机、离心机、离心泵、大功率工业电石炉、电解槽、电热器等。由于化学工业是连续性生产，具有高温、高压、易燃、易爆、腐蚀毒害等危险因素，因此，化学工业的用电性质、用电负荷具有以下主要特点。

（1）供电可靠性要求高。大多数化学工业的关键生产工艺流程用电负荷属于一级用电负荷，一旦停电，将会造成化工装置爆炸、起火，人身中毒等恶性事故。因此，化学工业生产必须具备可靠的供电电源。化工厂多采用来自公共电力系统的多回路高压供电，或由并入电力系统的自备电站发电机组供电。

（2）用电量大。化工装置连续运行，电力负荷集中，用电量很大。

（3）电力负荷平稳、负荷率高。化工生产连续性强，电力负荷比较均衡，负荷率可达0.95以上。

（4）采用增安型电气设备。由于化工生产存在易燃、易爆、腐蚀性等危险因素，因此，存在这些危险因素的区域多采用防爆、防腐、防尘等增安型电气设备，以避免电气事故的发生。

2. 钢铁行业用电

钢铁行业的用电具有以下特点。

（1）规模大，耗电量多。电能在钢铁工业生产中既作为电热，又作为动力。例如，年产40万t钢材、50万t钢、60万t生铁、60万t焦炭的中型钢铁企业的设备总容量达到13.33万kW。

（2）要求供电可靠性高。Ⅰ类负荷较多，如高炉炉体冷却水泵、泥炮机、热风炉助燃风机、平炉的倾动装置电动机、装料机、转炉的吹氧管升降机构、烟罩升降机构、铸锭吊车、大型连轧机、加热炉助燃风机、均热炉钳式吊车等。特殊的Ⅰ类负荷常称为保安负荷，大、中型钢铁联合企业的保安负荷占企业最大计算负荷的10%左右。Ⅱ类负荷有矿井提升机选矿机械、烧结机、高炉装料系统、转炉上料装置、各种轧机的主传动及辅助传动、生产照明等。武汉钢铁集团公司（简称武钢）的Ⅰ、Ⅱ类负荷占100%，其中，Ⅰ类占84%，Ⅱ类占16%，保安负荷为2.6万kW左右。

（3）连续运行工作制的用电设备较多。空气压缩机、制氧机、球磨机、通风机、水泵、浮选机、润滑油泵等，负荷较稳定，功率因数较高。有些设备选用同步电动机拖动，如空气压缩机、水泵、通风机、球磨机等，对改善功率因数有利；有些设备选用直流电动机拖动，以便于调速；有些设备的功率因数稍低，如烧结机、连续铸管机等；电炉虽有间歇，但工作周期均超过30min，所以也属于连续运行。

（4）短时运行工作制的设备。矿山机械较多；断续工作制的设备有矿山提升机、高炉卷扬机、各种轧钢机、吊车、起重机等。由于连续生产的设备多，负荷比较集中，负荷率较高，无功负荷较大，对电能质量和供电可靠性要求较高。

（5）冲击性负荷及高次谐波对电力系统影响大。轧钢设备容量大，运行中冲击负荷很大（如咬钢或加大压下量时），对电力系统的稳定运行有较大影响。拖动轧机的直流电机采用晶闸管整流装置供电时，在轧辊咬住钢坯瞬间，电机从电力系统立即汲取大量有功功率和无功功率，对电力系统形成冲击性负荷；另外，晶闸管的调相调压非线性特性引起电网电压波形畸变，还产生高次谐波分量，给电力系统带来不利影响。这些都需要采取措施加以解决。

（6）采用厂内独立的供电系统。大型钢铁联合企业通常由220kV或110kV电压供电，与电力系统有多回线相连，以保证系统对钢铁厂的供电可靠性，有些钢厂采用自备电厂来保证供电可靠性，如武钢已建成2×200MW（远期3×200MW）的自备电厂。自备电厂一般是热电厂，供电的同时供蒸汽和热水。

（7）厂内多处设置变电站。总降压站可设一个或多个，车间变电站可同时供几个车间使用，车间内用电设备一律采用电缆或管线供电。为减轻电动机对照明的影响，动力线路与照明线路分开布置。

（8）用电解化学反应方法提供工业生产所需的负荷。电解水能得到纯氧及氢，氢的最大用途是作为合成氨的原料；电解食盐水是制造氯、氢及碱的重要方法；干式冶炼所得的粗金属纯度较差，经电解后可得到高纯度的金属与贵金属；铝、镁、钠等金属的生产也主要靠电解。所以，电解是工业生产的一个不可缺少的方面。电解工业是耗电量极大的工业。电能消耗的费用占产品成本的很大比例。电解槽本身的能量转换效率较低，往往只有25%～50%。因此，使用廉价的电能是发展电解工业的关键问题。世界各国的电解工业平均50%以上依靠廉价的水力资源发出电能。因此，电解工业的布局也应尽量靠近水力资源，以避免大容量长距离输电，减少输电线路投资；还要尽量利用水力资源的季节性电能，在丰水期多生产，在枯水期少生产甚至停产。

（二）农业用电

农业用电在全社会电力消耗中的比例不大，但季节性很强。农业用电的日内负荷变化相对较小，但月内、年度内负荷变化很大，呈现出很不均衡的特点，月不均衡系数达到0.7。

特别是农业排灌用电，受天然降水量的影响，季节性很强。因此，对农村地区进行负荷预测时需要考虑排灌期的用电需求，可按照每亩地的排灌平均用电量进行计算。

（三）交通运输用电

交通运输用电在全社会电力消耗中所占比例一般较小，但随着城市轨道交通的增加，交通运输业的用电水平逐年升高。总体来看，交通用电的日负荷率一般比较低，通常日负荷率在0.4左右，月负荷率为0.1左右，冬季和夏季的负荷率指标没有多大差别。

1. 轨道交通

随着大城市轨道交通的快速发展，在负荷预测中需要专门考虑轨道交通的用电需求。

电气化铁路是当代最重要的一种铁路类型，沿途设有大量电气设备为电力机车（含动车组和非动车组）提供持续的动力能源。电力机车本身不带能源，所需电能由电力牵引供电系统提供。牵引供电系统主要由牵引变电站和接触网（或供电轨）两大部分组成。变电站设在铁道附近，它将从发电厂经高压输电线或高压输电缆送过来的电流送到铁路上空的接触网或铁轨旁边的供电轨道中，接触网或供电轨道是向电力机车直接输送电能的电气设备，电力机车通过集电弓或导电车轮从接触网或供电轨道中获得所需电能。电气化铁路最早来源于有轨电车，后经过多年的发展演变不断地拓展运用至其他种类的铁路系统中。

牵引供电系统主要是指牵引变电站和接触网两大部分。

变电站设在铁道附近，它将从发电厂经高压输电线送来的电能，送到铁路上空的接触网上。接触网是向电力机车直接输送电能的设备。沿着铁路线的两旁，架设着一排支柱，上面悬挂着金属线，即为接触网，它也可以看作电气化铁路的动脉。电力机车利用车顶的受电弓从接触网获得电能，牵引列车运行。牵引供电制式按接触网的电流制有直流制和交流制两种。直流制是将高压、三相电力在牵引变电站降压和整流后，向接触网供直流电，这是发展最早的一种电流制，到20世纪50年代以后已较少使用。交流制是将高压、三相电力在变电站降压和变成单相后，向接触网供交流电。交流制供电电压较高，发展很快。我国电气化铁路的牵引供电制式从一开始就采用单相工频（50Hz）25kV 交流制，这一选择有利于今后电气化铁路的发展。

和传统的蒸汽机车或柴油机车牵引列车运行的铁路不同，电气化铁路是指从外部电源和牵引供电系统获得电能，通过电力机车牵引列车运行的铁路。它包括电力机车、机务设施、牵引供电系统、各种电力装置及相应的铁路通信、信号等设备。电气化铁路具有运输能力大、行驶速度快、消耗能源少、运营成本低、工作条件好等优点，对运量大的干线铁路和具有陡坡、长大隧道的山区干线铁路实现电气化，在技术上、经济上均有明显的优越性。

可以用以下方法来对电气化铁路进行分类：

按供电导线类型分类：第三轨型、高架电缆型；

按供电类型分类：直流供电型、交流供电型。

2. 电力机车

电力机车负载的三相分布通常是不对称的，并且具有非线性和冲击性的特点，极易使电力系统产生闪变、谐波、负序电流、电压波动等电能质量问题，会对牵引供电系统本身和上级电力系统的供电质量产生不利影响，最终会降低整个电力系统的经济性和安全性。因此，应该采取必要的治理措施来改善牵引供电系统的稳定性，提高电能质量。目前，大功率牵引变流器技术日臻成熟，电力机车的谐波和无功的难题被成功攻克，但是其单相（两相）供电造成的负序和冲击性分量还有可能对电能质量产生不利影响，因此必须坚持研究，切不可松懈。

电力机车是一种非自给式机车，需要通过接触网供给所需能量，这使牵引供电系统具有一系列特点，主要表现在以下几个方面。

（1）能源消耗低。牵引系统由电力系统供应电力，能源来自多方面（如水力、煤、油、天然气、核能等），并可通过电网综合使用。内燃牵引系统需要柴油、蒸汽，牵引需要优质煤。相比电力牵引系统，内燃牵引系统相对燃料消耗量大。

（2）机车效率高。电力机车本身的效率很高，但由于整个电力牵引系统的平均效率因供电系统的来源不同而有所变化。由水电站供电时，电力牵引系统的效率高达70%；由高参数火电厂供电时，电力牵引的效率为25%；由一般热电厂供电时，电力牵引系统的效率为16%～18%。

（3）机车功率大。电力机车因本身不需要燃料储备，机车的有限空间可以得到充分利用。因而，在同样的机车质量下，其功率比自给式机车大得多。

（4）机车速度高。电力机车运行速度比其他类型机车高，如牵引3.5kt货物在9‰坡道上行驶，前进型蒸汽机车（双机）的速度为34.1km/h，东风4型内燃机车（双机）的速度为33.5km/h，韶山1型电力机车的速度为54.1km/h。电力机车不需加水、上煤、机车准备时间短、起动时间短（电力机车的起动时间为1min，内燃机车的起动时间为2min，蒸汽机车的起动时间为3min）。提高运行速度，不仅可以较大地提高线路通过能力，而且可以缩短旅客旅行时间，加速机车车辆的周转和货物的输送。

（5）过负荷能力强。机车在起动、牵引列车通过困难坡道和运行区段时具有较大的过负荷能力，可以重载快跑。

（6）具有再生发电制动系统。采用再生发电制动的电力机车，能将机车的动能转换为电能反馈到接触网向系统供电，使机车具有双重制动系统，减少机车动轮，减少闸瓦的磨损，提高机车安全运行水平。

（7）通过能力强。特别是在运输业务繁忙的干线和长大坡道区段，经济效益更加显著，运行速度快，在铁路运输中，与内燃机车和蒸汽机车相比，电力机车牵引定数高。电力机车改善了指挥系统，降低了人工劳动强度，避免了烟尘污染，加强了行车安全，牵引变电站的大量投入还有利于乡村电气化；但电力机车的起动负荷大、谐波电流大，对电力系统的安全经济运行有一定影响。

3. 电动汽车

电动汽车是指以车载电源为动力，用电机驱动车轮行驶，符合道路交通、安全法规各项要求的车辆。它使用存储在电池中的电来发动。在驱动汽车时，有时使用12或24块电池，有时则需要更多。其具有以下特点。

（1）无污染，噪声低。电动汽车无内燃机汽车工作时产生的废气，不产生排气污染，对环境保护和空气的洁净是十分有益的，几乎是“零污染”。众所周知，内燃机汽车尾气中的CO、HC及NO_x、微粒、臭气等污染物形成酸雨、酸雾及光化学烟雾。电动汽车无内燃机产生的噪声，电动机的噪声也较内燃机小。噪声对人的听觉、神经、心血管、消化系统、内分泌系统、免疫系统也是有危害的。

（2）能源效率高，多样化。电动汽车的研究表明，其能源效率已超过汽油机汽车。特别是在城市运行，汽车走走停停，行驶速度不高，电动汽车更加适宜。电动汽车停止时不消耗电量，在制动过程中，电动机可自动转化为发电机，实现制动减速时能量的再利用。研究表明，同样的原油经过粗炼，送至电厂发电，经充入电池，再由电池驱动汽车，其能量利用效率比经过精炼变为汽油，再经汽油机驱动汽车高，因此有利于节约能源和减少二氧化碳的排量。

另外，电动汽车的应用可有效地减少对石油资源的依赖，可将有限的石油用于更重要的方面。向蓄电池充电的电力可以由煤炭、天然气、水力、核能、太阳能、风力、潮汐等能源转化。除此之外，如果夜间向蓄电池充电，还可以避开用电高峰，有利于电网均衡负荷，减少费用。

（3）结构简单，维修方便。电动汽车较内燃机汽车结构简单，运转、传动部件少，维修、保养工作量小。当采用交流感应电动机时，电机无需保养、维护，更重要的是电动汽车易操纵。

（4）动力电源使用成本高，续驶里程短。目前电动汽车尚不如内燃机汽车技术完善，尤其是动力电源（电池）的寿命短，使用成本高。电池的储能量小，一次充电后行驶里程不理想，电动车的价格较贵。但从发展的角度看，随着科技的进步，投入相应的人力、物力，电动汽车的问题会逐步得到解决。因此，扬长避短，电动汽车会逐渐普及，其价格和使用成本必然会降低。

迈向电动汽车社会的过程是重组传统汽车产业、开展新事业的历史机遇，需要传统汽车生产和销售企业、电机产商、电子产商、材料产商、能源企业、IT 企业等共同努力，需要国际组织、国家及地方政府共同推动。在这种彼此相互发展趋势中，由整车企业主导、零部件企业附属的传统垂直整合型汽车产业结构和产业价值链将被抛弃，取而代之是电动汽车制造商和为电动汽车社会服务的基础产业，以及相应的水平分工式电动汽车产业价值链。在该新兴电动汽车产业价值链中，整车制造商仍然拥有策划、营销过程中产生的附加价值，而研发、生产过程中产生的附加价值将由整车制造商和其他公司共同拥有，如 AC Propulsion、Edrive、SFCV 等。

在构建电动汽车社会过程中，四层次产业结构是国外电动汽车社会基础产业的典型特征。按由下到上的顺序，第一层是包括发电站、输电网、充/换点站、充电桩等在内的基础设施；第二层是应用主体，包括从电网接受电力并实际发挥功能的产品或者向电网传输电力的产品阵容，如电动汽车和能源网络子系统中设置的蓄能电池、太阳能电池等；第三层是控制层，该层综合考虑电动汽车和太阳能电池应用特点，通过整个电网来对电力的最优分配进行控制；第四层是服务层，重点强调和应用有关的服务，如利用电动汽车进行拼车、按照固定价格回购太阳能电池所发的电等。

（四）分布式电源及储能

分布式电源装置是指功率为数千瓦至 50MW 小型模块式的、与环境兼容的独立电源。这些电源由电力部门、电力用户或第三方所有，用以满足电力系统和用户特定的要求，如调峰、为边远用户或商业区和居民区供电，节省输变电投资、提高供电可靠性等。

分布式电源最简洁的定义是不直接与集中输电系统相连的 35kV 及以下电压等级的电源，主要包括发电设备和储能装置。分布式发电（Distributed Generation，DG）装置根据使用技术的不同，可分为热电冷联产发电装置、内燃机组发电装置、燃气轮机发电装置、小型水力发电装置、风力发电装置、太阳能光伏发电装置、燃料电池等；根据所使用的能源类型，DG 可分为化石能源（煤炭、石油、天然气）发电装置与可再生能源（风力、太阳能、潮汐、生物质、小水电等）发电装置两种形式。分布式储能（Distributed Energy Storage，DES）装置是指模块化、可快速组装、接在配电网上的能量存储与转换装置。根据储能形式的不同，DES 可分为电化学储能装置（如蓄电池储能装置）、电磁储能装置（如超导储能和超级电容器储能等）、机械储能装置（如飞轮储能和压缩空气储能等）、热能储能装置等。此外，近年来发展很快的电动汽车亦可在配电网需要时向其送电，因此也是一种 DES。当今的分布式电源主要是指用液体或气体燃料的内燃机（IC）、微型燃气轮机、各种工程用的燃料电池、太阳能电站、风电机组组成的微网。因其具有良好的环保性能，分布式电源与“小机组”已不是同一概念。

分布式能源包括天然气、煤层气等燃料，也包括利用沼气、焦炉煤气等废气资源，甚至可利用风能、太阳能、水能等可再生资源。由于目前分布式能源项目多建在城市，故大部分分布式能源的燃料多为天然气或柴油。具体而言，发展分布式能源的重要意义有以下几方面。

1. 经济性

由于分布式能源可用发电的余热来制热、制冷，因此能源可以以合理的梯级利用，从而可提高能源的利用效率（达 70%～90%）。分布式电源的并网减少或缓建了大型发电厂和高压输电网，缓建了电网而节约投资，同时使得输配电网的潮流减少，相应地降低了网损。

2. 环保性

因其采用天然气做燃料或以氢气、太阳能、风能为能源，故可减少有害物的排放总量，减轻环保的压力；大量的就近供电减少了大容量、远距离高电压输电线的建设，由此不但减少了高压输电线的电磁污染，而且减少了高压输电线的征地面积和线路走廊，减少了对线路下树木的砍伐，有利于环保。

3. 能源利用的多样性

分布式发电可利用多种能源，如清洁能源（天然气）、新能源（氢）和可再生能源（风能和太阳能等），并为用户提供冷、热、电等多种能源应用方式，因此分布式能源是解决能源危机、提高能源利用效率和能源安全问题的一种很好的途径。

4. 调峰作用

夏季和冬季往往是负荷的高峰时期，此时如采用以天然气为燃料的燃气轮机等冷、热、电三联供系统，不但可解决冬夏季的供冷与冬季的供热需要，而且提供了一部分电力，由此可对电网起到削峰填谷作用。此外，分布式发电部分解决了天然气供应时的峰谷差过大问题，发挥了天然气与电力的互补作用。

5. 安全性和可靠性

当大电网出现大面积停电事故时，具有特殊设计的分布式发电系统仍能保持正常运行，由此可提高供电的安全性和可靠性。

6. 电力市场问题

分布式发电可以适应电力市场发展的需要、由多家集资办电，发挥电力建设市场、电力供应市场的竞争机制。

7. 建设周期短

投资风险分布式发电的装机容量一般较小，建设周期短，因此可避免类似大型发电站建设周期带来的投资风险。

8. 边远地区的供电问题

我国许多边远及农村地区远离大电网，因此从大电网难以向其供电。采用太阳能光伏发电、风力发电和生物质能发电的独立发电系统不失为一种优选的方法。

第四节　负荷预测的方法

一、电力弹性系数法

弹性系数是指在一定时期内用电量年均增长率与国民生产总值（GDP）年均增长率的比值。弹性系数法是根据预测年限内的国民生产总值的年均增长率与弹性系数，从而推算出用电量。弹性系数是反映电力发展与国民经济发展的宏观指标。预测公式为

$$E_n = E_0(1+\eta V)^n \tag{4-12}$$

式中　E_0 ——规划期初期用电量；

E_n ——规划期末期用电量；

η ——规划期的弹性系数（用电量年均增长率/国民生产总值年均增长率）；

V ——国民生产总值平均增长速度；

n ——预测年限；

弹性系数是一个具有宏观性质的指标，描述一个总的变化趋势，不能反映用电量构成要素的变化情况。因此，弹性系数法一般用于对预测结果的校核和分析，这种方法的优点是对数据需求相对较少。

【例4－1】某地区过去十年电力弹性系数为1.3，假设a年的用电量为20亿kWh，a～b年GDP年均增长率取13%，预测b年的用电量。

解：（1）结合历史数据及地区发展规划，a～b年电力弹性系数取值为1.21（简化计算过程）。

（2）根据电力弹性系数法，b年用电量计算如下

$$\begin{aligned} W_{\mathrm{b}} &= W_{\mathrm{a}}(1+\eta V)^n \\ &= 20\times(1+1.21\times0.13)^7 \\ &\approx 55.6\,(\text{亿}\cdot\text{kWh}) \end{aligned}$$

因此，b年的用电量为55.6亿kWh。

二、用电单耗法

这个方法是根据预测期的产品产量（或产值）和用电单耗计算需要的用电量。预测公式为

$$A_{\mathrm{b}} = \sum_{i=1}^{n} Q_i U_i \tag{4-13}$$

式中 A_{b} ——某行业预测期的用电量；

U_i ——各种产品（产值）用电单耗；

Q_i ——各种产品产量（或产值）。

当分别算出各行业的需要电量之后，把它们相加，就可以得到全部行业的用电量。这个方法适用于工业比例大的系统。对于中近期负荷预测（中期负荷预测的前5年），此时，用户已有生产或建设计划，根据我国的多年经验，单耗法是有效的。

用电单耗法简单，但计算比较笼统，难以反映经济、政治、气候等条件的影响，一般适用于有单耗指标的产业负荷。

【例4－2】2010～2018年，某地三大产业用电量历史数据见表4－4，试预测2019～2025年某地的全行业用电量。

表4－4　某地三大产业用电量历史数据表

亿kWh，kWh/万元

年度	2010	2011	2012	2013	2014	2015	2016	2017	2018
全行业用电量	301	325	327	393	435	462	519	601	622
第一产业用电量	30	30	31	39	45	53	68	73	76

续表

年度	2010	2011	2012	2013	2014	2015	2016	2017	2018
第二产业用电量	233	250	266	298	329	344	377	442	457
第三产业用电量	38	45	30	56	61	65	74	86	89
一产用电单耗	381	368	376	446	486	542	658	677	672
二产用电单耗	1590	1551	1484	1475	1402	1289	1222	1209	1088
三产用电单耗	263	282	169	391	286	274	277	280	255

解：（1）根据某地规划的各年的 GDP 总值和三大产业结构，得到各年份产业 GDP 增加值，见表 4－5。

表 4－5　各年份产业 GDP 预测表　亿元

年度	2019	2020	2021	2022	2023	2024	2025
GDP	9591	10 461	11 415	12 461	13 610	14 870	16 255
第一产业 GDP	1173	1217	1263	1310	1359	1410	1463
第二产业 GDP	4561	4953	5378	5840	6342	6887	7477
第三产业 GDP	3857	4291	4774	5311	5909	6573	7315

（2）根据各产业历史用电单耗及未来发展变化趋势，设定 2019～2025 年第一、二、三产业用电单耗分别以 5%、－3%和 2%速度均匀变化，计算出各年的分产业用电单耗。产业用电单耗乘以产业增加值，计算出产业用电量，三大产业用电量累加可得到全行业用电量。各年度三大产业用电量的预测值见表 4－6。

表 4－6　产值单耗法预测结果表　亿 kWh，kWh/万元

年度	2019	2020	2021	2022	2023	2024	2025
第一产业用电单耗	706	741	778	817	858	901	946
第二产业用电单耗	1055	1023	993	963	934	906	879
第三产业用电单耗	260	266	271	276	282	287	293
全行业用电量	664	711	761	816	875	940	991
第一产业用电量	83	90	98	107	117	127	136
第二产业用电量	481	507	534	562	592	624	645
第三产业用电量	100	114	129	147	167	189	210

三、回归分析法

回归分析法是利用数理统计原理，对大量的统计数据进行数学处理，并确定用电量与某些自变量，如人口、国民经济产值等之间的相关关系，建立一个相关性良好的数学模式（即回归方程），并加以外推，用来预测今后的用电量。回归分析法包括一元线性回归法、多元线性回归法和非线性回归法。

（一）一元线性回归

在一元线性回归中，自变量是可控制的或可以精确观察的变量（如时间），用 x 表示，因变量是依赖于 x 的随机变量（如电力负荷），用 y 表示。关系式为

$$y = a + bx \tag{4-14}$$

$\boldsymbol{S}$ 为模型的参数向量，$\boldsymbol{S} = [a \quad b]^{\mathrm{T}}$。设已知自变量、因变量在历史时段 $1 \leqslant t \leqslant n$ 的取值分别为 x_1，x_2，…，x_n 和 y_1，y_2，…，y_n。自变量在未来时段 $n+1 \leqslant t \leqslant N$ 的取值为 x_{n+1}，x_{n+2}，…，x_n。拟合公式为

$$\hat{y}_t = a + bx_t \tag{4-15}$$

将实际值与拟合值之差称为拟合误差，表示为

$$v_t = y_t - (a + bx_t) \tag{4-16}$$

拟合误差的平均和为

$$Q = \sum_{t=1}^{n} v_t^2 = \sum_{t=1}^{n} [y_t - (a + bx_t)]^2 \tag{4-17}$$

回归分析的目标是使各时段拟合误差的平方和 Q 最小，采用最小二乘法，令

$$\frac{\partial Q}{\partial a} = -2\sum_{t=1}^{n}(y_t - a - bx_t) = 0 \tag{4-18}$$

$$\frac{\partial Q}{\partial b} = -2\sum_{t=1}^{n}x_t(y_t - a - bx_t) = 0 \tag{4-19}$$

可解得

$$\begin{cases} a = \overline{y} - b\overline{x} \\ b = \left[\sum_{t=1}^{n}(x_t - \overline{x})(y_t - \overline{y})\right] \Big/ \left[\sum_{t=1}^{n}(x_t - \overline{x})^2\right] \end{cases} \tag{4-20}$$

由此确定了回归方程中的 $\boldsymbol{S} = [a \quad b]^{\mathrm{T}}$，从而利用式（4－13）进行预测。

（二）多元线性回归

电力负荷变化经常受多种因素的影响，根据历史资料研究负荷与相关因素的依赖关系可以通过多元线性回归预测。多元线性回归模型可表示为

$$y = f(\boldsymbol{S}, x) = a_0 + \sum_{i=1}^{n} a_i b_i \tag{4-21}$$

式中 x ——可控制的或可以精确观察的变量；

y ——依赖 x 的随机变量（如电力负荷），可对本式中的参数进行估计，然后用于预测。

模型参数向量 $\boldsymbol{S} = [a_0, a_1, \cdots, a_n]^{\mathrm{T}}$，同样利用基于残差平方和最小二乘法对参数进行估计，公式为

$$\hat{\boldsymbol{A}} = \begin{bmatrix} \hat{a}_0 \\ \hat{a}_1 \\ \vdots \\ \hat{a}_m \end{bmatrix} = (\boldsymbol{X}'\boldsymbol{X})^{-1}\boldsymbol{X}'\boldsymbol{Y} \tag{4-22}$$

其中

$$\boldsymbol{X}=\begin{bmatrix}1 & x_{11} & x_{12} & \cdots & x_{1m}\\ 1 & x_{21} & x_{22} & \cdots & x_{2m}\\ \vdots & \vdots & \vdots & & \vdots\\ 1 & x_{n1} & x_{n2} & \cdots & x_{nm}\end{bmatrix},\quad \boldsymbol{Y}=\begin{bmatrix}y_1\\ y_2\\ \vdots\\ y_n\end{bmatrix} \tag{4-23}$$

将得到的参数估计值代入预测方程，得到负荷的预测值为

$$\hat{y}=\hat{a}_0+\sum_{i=0}^{m}\hat{a}_i b_i \tag{4-24}$$

四、相关分析法

相关分析法是把系统电量预测与各种社会和经济因素联系起来，借助于这些因素的变化来预测电量的发展趋势。这种方法可使预测人员清楚地看到电量增长趋势与其他可测量因素之间的关系，如电量与产值、人口等之间的关系。以下介绍几种因素的不同分析法。

（一）产值单耗法（工业类）

$$W_t=K_1\times \mathrm{GNP}_{1t}+K_2 \tag{4-25}$$

式中 W_t ——年地区分类电量，MWh 或 kWh；

GNP_{1t} ——年资产净值，万元或亿元；

K_1、K_2 ——待定系数。

（二）工业类相关分析 1

工业类相关分析的计算模型之一为

$$W_t=K_1\times \mathrm{GNP}_{1n}+K_2\mathrm{GNP}_{2t}+K_3 \tag{4-26}$$

式中 W_t ——年地区分类电量，MWh 或 kWh；

GNP_{1n} ——年资产净值，万元或亿元；

GNP_{2t} ——劳动生产率；

K_1、K_2、K_3 ——待定系数。

（三）工业类相关分析 2

工业类相关分析的计算模型之二为

$$W_t=K_1+\mathrm{GNP}_{1n}+K_2P_t+K_3 \tag{4-27}$$

式中 W_t ——年地区分类电量，MWh 或 kWh；

GNP_{1n} ——年资产净值，万元或亿元；

P_t ——从业人数，千人或万人；

K_1、K_2、K_3 ——待定系数。

（四）居民生活类相关分析 1

居民生活类相关分析的计算模型之一为

$$W_t=K_1\times \mathrm{GNP}_{1t}+K_2\mathrm{GNP}_{2t}+K_3\mathrm{GNP}_{3t}+K_4 \tag{4-28}$$

式中 W_t ——年地区分类电量，MWh 或 kWh；

GNP_{1t} ——人数，千人或万人；

GNP_{2t} ——人数×人均居住面积，m^2；

GNP_{3t} ——人数×人均收入，万元；

K_1、K_2、K_3、K_4——待定系数。

（五）居民生活类相关分析 2

居民生活类相关分析可用于目标年居民用电量计算。目标年居民用电量=［总人口×人均用电量指标+总户数×（户照明负荷+户家用电器负荷）×家用负荷需要系数（默认为0.45）×户同时率×居民类负荷的年最大负荷利用小时数+总人口×人均用电指标×居民类负荷的年最大负荷利用小时数+总人口×人均住房面积×单位建筑面积用电指标×居民类负荷的年最大负荷利用小时数］/n。

计算时根据用户录入数据情况确定 n，即用户录入数据的平均值。

（六）其他类相关分析 1

其他类相关分析的计算模型之一为

$$W_t=(G_1G_2+G_3G_4)/2 \tag{4-29}$$

式中　G_1——人均电量标准，MWh 或 kWh；

G_2——相关人口，千人或万人；

G_3——单位建筑面积用电指标，MWh/km^2 或 kWh/m^2；

G_4——相关面积，km^2 或 m^2。

（七）其他类相关分析 2

其他类相关分析的计算模型之二为

$$W_t=K_1\times GNP_t+K_2 \tag{4-30}$$

式中　W_t——分类电量，MWh 或 kWh；

GNP_t——产值，万元或亿元；

K_1、K_2——待定系数。

（八）相关分析法的计算模型

相关分析法的计算模型为

$$W_n=K_1\times GNP_{1n}+K_2\times GNP_{2n}+K_3\times GNP_{3n}+K_4\times P_n+K_5 \tag{4-31}$$

式中　W_n——第 $n+1$ 年地区总电量；

GNP_{1n}——第 $n+1$ 年第一产业总产值，万元或亿元；

GNP_{2n}——第 $n+1$ 年第二产业总产值，万元或亿元；

GNP_{3n}——第 $n+1$ 年第三产业总产值，万元或亿元；

P_n——第 $n+1$ 年人口总数，千人或万人；

K_1、K_2、K_3、K_4、K_5——待定系数。

需要的数据：历史年各年年份，历史年各年总电量值，历史年各年第一、二、三产业总产值，人口总数。式（4-31）的求解过程如下。

将各年的相应值代入式（4-31），设历史年份从第 1 年至第 m+1 年，则可得如下方程组。

$$\begin{bmatrix} W_0 \\ W_1 \\ W_2 \\ \vdots \\ W_m \end{bmatrix}^{\mathrm{T}}=\begin{bmatrix} K_1 \\ K_2 \\ K_3 \\ K_4 \\ K_5 \end{bmatrix}^{\mathrm{T}}\begin{bmatrix} GNP_{10} & GNP_{11} & GNP_{12} & GNP_{13} & \cdots & GNP_{1m} \\ GNP_{20} & GNP_{21} & GNP_{22} & GNP_{23} & \cdots & GNP_{2m} \\ GNP_{30} & GNP_{31} & GNP_{32} & GNP_{33} & \cdots & GNP_{3m} \\ P_0 & P_1 & P_2 & P_3 & & P_m \\ 1 & 1 & 1 & 1 & \cdots & 1 \end{bmatrix} \tag{4-32}$$

简写为

$$\boldsymbol{W}^{\mathrm{T}}=\boldsymbol{K}^{\mathrm{T}}\boldsymbol{G} \tag{4-33}$$

采用最小二乘法解方程，即

$$\boldsymbol{W}^{\mathrm{T}}\boldsymbol{G}^{\mathrm{T}}=\boldsymbol{K}^{\mathrm{T}}\boldsymbol{G}\boldsymbol{G}^{\mathrm{T}} \tag{4-34}$$

$$\boldsymbol{K}^{\mathrm{T}}=\boldsymbol{W}^{\mathrm{T}}\boldsymbol{G}^{\mathrm{T}}(\boldsymbol{G}\boldsymbol{G}^{\mathrm{T}}) \tag{4-35}$$

解出 K_1、K_2、K_3、K_4、K_5，则预测年电量可由式（4-31）求出。

五、空间负荷密度法

空间负荷密度（指标）是最高负荷与用地面积（建筑面积）的比值。空间负荷密度法（指标）是根据预测年限内负荷密度与用地面积（建筑面积）推算最高负荷。空间负荷密度（指标）可通过类比国内或国外相同性质用地进行取值。预测公式为

$$P=D\times S \tag{4-36}$$

式中 P——最高负荷，MW；

D——负荷密度（指标），MW/km²；

S——用地面积（建筑面积），km²。

使用空间负荷密度指标法时，对居住用地与公共建筑负荷进行预测时一般采用负荷指标，对应建筑面积；对工业用地等负荷进行预测时采用负荷密度，对应占地面积。典型城市负荷密度指标推荐值，见表 4–7。

表 4-7　　典型城市负荷密度指标推荐值　　MW/km²，W/m²

用地名称				负荷密度		负荷指标	
				低方案	高方案	低方案	高方案
R	居住用地（以小区为单位测得）	R1	一类居住用地	—	—	25	35
		R2	二类居住用地	—	—	15	25
		R3	三类居住用地	—	—	10	15
C	公共设施用地（以用户为单位测得）	C1	行政办公用地	—	—	50	65
		C2	商业金融用地	—	—	60	150
		C3	文化娱乐用地	—	—	40	55
		C4	体育用地	—	—	20	40
		C5	医疗卫生用地	—	—	40	50
		C6	教育科研用地	—	—	20	40
		C9	其他公共设施	—	—	25	45
M	工业用地（以用户为单位测得）	M1	一类工业用地	45	65	—	—
		M2	二类工业用地	30	45	—	—
		M3	三类工业用地	20	30	—	—

续表

用地名称				负荷密度		负荷指标	
				低方案	高方案	低方案	高方案
W	仓储用地（以用户为单位测得）	W1	普通仓储用地	5	10	—	—
		W2	危险品仓储用地	10	15	—	—
S	道路广场用地	S1	道路用地	2	2	—	—
		S2	广场用地	2	2	—	—
		S3	公共停车场	2	2	—	—
U	市政设施用地	—	—	30	40	—	—
T	对外交通用地	T1	铁路用地	2	2	—	—
		T2	公路用地	2	2	—	—
		T23	长途客运站	2	2	—	—
G	绿地	G1	公共绿地	1	1	—	—
		G21	生产绿地	1	1	—	—
		G22	防护绿地	0	0	—	—
E	河流水域	—	—	0	0	—	—
特殊区域							
/	大型展览馆	—	—	20	25	50	70

注　1. 表中数据基于某10年上海市电力公司典型用户最高负荷日实测统计。

2. 数据为某年电网公司相关规划部门统计整理值。

【例4-3】某园区规划用地面积、性质、指标及预测值见表4-8，计算园区饱和负荷密度下用电负荷。

解：（1）计算各类用地建筑面积（含各地块）。

（2）确定各类用地单位建筑面积（占地面积）用电指标。

（3）确定各类用地需用系数。

（4）计算各类用地单位面积用电指标。

（5）计算各类用地用电负荷及园区总负荷、负荷密度。

（6）指标校核。

表4-8　　某园区规划用地面积、性质、指标及预测值

km^2，W/m^2，MW/km^2，MW

序号	用地性质		占地面积	容积率	建筑面积	建筑面积用电指标	占地面积用电指标	需用系数	最终指标	负荷	负荷密度
			①	②	③=①×②	④	⑤	⑥	⑦=④（或⑤）×⑥	⑧=⑦×③	⑨=⑧/①
1	居住用地	二类居住用地	4.46	1.0～4.0	10.68	50	—	0.3	15	160.14	35.94
2		二类居住加商业金融	1.45	2.0～4.5	4.99	60	—	0.3	18	89.87	61.86

续表

序号	用地性质		占地面积	容积率	建筑面积	建筑面积用电指标	占地面积用电指标	需用系数	最终指标	负荷	负荷密度
			①	②	③=①×②	④	⑤	⑥	⑦=④（或⑤）×⑥	⑧=⑦×③	⑨=⑧/①
3	公共设施用地	行政办公用地	0.03	1.5～5.0	0.09	45	—	0.7	31.5	2.99	110.78
4		商业金融用地	0.55	0.5～10	1.96	70	—	0.7	49	94.88	171.49
5		文化娱乐用地	0.14	1.0～1.3	0.14	40	—	0.7	28	4.05	28.79
6		医疗卫生用地	0.09	3.0～7.4	0.23	50	—	0.6	30	6.78	75.26
7		教育科研用地	0.9	—	1.12	40	—	0.7	28	31.42	34.77
8		商业金融加二类居住	0.5	—	2.53	65	—	0.3	20	5059	100.49
9	道路广场用地		0.05		—	—	1.5	1	1.5	0.08	1.5
10	外交交通用地		0.05		—	—	1.5	1	1.5	0.07	1.5
11	市政设施用地	供应设施用地	0.02	—	—	—	2.5	1	2.5	0.05	2.5
12		交通设施用地	0.05	—	—	—	2.5	1	2.5	0.12	2.5
13		其他市政设施用地	0.07	—	—	—	0.01	1	2.5	0.17	2.5
14	绿地		1.53	—	—	—	0.01	1	0.01	0.02	0.01
15	水域		2.53	—	—	—	—	1	0.01	0.03	0.01
16	路网		2.4	—	—	—	—	1	—	—	—
合计			14.82	—	21.74	—	—	—	—	441.26	—
合计（负荷计及0.7同时率）			14.82	—	21.74	—	—	—	—	308.9	20.8

1）人均综合电量校核。远景年园区总人口36万人，结合该城市历史T_{max}及预测，规划年T_{max}取4000h，则电量为123 553.35万千瓦时，人均综合用电量为3432.04kWh/人。

与规划人均综合电量指标表（见表4－9）对照，园区达到用电水平Ⅲ等城市要求，这和园区无工业用地有关。

表4－9　　规划人均综合用电量指标表　　kWh/（人·年）

指标分级	城市综合用电水平分类	人均综合用电量	
		现状	规划
Ⅰ	用电水平较高城市	2501～3500	6001～8000
Ⅱ	用电水平中上城市	1501～2500	4001～6000
Ⅲ	用电水平中等城市	701～1500	2501～4000
Ⅳ	用电水平较低城市	250～700	1000～2500

2）人均生活电量校核。园区居民负荷为210.43MW，取生活用电量最大负荷利用小时数为3000h，则人均居民生活用电量为1753.55kWh/人。与城市规划人均生活用电量指标分级情况表（见表4－10）比对，园区已经达到人均生活用电水平Ⅰ等城市要求。这与园区定位国际居住中心、先导区经济商业文化中心的目标相适应。

表 4－10　　城市规划人均生活用电量指标分级情况表

kWh/（人·年）

指标分级	城市综合用电水平分类	人均综合用电量	
		现状	规划
Ⅰ	用电水平较高城市	201～400	1501～2500
Ⅱ	用电水平中上城市	101～200	801～1500
Ⅲ	用电水平中等城市	51～100	401～800
Ⅳ	用电水平较低城市	20～50	250～400

3）负荷密度校核。与国内发展定位相似的规划新区的负荷密度（见表 4－11）相比较，负荷密度为 20.8MW/km^2，基本符合园区定位。

表 4－11　　部分规划新区远景年负荷密度指标表　　MW/km^2

城市名称	成都中心	嘉兴城区	杭州滨江区	上海新江湾城	三亚海棠湾
负荷	18.60	21.00	16.06	20.11	23.09

【例 4－4】 某市 a 年全市综合负荷密度为 0.8MW/km^2，中心区负荷密度为 25MW/km^2。根据国民经济的发展，与相近城市通过横向、纵向比较，预计 b 年负荷密度：全市综合负荷密度为 1.6MW/km^2，中心区负荷密度为 38MW/km^2。全市区面积 S_1 为 500km^2，中心区面积 S_2 为 5km^2，预测 b 年全市区的负荷和局部中心区的负荷。

解：全市区 b 年的负荷为

$$\begin{aligned} P_b &= D_b \times S_1 \\ &= 1.6 \times 500 \\ &= 800\ (\text{MW}) \end{aligned}$$

局部中心区 b 年的负荷为

$$\begin{aligned} P_b &= D_b \times S_2 \\ &= 38 \times 5 \\ &= 190\ (\text{MW}) \end{aligned}$$

六、最大负荷预测法

（一）最大负荷利用小时数

在已知某规划年的用电量后，可用年最大负荷利用小时数来预测年最大负荷，预测公式为

$$P_{n-max} = \frac{A_n}{T_{max}} \tag{4-37}$$

式中　P_{n-max} ——年最大负荷，MW；

A_n ——年需用电量，kWh；

T_{max} ——年最大负荷利用小时数，h；

各电力系统的年最大负荷利用小时数可根据历史统计资料及今后用电结构变化情况分析确定。

【例 4－5】 1995 年以来某市统调 T_{max} 变化趋势示意图见图 4－7，预测 2010 年 T_{max}。

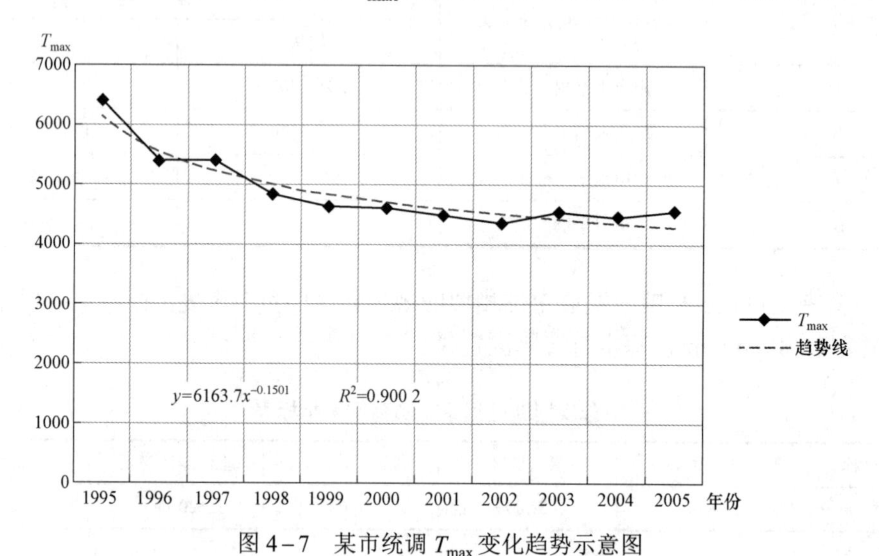

图 4－7 某市统调 T_{max} 变化趋势示意图

解：（1）运用时间序列法对 T_{max} 进行预测，预测结果如图 4－7 趋势线所示。预计 2010 年统调 T_{max} 为 4300h，“十一五”期间年均下降 1.2%。

（2）根据统调供电量预测结果，运用最大负荷利用小时数法可预测出“十一五”期间某市统调最大负荷，如表 4－12 所示。

某市统调负荷 2010 年达到 347 万千瓦，年均增长 11.7%。

表 4－12　　2006～2010 年某市最大负荷预测结果

年份	2005	2006	2007	2008	2009	2010	2005～2010
统调电量/亿 kWh	91.0	100.0	112.0	120.9	133.7	149.0	10.36%
统调 T_{max}/h	4566	4510	4456	4403	4350	4300	－1.2%
统调最大负荷/万 kW	199.3	220.0	251.0	274.5	307.3	347.0	11.7%

（二）年负荷率法

年最大负荷的计算公式为

$$P_{n-max}=\frac{A_n}{\gamma_p\sigma\rho\times 8760} \tag{4-38}$$

式中 P_{n-max} ——年最大负荷，MW；

A_n ——年需用电量，kWh；

σ ——月不均衡系数；

γ_p ——月最大负荷日的平均日负荷率。

用该方法预测最大负荷时，需要对预测的负荷曲线特性指标进行预测，工作量大，且较复杂。

七、需用系数法

需用系数是指用户的用电负荷最大值与用户安装的设备容量的比值，通常用以预测最高负荷。预测公式如下

$$P = K_{\mathrm{d}} S \tag{4-39}$$

式中　P——最高负荷，MW；

K_{d}——需用系数；

S——设备容量。

八、灰色预测法

灰色预测法是近年来发展起来的预测方法。灰色理论认为，一切随机样本量是在一定范围内变化的灰色量，将随机过程看作在一定幅区间和一定时区间变化的灰色过程。灰色量不是从统计规律的角度来进行研究的，而是根据过去及现在已知或非确知的信息，用数据生成的处理方法，将原始数据化为规律较强的生成数列再进行研究建模。在原始数据较少的情况下，通过累加，在一定程度上相对增强确定性和减弱不确定性，使预测精度达到相当高的程度。

灰色系统理论是现代控制论中的一个新领域。包含已知信息的系统为白色系统，包含未知信息的系统为黑色系统。灰色系统既包含已知信息的白色系统，又包含未知信息的黑色系统。我国配电网的用电量是多种因素的综合体现，这些因素部分是已知的，部分是未知的或不确定的，因此配电网为灰色系统。用灰色理论预测配电网用电量的方法则称为灰色预测法。

灰色预测法既适于短期预测，又适于远期预测。灰色理论认为，预测模型可用一阶微分方程来描述：

$$\frac{\mathrm{d}x}{\mathrm{d}t} + ax = u \tag{4-40}$$

式中，x——以时间为序的原始数据，具体是 $x^{(0)}(t) = \{x^{(0)}(1), x^{(0)}(2), \dots, x^{(0)}(n)\}$，为弱化原始数据的随机性。

将 $x^{(0)}(t)$ 作一次累加，生成数列 $x^{(1)}(t)$，即

$$x^{(1)}(t) = \{x^{(1)}(1), x^{(1)}(2), \dots, x^{(1)}(n)\} \tag{4-41}$$

其中

$$x^{(1)}(1) = x^{(0)}(1) \tag{4-42}$$

$$x^{(1)}(2) = x^{(0)}(1) + x^{(0)}(2) \tag{4-43}$$

$$x^{(1)}(3) = x^{(0)}(1) + x^{(0)}(2) + x^{(0)}(3) \tag{4-44}$$

$$x^{(1)}(4) = x^{(0)}(1) + x^{(0)}(2) + x^{(0)}(3) + x^{(0)}(4) \tag{4-45}$$

如此，通式 $x^{(1)}(k)$ 的表达式为

$$x^{(1)}(k)=\sum_{i=1}^{k}x^{(0)}(i) \tag{4-46}$$

a、u为待定参数，记

$$\boldsymbol{R}=\begin{bmatrix}a\\u\end{bmatrix}=(\boldsymbol{B}^{\mathrm{T}}\boldsymbol{B})^{-1}\boldsymbol{B}^{\mathrm{T}}\boldsymbol{Y} \tag{4-47}$$

其中

$$\boldsymbol{B}=\begin{bmatrix}-\frac{1}{2}\{x^{(1)}(1)+x^{(1)}(2)\} & 1\\ -\frac{1}{2}\{x^{(1)}(2)+x^{(1)}(3)\} & 1\\ \vdots & \vdots\\ -\frac{1}{2}\{x^{(1)}(n-1)+x^{(1)}(n)\} & 1\end{bmatrix} \tag{4-48}$$

$$\boldsymbol{Y}=[x^{(0)}(2)\quad x^{(0)}(3)\quad\cdots\quad x^{(0)}(n)]^{\mathrm{T}} \tag{4-49}$$

求解出a、u，代入式（4-40）中即得灰色预测的数学模型，利用该模型可预测未来的负荷。

九、其他预测方法

（一）模糊预测法

模糊控制技术是在系统控制中加入模糊数学理论，使其进行确定性工作，可以对一些无法建立数学模型的系统进行有效控制。模糊系统是一个非线性系统，不考虑计算过程，而是从输入/输出的角度进行控制。对于一个非线性连续函数，模糊控制系统需要找出一类隶属函数、一种推理规则和一个解模糊法，使设计的模糊系统能够逼近所控制的非线性函数。

用于电力系统负荷预测的模糊模型有模糊分行业用电模型、模糊线性回归模型、模糊指数平滑模型、模糊聚类模型、模糊时间序列模型等，这些模糊负荷预测模型是在原有模型的基础上结合模糊理论形成新的预测模型，能够很好地处理带有模糊性的变量，解决了负荷预测存在大量的模糊信息的难题，提高了电力系统中长期负荷预测的精度。模糊预测法不是依据历史数据的分析，而是考虑电力负荷与多因素的相关性，将负荷与对应环境作为一个数据整体进行加工，得出负荷变化模式及对应环境因素特征，从而将待测年环境因素与各历史环境特征进行比较，得出所求的负荷增长率。

以下是电力系统负荷预测的几种基本模糊方法。

1. 模糊聚类法

此方法采用电力负荷增长率作为被测量，调研后采取国内生产总值（GDP）、人口、农业总产值、工业总产值、人均国民收入、人均电力等因素的增长率作为影响电力负荷增长的环境因素，构成一个总体环境。通过对历史环境与历史电力负荷总体的分类及分类特征、环境特征的建立，进一步结合未来待测年份的环境因素对各历史类的环境特征进行识别，以选出与之最为接近的那类环境，得出所求电力负荷增长率。

2. 模糊线性回归法

该方法认为观察值和估计值之间的偏差是由系统的模糊性引起的。回归系数是模糊数预测的结果，带有一定模糊幅度的。模糊指数平滑法是指在指数平滑模型的基础上，将平滑系数模糊化进行预测。这种方法具有算法简单、计算速度快、预测精度高、预测误差小，尤其在原始数据存在不确定性和模糊性时，更具有优越性。

3. 模糊相似优先比法

该方法是用相似优先比来判断哪种环境因素发展特征与电力负荷的发展特征最为相似，选出优势因素后，通过待测年某因素与历史年相同因素的贴近度选出与待测年贴近度最大的历史年，并认为这样选中的历史年电力负荷特征与待测年电力负荷特征相同，从而得出预测负荷值。与模糊聚类方法相比，该方法把影响电力负荷的多种因素“简化”为一种主要因素，适用于某种特殊功能占主导地位的供电区域。

4. 模糊最大贴近度法

该方法的核心在于选定某种影响因素（如经济增长速度等），通过比较所研究地区与各参考地区该因素接近的程度，选中与其最为贴近的参考地区，认为该地区相应的电力负荷发展规律与所研究地区对应的电力负荷发展规律相同。与前两种模糊方法相比，该方法不需要待测地区的历史数据，也不必通过识别历史负荷数据的发展模式来进行预测，所以不必进行历史数据修正就可以直接完成预测工作，数据的收集和整理工作也更方便。

模糊预测法是基于模糊理论，将已有的工作的经验、历史记录数据或将二者的综合以规则的形式表达出来，并转换成可以在计算机上运行的算法，进而完成各种工作任务。相比人工神经网络，该方法能够比较明确地描述专家的意图，处理电力系统中许多不精确的、模糊的现象，还可以用于中长期负荷预测；但其学习能力较弱，受人为因素的影响较大。

（二）神经网络法

神经网络是模仿人脑神经网络进行学习和处理问题的非线性系统。它由若干个具有并行运算功能的神经元节点及连接它们的相应的权值构成，通过激励函数实现输入变量到输出变量之间的非线性映射。

神经网络法是一种不依赖于模型的方法，比较适合那些具有不确定性或高度非线性的对象，具有较强的适应和学习功能。用于负荷预测时，神经网络法利用神经网络可以任意逼近非线性系统的特性，对历史的负荷曲线进行拟合。神经网络具有大规模分布式并行处理、非线性、自组织、自学习、联想记忆等优良特性，其在电力领域的应用虽然解决了负荷预测中传统方法未能解决的问题，但有时应用现有神经网络模型进行实际负荷预测时，预测精度还是难以达到要求。

误差反向传播算法（又称为 BP 法）提出一个简单的 3 层人工神经网络模型，可以实现从输入到输出间非线性映射任何复杂函数关系。在负荷预测中，常用的模型有 Kohonen 模型、BP 模型、改进的 BP 模型、RBF 神经网络等。从已知数据确定权值是一个无约束最优化问题，典型的算法是 BP 法。对于前馈神经网络模型，还有很多其他权值修正法。BP 网络学习规则的指导思想是：对网络权值和阈值的修正要沿着表现函数下降最快的方向——负梯度方向。

神经网络理论是利用神经网络的学习功能，让计算机学习包含在历史负荷数据中的映射关系，再利用这种映射关系预测未来负荷。由于该方法具有很强的鲁棒性、记忆能力、非线性映射能力及强大的自学习能力，因此其有很大的应用市场。其缺点是学习收敛速度慢，可能收敛到局部最小点；并且知识表达困难，难以充分利用调度人员经验中的模糊知识。

（三）小波分析预测法

小波分析预测法是一种时域–频域分析方法，在时域和频域上同时具有良好的局部化性质。小波变换能将各种交织在一起的不同频率混合组成的信号分解成不同频带上的块信息。对负荷序列进行正交小波变换，投影到不同的尺度上，各个尺度上的子序列分别代表原序列中不同“频域”的分量，可清楚地表现负荷序列的周期性。以此为基础，对不同的子负荷序列分别进行预测。由于各子序列周期性显著，采用周期自回归模型会得到更为精确的预测结果。最后，通过序列重组得到完整的小时负荷预测结果，这要比直接用原负荷序列进行预测更精确。另外，采用该方法，可以根据信号频率高低自动调节采样的疏密，容易捕捉和分析微弱信号，以及信号、图象的任意细小部分。

其优于传统的 Fourier 分析的主要之处在于：能对不同的频率成分采用逐渐精细的采样步长，从而可以聚焦到信号的任意细节，尤其对奇异信号很敏感，能很好地处理微弱或突变的信号，其目标是将一个信号的信息转化成小波系数，从而能够方便地加以处理、存储、传递、分析或用于重建原始信号。这些优点决定了小波分析预测法可以有效地应用于负荷预测问题的研究。

（四）专家系统法

专家系统是一个应用基于知识的程序设计方案建立起来的计算机系统，拥有某个特殊领域专家的知识和经验，并能像专家那样运用这些知识，通过推理，在该领域内做出智能决策。所以，一个完整的专家系统是由 4 部分组成的，即知识库、推理机、知识获取部分和解释界面。

专家系统法对数据库存放的过去几年的负荷数据和天气数据等进行细致的分析，汇集有经验的负荷预测人员的知识，提取有关规则。借助专家系统，负荷预测人员能识别预测日所属的类型，考虑天气因素对负荷预测的影响，按照一定的推理进行负荷预测。专家系统技术用于中长期负荷预测时，能对所收集、整理的常规的预测模型逐一进行评估决策，快速地做出最佳预测结果，避免了人工推理的烦琐和人为差错的出现，克服以往用单一模型进行预测的片面性缺陷，但是对其提取有关规则较为困难。另外，采用这种方法，必须对多年的数据进行调查、分析、提取，花费大量的人力、物力和财力。

专家系统是具有人类专家的知识和经验，能模拟人类专家的思维决策过程，对问题求解并给出相当于专家水平的答案的计算机程序。同模糊预测法相比，专家系统法不仅能将人类不可量化的经验进行转化，而且具有较好的透明性和交互性，能解释其得出结论的理由，便于专家检查其推理过程中是否出错并进行相应的修改；但其运算速度较慢，缺乏学习能力和利用模糊知识的能力，过分依赖规则，而规则本身不具有普遍适应性，预测模型不能推广到所有的系统。

（五）时间序列预测法

时间序列分析法利用电力负荷变动的惯性特征和时间上的延续性，通过对历史数据时间序列的分析处理，确定其基本特征和变化规律，预测未来负荷。

时间序列预测法是依据电力负荷的历史数据建立一个时间序列的数学模型，通过时间序列的数学模型可以描述这个时间序列变换的规律性，同时在数学模型的基础上建立电力负荷预测的数学表达式，并对未来的负荷进行预测。电力负荷时间序列预测模型主要包括自回归 AR（p）模型、滑动平均 MA（q）模型和自回归与滑动平均 ARMA（p，q）模型等。

按照处理方法不同，时间序列预测法分为确定时间序列分析法和随机时间序列分析法。时间序列模型的缺点在于不能充分利用对负荷性能有很大影响的气候信息和其他因素，导致预报的不准确和数据的不稳定。该预测方法有一个基本假定，即负荷过去的变化规律会持续到将来，所以当研究对象在所选时间序列内有特殊变化段，无适应性规律可言时，该预测方法不成立。

（六）物元综合预测法

物元综合预测法根据事物关于特征的量值来判断事物属于某集合的程度，从而解决了用影响电力负荷的因素对预测年份负荷增长率的模式识别问题。物元综合预测方法能够在不断增加数据搜集难度的基础上，最大限度地利用现有信息，是中长期负荷预测工作中的新方法。其实现步骤如下。

（1）构建预测物元。

（2）构建经典域物元。

（3）构建节域物元。

（4）计算各预测方法与评价物元关于所有历史样本年份的关联度的平均值，进而对每一个待测年份的各方案预测结论进行加权综合，并得到综合预测结论。

（七）优选组合法

优选组合法在多个模型同时对同一对象进行负荷预测的基础上，首先计算每一模型在近期的拟合误差，然后按一定的优化准则将各模型有机结合，以提高模型的拟合能力和预测精度。

（八）用地仿真法

用地仿真法通过分析城市土地利用的特性和发展规律，预测城市土地的使用类型、地理分布和面积构成，并在此基础上将土地使用情况转化成空间负荷。此方法包括 3 部分，即空间信息收集、土地使用决策和复合增长预测。

（九）支持向量机法

支持向量机（SVM）是一种基于统计学理论提出的能实现在有限样本条件下满足 VC 维理论和结构风险最小化的机器学习方法，具有泛化能力强、全局最优和计算速度快等突出优点。通常情况下，其自选参数和核函数主要靠经验确定，有较大的人为因素。同时，其缺乏对模糊现象的处理能力，模型误差会造成回归值和实际值的差距。

（十）趋势外推法

当电力负荷依时间变化呈现某种上升或下降的趋势，并且无明显的季节波动，又能找到一条合适的函数曲线反映这种变化趋势时，就可以以时间 t 为自变量，以时序数值 y 为因变量，建立趋势模型 $y=f(t)$。当有理由相信这种趋势能够延伸到未来时，赋予变量 t 所需要的值，得到相应时刻的时间序列未来值。这就是趋势外推法。

应用趋势外推法有两个假设条件：① 假设负荷没有跳跃式变化；② 假定负荷的发展

因素决定负荷未来的发展，其条件是不变或变化不大。选择合适的趋势模型是应用趋势外推法的重要环节，图形识别法和差分法是选择趋势模型的两种基本方法。

趋势外推法有线性趋势预测法、对数趋势预测法、二次曲线趋势预测法、指数曲线趋势预测法、生长曲线趋势预测法。

趋势外推法的优点是只需要历史数据、所需的数据量较少；缺点是负荷出现变动会引起较大的误差。

（十一）德尔菲法

德尔菲法是根据有专门知识的人的直接经验，对研究的问题进行判断、预测的一种方法，也称专家调查法。德尔菲法具有反馈性、匿名性和统计性的特点。

德尔菲法的优点如下：① 可以加快预测速度和节约预测费用；② 可以获得各种不同但有价值的观点和意见；③ 适用于长期预测，在历史资料不足或不可预测因素较多尤为适用。

德尔菲法的缺点如下：① 对于分地区的负荷预测，可能不可靠；② 专家的意见有时可能不完整或不切实际。

在电力负荷预测中，很多因素不同程度地影响着电力荷的预测值。有些因素因自然而变化，如气象；有些因素按地区条件产生差异，如工农业发展速度；有些因素是无法估计的重大事件，如严重灾害等。并且各个因素对负荷的响应度可能是不一样的，而且同一因素的不同水平对负荷的影响也是不同的。

（1）气象因素的影响。很多负荷预测数学模型都引入了气象部门提供的气象预报信息，包括温湿度、雨量等在内的气象因素都会直接影响负荷波动，尤其在居民负荷占据较高比例的地区，这种影响更大。

（2）节假日及特殊条件的影响。较之正常工作日，一般节假日的负荷会明显降低。以春节为例，春节期间的负荷曲线一般会出现大幅度的下降变形，而其变化周期也大致与假日周期吻合。

（3）大工业用户突发事件的影响。对于大工业用户装接容量占用电负荷较高的地区，大工业用户在负荷预测偏差中起到的影响作用也比较大。

（4）负荷特性分析和预测方法的影响。目前，很多地区在负荷种类结构及变化因素上的统计分析工作不够深入系统，导致在需要历史数据进行对照时无法展开工作，对负荷特性和相关变化规律的总结也就无从谈起。

（5）管理与政策的影响。负荷预测是一项技术含量很高的工作，然而负荷预测工作在很多地区还没有得到足够的重视，基础工作薄弱，考核标准过于宽松，与大用户的信息沟通不畅，大用户的用电缺乏计划性和有序性；预测人员缺乏良好的综合素质、较高的分析能力和丰富的运行经验，不适应高标准工作的要求。

第五节　配电网的负荷预测实例

以某一地区为例，该地区历年用电量、最大负荷等基础数据如表 4－13 和表 4－14 所示。

表 4-13　　该地区历年用电量及最大负荷

年份	2005 年	2006 年	2007 年	2008 年	2009 年	2010 年	2011 年	2012 年	2013 年	2014 年
全社会用电量/亿 kWh	745	855	1018	1242	1420	1657	1917	2197	2326	2474
最大负荷/MW	11 600	13 000	15 500	18 700	21 000	25 400	29 500	34 500	38 500	41 000
弹性系数	1.33	1.03	1.1	0.85	0.99	1.4	1.23	0.89	0.97	1.02

表 4-14　　该地区历年各产业单耗及生活用电

年份	2005 年	2010 年	2014 年
第一产业单耗/（kWh/万元）	244	223	157
第二产业单耗/（kWh/万元）	1517	1660	1750
第三产业单耗/（kWh/万元）	213	237	268
生活用电量/亿 kWh	95.99	173.20	280.46
人均生活用电量/kWh	208.85	353.61	541.42

分别采用弹性系数法、产业产值单耗法等方法对该地区 2015～2025 年的用电量进行预测，并根据能源供应约束程度、经济增长速度及其他影响因素的不确定性设计高、中、低 3 种方案。

（一）弹性系数法

根据当前国际、国内经济增长形式和发展前景分析，预测“十三五”至“十四五”末，该地区电力弹性系数将从 1.0 逐步降到 1.0 以下。采用弹性系数法，该地区历年各产业单耗及生活用电见表 4-15。各方案中，2020 年该地区用电量将达到 3629 亿～4273 亿 kWh。

表 4-15　　该地区历年各产业单耗及生活用电情况表

年份		2015 年	2016 年	2017 年	2018 年	2019 年	2020 年	2025 年
高方案	用电量/亿 kWh	2734	3012	3313	3617	3943	4273	5611
	用电增长率	10.5%	10.19%	9.98%	9.2%	9%	8.36%	5.6%
	GDP 增长率	10%	9.7%	9.5%	9.2%	9%	8.8%	8%
	弹性系数	1.05	1.05	1.05	1	1	0.95	0.7
中方案	用电量/亿 kWh	2697	2939	3189	3432	3686	3938	4919
	用电增长率	9%	9%	8.5%	7.6%	7.41%	6.84%	4.55%
	GDP 增长率	9%	9%	8.5%	8%	7.8%	7.6%	7%
	弹性系数	1	1	1	0.95	0.95	0.9	0.65
低方案	用电量/亿 kWh	2662	2864	3068	3262	3453	3629	4207
	用电增长率	7.6%	7.6%	7.13%	6.3%	5.85%	5.1%	3%
	GDP 增长率	8%	8%	7.5%	7%	6.5%	6%	5%
	弹性系数	0.95	0.95	0.95	0.9	0.9	0.85	0.6

（二）产值用电单耗法

针对“十三五”及远期地区各产业单耗进行预测：随着农业和农村现代化的建设，第一产业产值单耗总体上呈下降趋势，预测“十三五”期间该地区第一产业的产值单耗将与“十二五”期间呈基本持平、略有下降的趋势；随着国家对高能耗产业的宏观调控、先进工艺和节能技术的进一步推广应用，预测“十三五”期间第二产业的产值单耗将呈下降趋势；预计该地区第三产业的产值单耗仍将继续保持上升趋势并逐步趋于稳定。

10 年来居民生活用电量、居民人均生活用电量年均增长率分别为 11.32%、9.99%，预测“十三五”生活用电量、居民人均用电量年均增长速度，具体测算见表 4－16。

表 4－16　居民生活用电水平预测

年份	生活用电量/亿 kWh			人均生活用电量/亿 kWh		
	高方案（增速 10%）	中方案（增速 9%）	低方案（增速 7%）	高方案（增速 10%）	中方案（增速 9%）	低方案（增速 7%）
2015 年	320	317	314	607	602	597
2016 年	364	358	352	682	670	658
2017 年	401	390	376	742	723	697
2018 年	441	425	403	809	780	738
2019 年	485	464	431	881	842	782
2020 年	534	506	461	959	908	829
2025 年	784	709	589	1374	1243	1032

采用产值单耗法预测，2020 年该地区用电量将达到 3544 亿～3989 亿 kWh，见表 4－17～表 4－19。

表 4－17　产值单耗法预测结果（高方案）

年份	2015 年	2016 年	2017 年	2018 年	2019 年	2020 年	2025 年
一、生产总值/亿元	23 157	25 402	27 814	30 375	33 110	36 028	52 954
第一产业产值/亿元	1047	1094	1138	1179	1220	1263	1429
第二产业产值/亿元	11 929	12 875	13 951	15 109	16 348	17 653	24 759
第三产业产值/亿元	10 181	11 433	12 725	14 087	15 542	17 112	26 766
二、生产总值单耗/（kWh/万元）	2168	2154	2132	2183	2135	2087	1823
第一产业产值/（kWh/万元）	151	146	141	136	131	126	106
第二产业产值/（kWh/万元）	1729	1705	1668	1630	1587	1544	1300
第三产业产值/（kWh/万元）	288	303	323	417	417	417	417
三、用电量/亿 kWh	2691.8	2920.9	3155	3507	3743	3989.9	5134.1
第一产业产值/亿 kWh	15.8	15.9	16.0	16.0	16.0	15.9	15.1
第二产业产值/亿 kWh	2063	2195	2327	2463	2594	2726	3219
第三产业产值/亿 kWh	293	346	411	587	648	714	1116
居民生活用电量/亿 kWh	320	364	401	441	485	534	784

表 4－18　　产值单耗法预测结果（中方案）

年份	2015 年	2016 年	2017 年	2018 年	2019 年	2020 年	2025 年
一、生产总值/亿元	22 942	25 007	27 132	29 304	31 591	33 992	47 676
第一产业产值/亿元	1044	1078	1113	1149	1183	1218	1345
第二产业产值/亿元	11 816	12 667	13 592	14 584	15 612	16 653	22 285
第三产业产值/亿元	10 082	11 262	12 427	13 571	14 796	16 121	24 046
二、生产总值单耗/（kWh/万元）	2168	2154	2132	2183	2135	2087	1823
第一产业产值/（kWh/万元）	151	146	141	136	131	126	106
第二产业产值/（kWh/万元）	1729	1705	1668	1630	1587	1544	1300
第三产业产值/（kWh/万元）	288	303	323	417	417	417	417
四、用电量/亿 kWh	2650	2859	3058	3368	3559	3749	4609
第一产业产值/亿 kWh	15.7	15.7	15.7	15.6	15.5	15.3	14.2
第二产业产值/亿 kWh	2043	2160	2267	2377	2478	2571	2897
第三产业产值/亿 kWh	290	341	401	566	617	672	1003
居民生活用电量/亿 kWh	317	358	390	425	464	506	709

表 4－19　　产值单耗法预测结果（低方案）

年份	2015 年	2016 年	2017 年	2018 年	2019 年	2020 年	2025 年
一、生产总值/亿元	22 730	24 547	26 388	28 233	30 153	32 113	42 963
第一产业产值/亿元	1032	1058	1084	1110	1136	1158	1246
第二产业产值/亿元	11 706	12 478	13 302	14 124	14 953	15 772	20 123
第三产业产值/亿元	9992	11 011	12 002	12 999	14 064	15 183	21 594
二、生产总值单耗/（kWh/万元）	2168	2154	2132	2183	2135	2087	1823
第一产业产值/（kWh/万元）	151	146	141	136	121	126	106
第二产业产值/（kWh/万元）	1729	1705	1668	1630	1587	1544	1300
第三产业产值/（kWh/万元）	288	303	323	417	417	417	417
三、用电量/亿 kWh	2645	2814	2983	3247	3390	3529	4105
第一产业产值/亿 kWh	15.6	15.4	15.3	15.1	14.9	14.6	13.2
第二产业产值/亿 kWh	2024	2128	2219	2302	2373	2435	2616
第三产业产值/亿 kWh	307	334	388	542	586	633	900
居民生活用电量/亿 kWh	314	352	376	403	431	461	589

（三）电量预测结果

通过采用弹性系数法、产业产值单耗法预测，测算 2015～2025 年地区用电量，综合分析并确定各规划年的用电量，见表 4－20。

表 4－20　　电量预测结果　　亿 kWh

年份		2015 年	2016 年	2017 年	2018 年	2019 年	2020 年	2025 年
高方案	弹性系数法	2734	3012	3313	3617	3943	4273	5611
	产业产值单耗法	2691	2922	3155	3507	3744	3989	5134
	电量综合	2720	3010	3270	3600	3830	4250	5560
中方案	弹性系数法	2697	2939	3189	3432	3686	3938	4919
	产业产值单耗法	2666	2875	3074	3384	3574	3764	4623
	电量综合	2690	2912	3146	3387	3619	3840	4676
低方案	弹性系数法	2662	2864	3068	3262	3453	3629	4207
	产业产值单耗法	2661	2828	2998	3262	3405	3544	4118
	电量综合	2661	2840	3000	3262	3420	3560	4200

（四）最大负荷预测

预计随着第三产业用电量和居民生活用电量比例的逐步上升，最大负荷利用小时数将逐步降低，预计“十三五”该地区最大负荷利用小时数为 5800～6000h。最大负荷预测结果见表 4－21。

表 4－21　　最大负荷预测结果

年份		2015 年	2016 年	2017 年	2018 年	2019 年	2020 年	2025 年
高方案	最大负荷/MW	45 333	51 017	55 424	61 017	64 915	72 034	95 862
	用电量/亿 kWh	2720	3010	3270	3600	3830	4250	5560
	负荷利用小时/h	6000	5900	5900	5900	5900	5900	5800
中方案	最大负荷/MW	44 833	48 533	52 433	57 407	61 339	65 085	80 621
	用电量/亿 kWh	2690	2912	3146	3387	3619	3840	4676
	负荷利用小时/h	6000	6000	6000	5900	5900	5900	5800
低方案	最大负荷/MW	44 350	48 136	50 847	55 288	57 966	60 339	72 414
	用电量/亿 kWh	2661	2840	3000	3262	3420	3560	4200
	负荷利用小时/h	6000	5900	5900	5900	5900	5900	5800

第六节　网供负荷计算

一、110（66）kV 网供负荷

110（66）kV 网供负荷 P_1 的计算公式如下

$$P_1 = P_{\Sigma} - P_{厂} - P_{直供1} - P_{直降1} - P_{发电1} \tag{4-50}$$

式中　P_{Σ}——全社会最大用电负荷，MW；

$P_{厂}$——厂用电；

$P_{直供1}$——110（66）kV 及以上电压直供负荷，MW；

$P_{直降1}$——220kV 直降为 35kV 和 10kV 的负荷，MW；

$P_{发电1}$——35kV 及以下上网且参与电力平衡发电负荷，MW。

根据式（4－51），110（66）kV 网供负荷主要通过列表的方式进行计算，如表 4－22 所示。

表 4－22　　110（66）kV 分年度网供负荷预测结果

序号	项　目	××年	××年	××年	××年	××年
（1）	全社会最大用电负荷					
（2）	电厂厂用电					
（3）	220kV 及以上电网直供负荷					
（4）	110（66）kV 电网直供负荷					
（5）	220kV 直降 35kV 负荷					
（6）	220kV 直降 10kV 负荷					
（7）	35kV 及以下上网且参与电力平衡发电负荷					
（8）	110（66）kV 网供负荷					

注　（8）＝（1）－（2）－（3）－（4）－（5）－（6）－（7）。

二、35kV 网供负荷

35kV 网供负荷 P_2 的计算公式如下

$$P_2 = P_{\Sigma} - P_{厂} - P_{直供2} - P_{直降2} - P_{发电2} \tag{4-51}$$

式中　P_{Σ}——全社会最大用电负荷，MW；

$P_{厂}$——厂用电；

$P_{直供2}$——35kV 及以上电压直供负荷，MW；

$P_{直降2}$——220kV 和 110（66）kV 直降为 10kV 的供电负荷，MW；

$P_{发电2}$——35kV 公用变电站 10kV 侧且参与电力平衡发电负荷，MW。

根据式（4－52），35kV 网供负荷主要通过列表的方式进行计算，如表 4－23 所示。

表 4－23　　35kV 分年度网供负荷预测结果

序号	项　目	××年	××年	××年	××年	××年
（1）	全社会最大用电负荷					
（2）	电厂厂用电					
（3）	35kV 及以上电网直供负荷					
（4）	220kV 直降 10kV 负荷					
（5）	110（66）kV 直降 10kV 负荷					
（6）	35kV 公用变电站 10kV 侧且参与电力平衡发电负荷					
（7）	35kV 网供负荷					

注　（7）＝（1）－（2）－（3）－（4）－（5）－（6）。

三、10kV 网供负荷

10kV 网供负荷 P_3 的计算公式如下

$$P_3 = P_{总} - P_{专线} - P_{低压发电} \tag{4-52}$$

式中 $P_{总}$ ——10kV 总负荷，MW；

$P_{专线}$ ——10kV 专线用户负荷，MW；

$P_{低压发电}$ ——0.38kV 接入公用电网的电源，MW。

其中，10kV 总负荷 $P_{总}$ 由下式计算

$$P_{总} = P_{220kV降} + P_{110kV降} + P_{35kV降} + P_{10kV发电} \tag{4-53}$$

式中 $P_{220kV降}$ ——220kV 公用变电站 10kV 侧变电负荷，MW；

$P_{110kV降}$ ——110（66）kV 公用变电站 10kV 侧变电负荷，MW；

$P_{35kV降}$ ——35kV 公用变电站 10kV 侧变电负荷，MW；

$P_{10kV降}$ ——10kV 电源上网电力，MW。

根据式（4－52）和式（4－53），10kV 网供负荷主要通过列表的方式进行计算，如表 4－24 所示。

表 4－24　10kV 分年度网供负荷预测结果

序号	项　目	××年	××年	××年	××年	××年
（1）	10kV 总负荷					
（2）	220kV 公用变电站 10kV 侧变电负荷					
（3）	110（66）kV 公用变电站 10kV 侧变电负荷					
（4）	35kV 公用变电站 10kV 侧变电负荷					
（5）	10kV 电源上网电力					
（6）	10kV 专线上网电力					
（7）	接入公用电网 400V 电源					
（8）	10kV 网供负荷					

注 （1）=（2）+（3）+（4）+（5），（8）=（1）－（6）－（7）。

第五章

配电网方案规划

第一节　配电网网架结构规划

配电网结构优化的目的是提高线路的负荷承载水平和线路负荷的转移能力，并且最大可能地减少资金的投入。配电线路采用分段设计及相互连接是配电网优化的基本方案。网络采用多分段和多连接设计，提高了负荷的转移率和转移成功率、架空线路的负荷储备能力、线路负荷的允许运行率、网架的结构强度，以及配电网对电源故障、线路故障时的耐受能力，从而大量减少了停电用户，提高了供电可靠性。

一、高压配电网的电网结构

高压配电网的电网结构可分为辐射、环网、T接、链式等，下面对每种典型结构的优缺点和适用范围等进行介绍。110～35kV 电网目标电网结构推荐表如表 5－1 所示。

表 5－1　　110～35kV 电网目标电网结构推荐表

电压等级	供电区域类型	链式			环网		辐射	
		三链	双链	单链	双环网	单环网	双辐射	单辐射
110（66）kV	A+、A 类	√	√	√	√		√	
	B 类	√	√	√	√		√	
	C 类	√	√	√	√	√	√	
	D 类					√	√	√
	E 类							√
35kV	A+、A 类	√	√	√	√		√	
	B 类		√	√		√	√	
	C 类		√	√		√	√	
	D 类					√	√	√
	E 类							√

注　1. A+、A、B 类供电区域供电安全水平要求高，110～35kV 电网宜采用链式结构，上级电源点不足时可采用双环网结构，在上级电网较为坚强且 10kV 具有较强的站间转供能力时，也可采用双辐射结构。
2. C 类供电区域供电安全水平要求较高，110～35kV 电网宜采用链式、环网结构，也可采用双辐射结构。
3. D 类供电区域 110～35kV 电网可采用单辐射结构，有条件的地区也可采用双辐射或环网结构。
4. E 类供电区域 110～35kV 电网一般可采用单辐射结构。

同一地区同类供电区域的电网结构应尽量统一。A+、A、B 类供电区域的 110～35kV 变电站宜采用双侧电源供电，条件不具备或电网发展的过渡阶段，也可同杆架设双电源供电，但应加强 10kV 配电网的联络。

（一）辐射结构

从上级电源变电站引出同一电压等级的一回或双回线路，接入本级变电站的母线（或桥），末端与电源点连接的结构，称为辐射结构。辐射结构分为单辐射和双辐射两种类型。

1. 单辐射结构

单辐射结构指由一个电源的一回线路供电的辐射结构，如图 5－1 所示。在单辐射结构中，110kV 变电站主变台数为 1～2 台。单辐射结构不满足 $N-1$ 要求。

2. 双辐射结构

双辐射结构指由同一电源的两回线路供电的辐射结构，如图 5－2 所示。

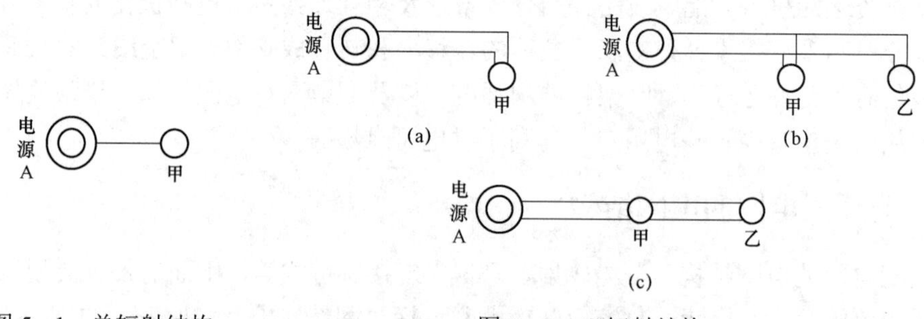

图 5－1　单辐射结构　　图 5－2　双辐射结构

优缺点及适用场合：优点是接线简单，适应发展性强；缺点是该结构中的 110kV 电站只有来自同一电源的进线，可靠性较差。该结构适用于负荷密度较低、可靠性要求不太高的地区，或者作为网络形成初期、上级电源变电站布点不足时的过渡性结构。

（二）环式结构

从上级电源变电站引出同一电压等级的一回或双回线路，接入本级变电站的母线（或桥），并依次串接两个（或多个）变电站，通过另外一回或双回线路与起始电源点相连，形成首尾相连的环形接线方式，一般选择在环的中部开环运行，这种结构称为环网结构。

1. 单环结构

在单环结构中，由同一电源站不同路径的两回线路分别给两个变电站供电，站间一回联络线路，如图 5－3 所示。

2. 双环结构

在双环结构中，由同一电源站不同路径的四回线路分别给两个变电站供电，站间两回联络线路，如图 5－4 所示。

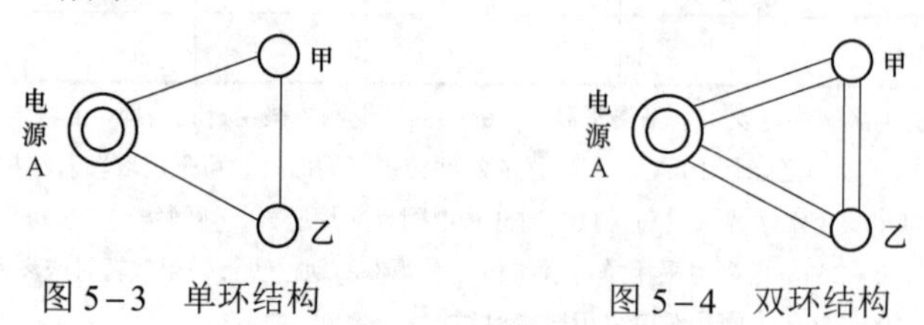

图 5－3　单环结构　　图 5－4　双环结构

优缺点及适用场合：环式结构中只有一个电源，变电站间为单线或双线联络。优点是对电源布点要求低，扩展性强；缺点是供电电源单一，网络供电能力小。该结构适用于负荷密度低、电源点少、网络形成初期的地区。

（三）链式（双侧电源）结构

从上级电源变电站引出同一电压等级的一回或多回线路，依次π接或T接到变电站的母线（或环入环出单元、桥），末端通过另外一回或多回线路与其他电源点相连，形成链状接线方式，这种结构称为链式结构。

1. 单链结构

在单链结构中，由不同电源站的两回线路供电，站间一回联络线路，如图5－5所示。

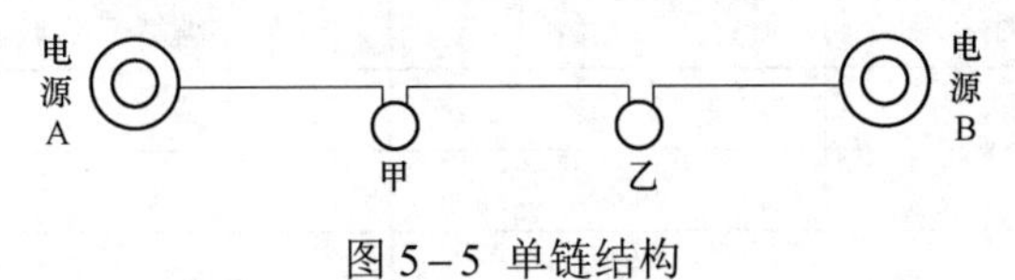

图5－5　单链结构

2. 双链结构

在双链结构中，两个电源站各出两回线路供电，站间两回联络线路，如图5－6所示。

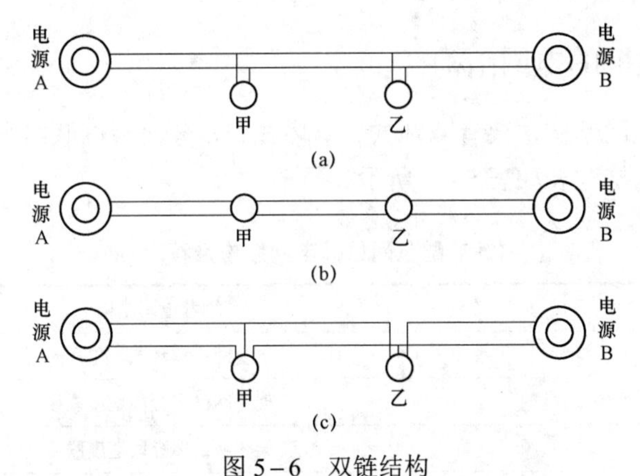

图5－6　双链结构

（a）T接；（b）π接；（c）T、π接混合

3. 三链结构

在三链结构中，两个电源站各出三回线路供电，站间三回联络线路，如图5－7所示。

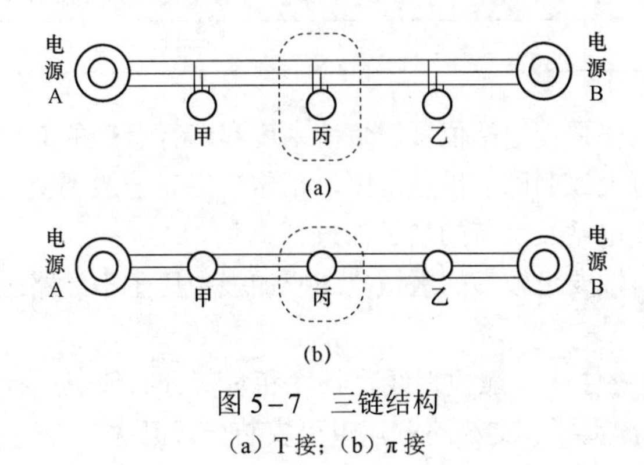

图5－7　三链结构

（a）T接；（b）π接

优缺点及适用场合：优点是运行灵活，供电可靠高；缺点是出线回路数多，投资大。该结构适用于对供电可靠性要求高、负荷密度大的繁华商业区、政府驻地等。

（四）小结

对于高压配电网接线方式，要因地制宜，结合地区发展规划，选择成熟、合理、技术经济先进的方案。各类电网结构综合对比情况如表 5－2 所示。

表 5－2　　各类电网结构综合对比情况

序列	网架结构	可靠性	是否满足 $N-1$	投资
1	单辐射	低	不满足	低
2	双辐射	一般	满足	一般
3	单环	一般	满足	一般
4	双环	较高	满足	较高
5	单链	较高	满足	较高
6	双链	高	满足	高
7	三链	高	满足	高

二、中压配电网的电网结构

中压配电网的电网结构主要有双环式、单环式、多分段适度联络和辐射状结构。10kV 配电网目标电网结构推荐表如表 5－3 所示。

表 5－3　　10kV 配电网目标电网结构推荐表

供电区域类型	推荐电网结构
A+、A 类	电缆网：双环式、单环式
	架空网：多分段适度联络
B 类	架空网：多分段适度联络
	电缆网：单环式
C 类	架空网：多分段适度联络
	电缆网：单环式
D 类	架空网：多分段适度联络、辐射状
E 类	架空网：辐射状

（1）中压配电网应根据变电站位置、负荷密度和运行管理的需要，分成若干个相对独立的供电区。分区应有大致明确的供电范围，正常运行时一般不交叉、不重叠，分区的供电范围应随新增加的变电站及负荷的增长而进行调整。

（2）对于供电可靠性要求较高的区域，还应加强中压主干线路之间的联络，在分区之间构建负荷转移通道。

（3）10kV 架空线路主干线应根据线路长度和负荷分布情况进行分段（一般不超过 5 段），并装设分段开关，重要分支线路首端也可安装分段开关。

（4）10kV 电缆线路一般采用环网结构，环网单元通过环进环出方式接入主干网。

（5）双射式、对射式可作为辐射状向单环式、双环式过渡的电网结构，适用于配电网的发展初期及过渡期。

（6）应根据城乡规划和电网规划，预留目标网架的廊道，以满足配电网发展的需要。

（一）架空网结构

中压架空网的典型结构主要有辐射式、多分段单联络、多分段多联络 3 种类型。

1. 辐射式结构

辐射式结构示意图如图 5－8 所示。

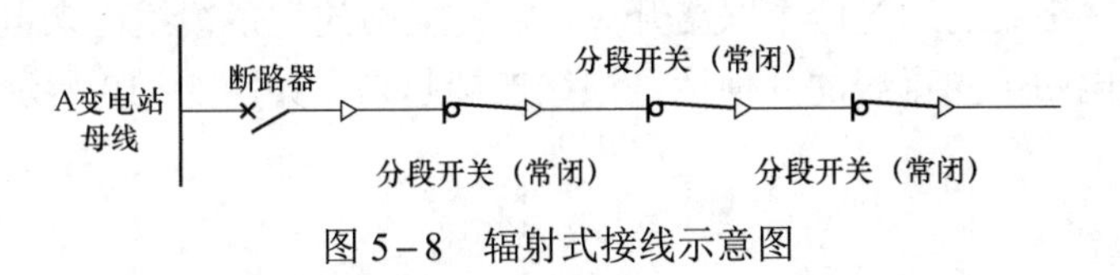

图 5－8　辐射式接线示意图

辐射式结构接线简单清晰、运行方便、建设投资低。当线路或设备发生故障检修时，用户停电范围大，但主干线可分为若干（一般 2 至 3）段，以缩小事故和检修停电范围；电源故障，将导致整条线路停电，供电可靠性差，不满足 $N-1$ 要求，但主干线正常运行时的负载率可达到 100%。有条件或必要时，这种结构可发展过渡为同站单联络结构或异站单联络结构。

辐射式结构一般仅适用于负荷密度较低、用户负荷重要性一般、变电站布点稀疏的地区。

2. 多分段、单联络结构

多分段、单联络结构通过一个联络开关，将来自不同变电站（开关站）的中压母线或相同变电站（开关站）不同中压母线的两条馈线连接起来。这种结构一般分为本变电站单联络结构和变电站间单联络结构两种，如图 5－9 所示。

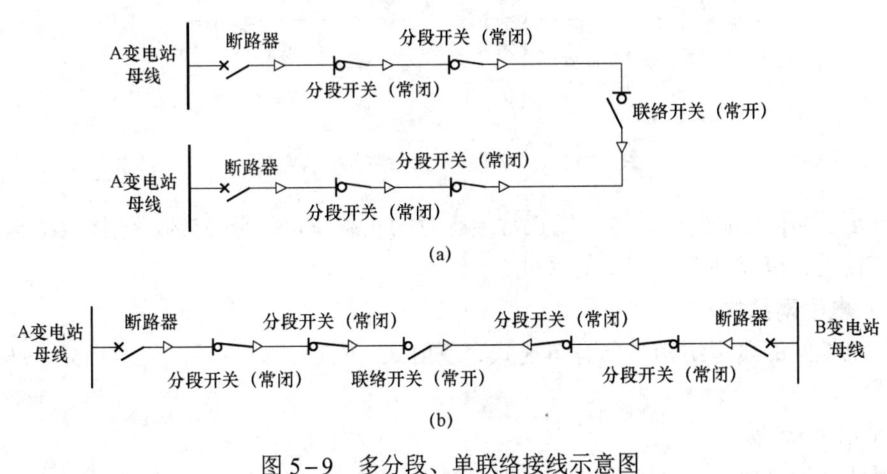

图 5－9　多分段、单联络接线示意图

（a）本变电站单联络；（b）变电站间单联络

多分段、单联络结构电网中的任何一个区段故障，闭合联络开关，将负荷转供到相邻馈线完成转供；满足 $N-1$ 要求，主干线正常运行时的负载率仅为 50%。

多分段、单联络结构的最大优点是可靠性比辐射式结构高，接线简单、运行比较灵活。线路故障或电源故障时，在线路负荷允许的条件下，通过切换操作可以使非故障段恢复供电，线路的备用容量为50%；但由于考虑了线路的备用容量，其线路投资将比辐射式结构有所增加。

3. 多分段、多联络结构

采用环网接线开环运行方式，分段与联络数量应根据用户数量、负荷密度、负荷性质、线路长度和环境等因素确定，一般将线路3分段、2–3联络，线路总装接量宜控制在12 000kVA以内，专线的宜控制在16 000kVA以内。

三分段、两联络结构通过两个联络开关，将变电站的一条馈线与来自不同变电站（开关站）或相同变电站不同母线的其他两条馈线连接起来，如图5–10所示。

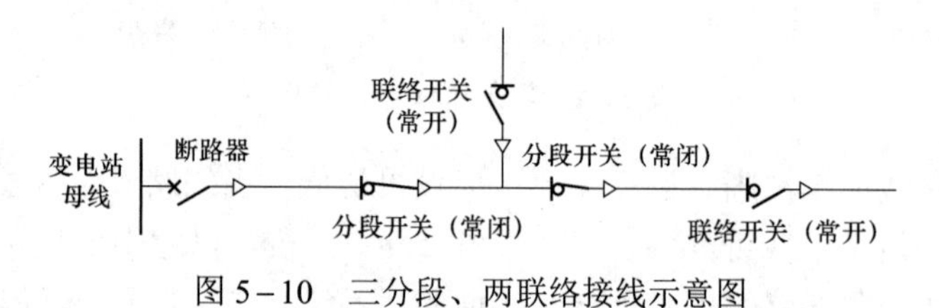

图5–10　三分段、两联络接线示意图

三分段、两联络结构的最大特点和优势是可以有效提高线路的负载率，降低不必要的备用容量；在满足$N-1$的前提下，主干线正常运行时的负载率可达到67%。

三分段、三联络结构通过三个联络开关，将变电站的一条馈线与来自不同变电站或相同变电站不同母线的其他3条馈线连接起来。任何一个区段故障，均可通过联络开关将非故障段负荷转供到相邻线路，如图5–11所示。

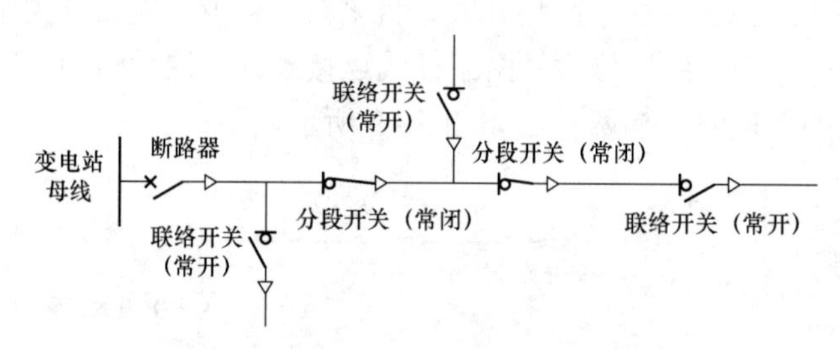

图5–11　三分段、三联络接线示意图

在满足$N-1$的前提下，主干线正常运行时的负载率可达到75%。该接线结构适用于负荷密度较大、可靠性要求较高的区域。

（二）电缆网结构

中压电缆网的典型结构主要有单射式、双射式、对射式、单环式、双环式、N供一备等6种。

1. 单射式结构

单射式结构是自一个变电站或一个开关站的一条中压母线引出一回线路，形成单射式接线方式，如图5–12所示。该接线方式不满足$N-1$要求，但主干线正常运行时的负载率可达到100%。

单射式结构是电网建设初期的一种过渡结构，可过渡到单环网、双环网或N供一备等结构。对供电可靠性要求高的地区（如城市中心区）一般不采用单射式结构。

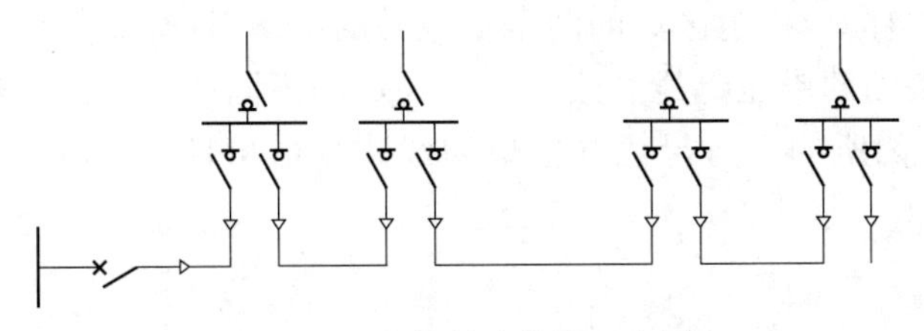

图 5－12　单射式接线示意图

2. 双射式结构

双射式结构是自一个变电站或一个开关站的不同中压母线引出双回线路，或自同一供电区域不同方向的两个变电站（或两个开关站），或同一供电区域一个变电站和一个开闭所的任一段母线引出双回线路，形成双射接线方式，如图 5－13 所示。

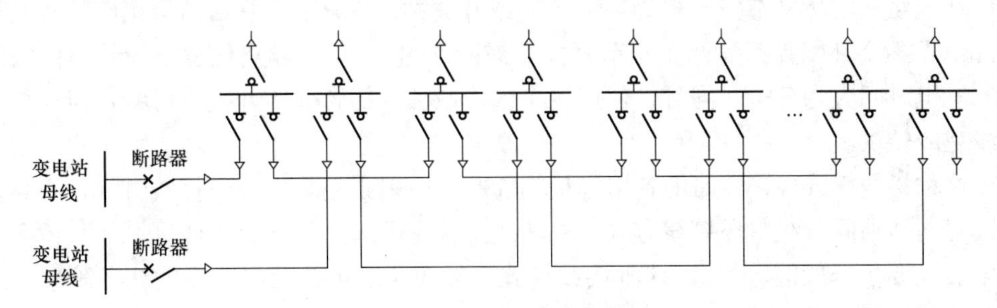

图 5－13　双射式接线示意图

双射式结构一般为双环式或 N 供一备结构的过渡结构。由于对用户采用双回路供电，一条电缆本体故障时，用户配电变压器可自动切换到另一条电缆上，因此用户能够满足 $N-1$ 要求，但要求主干线正常运行时最大负载率不能大于 50%。双射式结构适用于容量较大、不适合以架空线路供电的普通用户，一般采用同一变电站不同母线或不同变电站引出双回电源。

3. 对射式结构

对射式结构是自不同方向电源的两个变电站（或两个开关站）的中压母线馈出单回线路组成对射式接线，如图 5－14 所示。

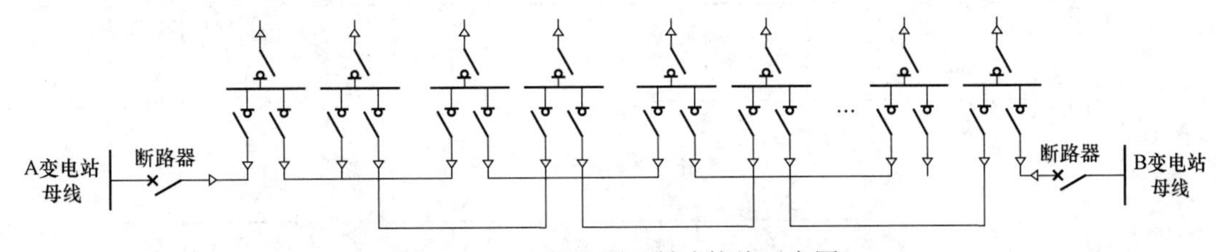

图 5－14　双侧电源双射式接线示意图

对射式结构与双射式结构相类似，为双环式或 N 供一备结构的过渡结构。由于对用户多采用双回路供电，一条电缆故障时，用户配电变压器可自动切换到另一条电缆上，因此用户能够满足 $N-1$ 要求，但要求主干线正常运行时最大负载率不能大于 50%。对射式结构适用于容量较大、对可靠性有一定要求的用户。

4. 单环式结构

单环式结构是自同一供电区域的两个变电站的中压母线（或一个变电站的不同中压母线）、或两个开关站的中压母线（或一个开关站的不同中压母线）或同一供电区域一个变电站和一个开闭所的中压母线馈出单回线路构成单环网，开环运行，如图 5－15 所示。

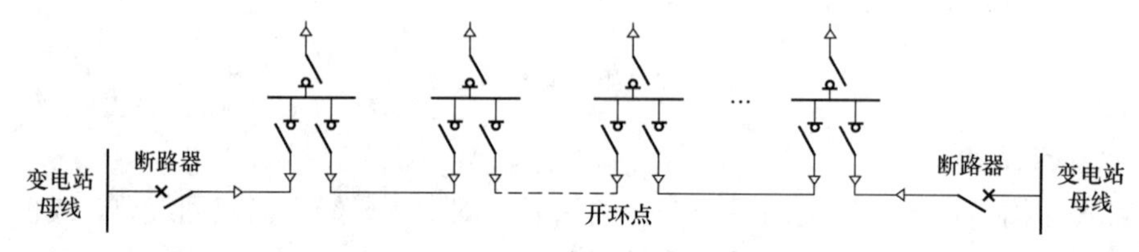

图 5－15　单环式（双侧电源）接线示意图

单环式结构的环网节点一般为环网单元或开关站，与架空单联络结构相比具有明显的优势，由于各个环网点都有两个负荷开关（或断路器），可以隔离任意一段线路的故障，客户的停电时间大为缩短。同时，任何一个区段故障，闭合联络开关，可将负荷转供到相邻馈线完成转供。

在这种接线模式中，线路的备用容量为 50%；一般采用异站单环接线方式，不具备条件时采用同站不同母线单环接线方式。单环式结构主要适用于城市一般区域（负荷密度不高、可靠性要求一般的区域）。这种接线模式可以应用于电缆网络建设的初期阶段，对环网点处的环网开关考虑预留，随着电网的发展，在不同的环之间通过建立联络，就可以发展为更为复杂的接线模式（如双环式结构）。

5. 双环式结构

双环式结构是自同一供电区域的两个变电站（开关站）的不同段母线各引出一回线路或同一变电站的不同段母线各引出一回线路，构成双环式接线方式，如图 5－16 所示。如果环网单元采用双母线不设分段开关的模式，则双环网本质上是两个独立的单环网。

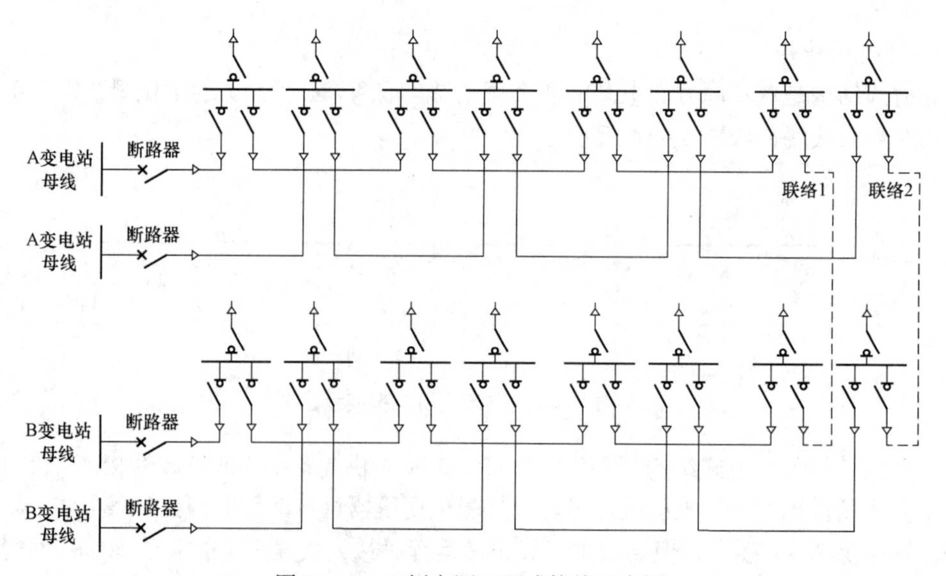

图 5－16　双侧电源双环式接线示意图

采用双环式结构的电网中可以串接多个开闭所，形成类似于架空线路的分段联络接线模式，当其中一条线路故障时，整条线路可以划分为若干部分被其余线路转供，供电可靠性较高，运行较为灵活。双环式结构可以使客户同时得到两个方向的电源，满足从上一级 10kV 线路到客户侧 10kV 配电变压器的整个网络的 $N-1$ 要求，供电可靠性高，运行较为灵活。在满足 $N-1$ 的前提下，主干线正常运行时的负载率为 50%～75%。双环式结构适用于城市核心区、繁华地区重要用户供电及负荷密度较高、可靠性要求较高的区域。

6. *N* 供一备结构

N 供一备结构是指 *N* 条电缆线路连成电缆环网运行，另外一条线路作为公共备用线。非备用线路可满载运行，若某一条运行线路出现故障，则可以通过切换将备用线路投入运行，如图 5－17 所示。

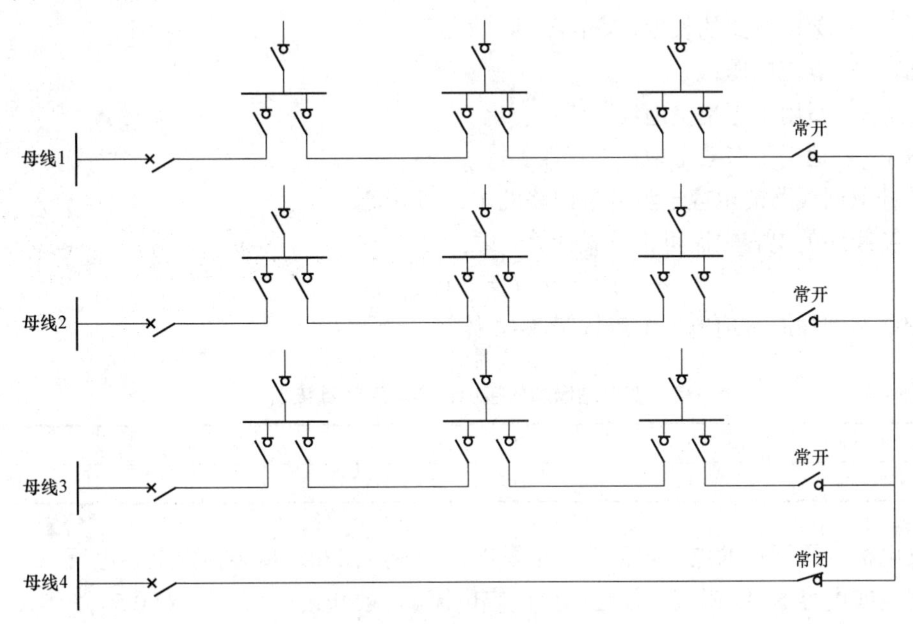

图 5－17　*N* 供一备接线示意图

N 供一备结构随着供电线路条数 *N* 值的不同，线路的利用率不同［$N/(N+1)$］，电网的运行灵活性、可靠性和线路的平均负载率均有所不同。虽然 *N* 越大，负载率越高，但是运行操作复杂，当 *N* 大于 4 时，接线结构比较复杂，操作烦琐，同时联络线的长度较长，投资较大，线路负载率提高的优势也不再明显。*N* 供一备结构适用于负荷密度较高、较大容量用户集中、可靠性要求较高的区域，建设备用线路亦可作为完善现状网架的改造措施，用来缓解运行线路重载，以及增加不同方向的电源。

三、低压配电网的电网结构

220/380V 配电网实行分区供电，应结构简单、安全可靠，一般采用辐射式结构，如图 5－18 所示。

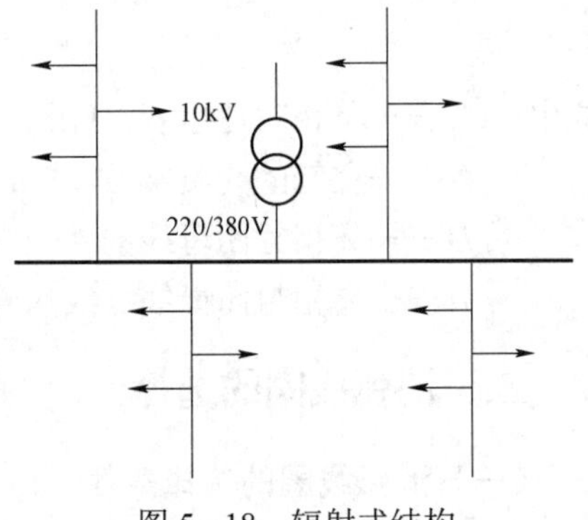

图 5－18　辐射式结构

第二节 中性点接地方式

一、电容电流的计算

电网的电容电流应包括有电气连接的所有架空线路、电缆线路、发电机、变压器及母线和电器的电容电流，并应考虑电网5～10年的发展。

架空线路的电容电流I_c可按下式估算

$$I_c = (2.7 \sim 3.3)U_N L \times 10^{-3}$$

式中 L——架空线路的长度，km；

U_N——额定电压；

2.7——适用于无架空地线线路；

3.3——适用于有架空地线的线路。

同杆双回线路的电容电流为单回路的1.3～1.6倍。

电缆线路的电容电流可按下式计算

$$I_c = 0.1U_N L$$

变电站增加的接地电容电流按表5－4计算。

表5－4　　变电站增加的接地电容电流计算依据

额定电压/kV	6	10	35	63	110
附加值/%	18	16	13	12	10

发电机电压回路的电容电流应包括发电机、变压器和连接导体的电容电流。当回路装有直配线或电容器时，尚应计及这部分电容电流。对敞开式母线一般取（0.5～1）$\times 10^{-3}$A/m。变压器低压绕组的三相对地电容电流一般可按0.1～0.2A估算。离相封闭母线单相对地电容分别按下式计算

$$C_0 = \frac{2\pi\varepsilon}{\ln\frac{D}{d}} \approx \frac{1}{18\ln\frac{D}{d}} \times 10^{-9}$$

$$\varepsilon \approx \varepsilon_0 = \frac{10^{-9}}{36\pi} = 8.842 \times 10^{-6}$$

式中 C_0——单相对地电容，F/m；

ε——空气的介质常数，F/m；

D——离相封闭母线的外壳内径，m；

d——离相封闭母线导线的外径。

二、消弧线圈的选择

（一）消弧线圈的选择条件

消弧线圈技术条件：电压、频率、容量、补偿度、电流分接头、中性点位移电压。

消弧线圈环境条件：环境温度、日温差、相对湿度、污秽、海拔高度、地震烈度。

消弧线圈宜选用油浸式。装设在屋内相对湿度小于80%场所的消弧线圈可选用干式。在电容电流变化较大的场所，宜选用自动跟踪动态补偿式消弧线圈。

（二）消弧线圈的容量计算

为便于运行调谐，宜选用容量接近于计算值的消弧线圈。消弧线圈的补偿容量可按下式计算

$$Q = KI_{\mathrm{C}}\frac{U_{\mathrm{N}}}{\sqrt{3}}$$

式中 Q——补偿容量，kVA；

K——补偿系数，过补偿取1.35，欠补偿按脱谐度确定；

I_{C}——电网或发电机回路的电容电流，A；

U_{N}——电网或发电机回路的额定线电压，kV。

电网的电容电流应包括有电气连接的所有架空线路、电缆线路的电容电流，并计及厂、所母线和电器的影响。该电容电流应取最大运行方式下的电流。

发电机电压回路的电容电流应包括发电机、变压器和连接导体的电容电流，当回路装有直配线或电容器时，尚应计及这部分电容电流。

计算电网的电容电流时，应考虑电网5～10年的发展。

装在电网的变压器中性点的消弧线圈及具有直配线的发电机中性点的消弧线圈应采用过补偿方式。

对于采用单元连接的发电机中性点的消弧线圈，为了限制电容耦合传递过电压及频率变动等对发电机中性点位移电压的影响，宜采用欠补偿方式。

对于中性点经消弧线圈接地的电网，在正常情况下，长时间中性点位移电压不应超过额定相电压的15%，脱谐度一般不大于10%（绝对值），消弧线圈分接头宜选用5个。

对于中性点经消弧线圈接地的发电机，在正常情况下，长时间中性点位移电压不应超过额定相电压的10%，考虑到限制传递过电压等因素，脱谐度不宜超过±30%，消弧线圈的分接头应满足脱谐度的要求。

中性点位移电压可按下式计算

$$U_0 = \frac{U_{\mathrm{bd}}}{\sqrt{d^2 + v^2}}$$

式中 U_0——中性点位移电压，kV；

U_{bd}——消弧线圈投入前电网或发电机中性点不对称电压，可取0.8%倍相电压；

d——阻尼率，一般110kV架空线路取3%，35kV及以下架空线路取5%，电缆线路取2%～4%；

v——脱谐度，满足：

$$v = \frac{I_C - I_L}{I_C}$$

式中 I_C——电网或发电机回路的电容电流，A；

I_L——消弧线圈电感电流，A。

（三）消弧线圈选择遵循的原则

（1）在任何运行方式下，大部分电网不得失去消弧线圈的补偿。不应将多台消弧线圈集中安装在一处，并应避免电网仅装一台消弧线圈。

（2）在发电厂中，发电机电压消弧线圈可装在发电机中性点上，也可装在厂用变压器中性点上。当发电机与变压器为单元连接时，消弧线圈应装在发电机中性点上。在变电站中，消弧线圈宜装在变压器中性点上，6～10kV 消弧线圈也可装在调相机的中性点上。

（3）安装在 YNd 接线双绕组或 YNynd 接线三绕组变压器中性点上的消弧线圈的容量，不应超过变压器三相总容量的 50%，并且不得大于三绕组变压器的任一绕组容量。

（4）安装在 YNyn 接线的内铁心式变压器中性点上的消弧线圈容量，不应超过变压器三相绕组总容量的 20%。

（5）消弧线圈不应接于零序磁通经铁心闭路的 YNyn 接线变压器的中性点上（如单相变压器组或外铁型变压器）。

（6）如变压器无中性点或中性点未引出，应装设容量相当的专用接地变压器，接地变压器可与消弧线圈采用相同的额定工作时间。

三、接地电阻的选择

（一）消弧线圈的选择条件

消弧线圈技术条件：电压、正常运行电流、短时耐受电流及耐受时间、电阻值、频率、中性点位移电压。

消弧线圈环境条件：环境温度、日温差、相对湿度、污秽、海拔高度、地震烈度。

中性点电阻可选用金属、非金属或金属氧化物线性电阻。系统中性点经电阻接地方式，可根据系统单相对地电容电流值来确定。当接地电容电流小于规定值时，可采用高电阻接地方式；当接地电容电流值大于规定值时，可采用低电阻接地方式。

（二）高电阻接地方式阻值计算

1. 经高阻直接接地时阻值计算

电阻的额定电压为

$$U_R \geqslant 1.05\times\frac{U_{\mathrm{N}}}{\sqrt{3}}$$

电阻值为

$$R=\frac{U_{\mathrm{N}}}{I_R\sqrt{3}}\times10^3=\frac{U_{\mathrm{N}}}{K\times I_C\sqrt{3}}\times10^3$$

电阻消耗功率为

$$P_R=\frac{U_{\mathrm{N}}}{\sqrt{3}}\times I_R$$

式中　R——中性点接地电阻值，Ω；

U_{N}——系统额定线电压，kV；

U_R——电阻额定电压，kV；

I_R——电阻电流，A；

I_C——系统单相对地短路时电容电流，A；

K——单相对地短路时电阻电流与电容电流的比值，一般取 1.1。

2. 经单相配电变压器接地时阻值计算

电阻的额定电压应不小于变压器二次电压，一般选用 110V 或 220V。

电阻值为

$$R_{\mathrm{N2}}=\frac{U_{\mathrm{N}}\times 10^{3}}{1.1\times\sqrt{3}I_{C}n_{\varphi}^{2}}$$

电阻消耗功率为

$$P_{R}=I_{R2}\times U_{\mathrm{N2}}\times 10^{-3}=\frac{U_{\mathrm{N}}\times 10^{3}}{\sqrt{3}n_{\varphi}R_{\mathrm{N2}}}\times\frac{U_{\mathrm{N}}}{\sqrt{3}n_{\varphi}}=\frac{U_{\mathrm{N}}^{2}}{3n_{\varphi}^{2}R_{\mathrm{N2}}}\times 10^{3}$$

式中　n_{φ}——降压变压器一、二次之间的变压比；

I_{R2}——二次电阻上流过的电流，A；

U_{N2}——单相配电变压器的二次电压，V；

R_{N2}——间接接入的电阻值，Ω。

（三）低电阻接地方式阻值计算

电阻的额定电压为

$$U_{R}\geqslant 1.05\times\frac{U_{\mathrm{N}}}{\sqrt{3}}$$

电阻值为

$$R=\frac{U_{\mathrm{N}}}{\sqrt{3}I_{\mathrm{d}}}$$

电阻消耗功率为

$$P_{R}=U_{R}I_{R}$$

式中　R——中性点接地电阻值，Ω；

U_{N}——系统线电压，V；

I_{d}——选定的单相接地电流，A。

四、接地方式的选择

（一）中性点接地的概念

电力系统中性点是指星形连接的变压器或发电机的中性点。

电力系统的中性点接地方式是一个综合性的技术问题，它与系统的供电可靠性、人身安全、设备安全、绝缘水平、过电压保护、继电保护、通信干扰（电磁环境）及接地装置等问题有密切的关系。

电力系统中性点接地方式是人们防止系统事故的一项重要应用技术，具有理论研究与实践经验密切结合的特点，因而是电力系统实现安全与经济运行的技术基础。

电力系统中性点接地方式主要是技术问题，但也是经济问题。在选定方案的决策过程中，应结合系统的现状与发展规划进行技术经济比较，全面考虑，使系统具有更优的技术经济指标，避免因决策失误而造成不良后果。

简言之，电力系统的中性点接地方式是一个系统工程问题。

出于不同的目的，将电气装置中某一部位经接地线和接地体与大地作良好的电气连接称为接地。

根据接地的目的不同，接地分为工作接地和保护接地。

工作接地是指为运行需要而将电力系统或设备的某一点接地，如变压器中性点直接接地或经消弧线圈接地、避雷器接地等。

保护接地是指为防止人身触电事故而将电气设备的某一点接地，如将电气设备的金属外壳接地、互感器二次线圈接地等。

中心点接地系统主要有两种，即直接接地系统和不接地系统。

（二）中性点直接接地系统

中性点直接接地系统又称大电流系统，适于 110kV 以上的供电系统及 380V 以下低压系统。中心点直接接地系统发生单相接地会使保护马上动作，以切除电源与故障点。

随着电力系统电压等级的增高和系统容量的增大，设备绝缘费用所占比例也越来越大。中性点不接地方式的优点已居于次要地位，主要考虑降低绝缘投资。所以，110kV 及以上系统均采用中性点直接接地方式。对于 380V 以下的低压系统，由于中性点接地可使相电压固定不变，并可方便地获得相电压供单相设备用电，所以除了特定的场合以外（如矿井），亦多采用中性点接地方式。

对于高压系统，如 110kV 以上的供电系统，电压高，设备绝缘高，如果中性点不接地，当单相接地时，未接地的二相就要能够承受 $\sqrt{3}$ 倍的过电压，瓷绝缘子体积就要增大近 1 倍，原来 1m 长的绝缘子就要增加到 1.732m 以上，不但制造不容易，而且安装也是问题，会使设备投资大大增加；另外，110kV 以上系统由于电压高，杆塔的高度也高，不容易出现单相接地的情况，即使出现了接地跳闸也不会影响供电可靠性，因而从投资的经济性考虑，110kV 以上供电系统多采用中性点直接接地系统。

低压 380/220V 系统中有许多单相用电设备，如果中性点不接地运行，则发生单相接地后，有可能未接地的相电压会升高，因过电压烧毁家用电器，从安全性考虑，必须采用中性点直接接地系统，将中性点牢牢接地。

对于 1kV 以下的供电系统（380/220V），除某些特殊情况下（井下、游泳池），绝大部分系统是中性点接地系统，主要是为了防止绝缘损坏而遭受触电的危险。

中性点直接接地系统的优点：发生单相接地时，其他两完好相对地电压不会升高，因此可降低绝缘费用，保证安全。

中性点直接接地系统的缺点：发生单相接地短路时，短路电流大，要迅速切除故障部分，供电可靠性低。

（三）中性点不接地系统

中性点不接地系统又称小电流系统。目前我国中性点不接地电网的适用范围如下：3～10kV 电网中，当单相接地电流小于 30A 时，如要求发电机带内部单相接地故障运行，则当与发电机有电气连接的 3～10kV 电网的接地电流小于 5A 时；20～66kV 电网中单相接地电流小于 10A 时。

中性点不接地系统是中性点非有效接地系统的一种，实际上可以视为经容抗接地的接地系统。该电容是由电网中的电缆、架空线路、电机、变压器等所有电气产品的对地耦合电容所组成的。当发生单相接地故障时，流经故障点的稳态电流是单相对地电容电流。此接地方式在我国中压电网中得到了广泛应用。

如果三相电源电压是对称的，则电源中性点的电位为零，但是由于架空线排列不对称而换位又不完全等原因，各相对地导纳不相等，中性点将会产生位移电压。一般情况，位移电压不超过电源电压的 5%，对运行的影响不大。当中性点不接地配电网发生单相接地故障时，非故障的二相对地电压将升高，由于线电压仍保持不变，对用户继续工作影响不大。

单相接地时，当接地电流大于 10A 而小于 30A 时，有可能产生不稳定的间歇性电弧。间歇性电弧的产生将引起幅值较高的弧光接地过电压，其最大值不会超过 3.5 倍相电压。正常设备有较大的绝缘裕度，应能承受这种过电压。这种过电压对绝缘较差的设备、线路上的绝缘薄弱点和绝缘强度很低的旋转电机有一定威胁，在一定程度上对其安全运行有影响。

于中性点不接地配电网的单相接地电流很小，对邻近通信线路、信号系统的干扰小，这是这种接地方式的一个优点。

中性点不接地方式即是中性点对地绝缘方式，该方式结构简单、运行方便，不需要增加附加电力设备，投资便宜，很适合于农村 10kV 架空线路的辐射形或树状形供电电网。这种接地方式在运行中，如果发生单相接地故障，流过故障点的电流仅为电网对地的电容电流，数值很小，可以装设绝缘监察装置，以便及时发现单相接地故障，迅速处理，避免其发展为两相短路而造成停电事故。

中压系统（如 6～66kV 系统）中大多是三相用电设备，且设备多在室外，发生故障的概率比较大，设备的绝缘强度也比较高，即便出现了单相接地，未接地相电压升高也能承受，三相平衡对称的关系没有改变，也就是说三相系统还能正常运转，这时从可靠性考虑，在中压系统采用中性点不接地系统比较好。

在我国，严禁在煤矿井下进行中性点接地，其主要目的是保证安全，减小单相接地电流，但即使小的单相接地电流，煤矿井下也不允许存在。因此，在煤矿井下安装检漏继电器，当电网对地绝缘阻抗降低到危险值或人触及一相导体或电网一相接地时，能很快地切断电源，防止触电、漏电事故，提前切断故障设备。

1. 中性点经电阻接地系统

根据外国电网的运行经验，当电网中性点不接地时，即使单相接地电容电流不大，也会由于对地电弧燃烧与熄灭的重复过程，健全相的电位可能升高到破坏其绝缘水平，甚至形成相间短路故障。如果在中性点串联接入某一电阻器以后，泄放熄弧后半波的能量，则中性点电位降低，故障相的恢复电压上升速度也减慢，从而减少电弧重燃的可能性，抑制电网过电压的幅值。这一特点是电阻接地的主要目的，实际上是着眼于网络安全供电问题。

电阻接地系统有高电阻接地系统和低电阻接地系统之分。

（1）高电阻接地系统。高电阻接地系统应符合零序电阻 $R_0 \leqslant 1/3\omega C_0$（$C_0$ 为系统每相对地分布电容，μF）准则。

与高电阻接地配合的保护方案通常是检测和报警。以下是高电阻接地方式必备的 3 点要求：① 限制单相接地电流小于等于 10A；② 限制暂态过电压在 2.5 倍相电压以下；③ 不要求立即切除接地故障。

根据国际标准，限制单相接地故障电流在 10A 以下，这是使系统接地后还可继续带故障运行的前提。也可以看出，当电网电容电流大于等于 10A 时，要对电流加以限制。

系统中的零序电阻 R_0 应包括中性点电阻器电阻 R_N 和故障点的过渡电阻 R_d 在内，而线路本身的阻抗可略去不计。

（2）低电阻接地系统。低电阻接地系统应满足零序电阻 R_0 与其零序电抗 X_0 之比大于等于 2，其中 X_0 是系统等值零序电抗。

接地故障电流通常至少 100A，其更多的应用电流值是 200～1000A。低电阻接地系统应设置有选择性的、立即切除接地故障线路的保护装置；其电阻值选取原则是为该保护装置提供足够大的电流。

中性点不接地系统的优点：这种系统发生单相接地时，三相用电设备能正常工作，允许暂时继续运行两小时之内，因此可靠性高。

中性点不接地系统的缺点：这种系统发生单相接地时，其他两条完好相对地电压升到线电压，是正常时的 $\sqrt{3}$ 倍，因此绝缘要求高，增加了绝缘费用。

2. 中性点经消弧线圈接地系统

中性点经消弧线圈接地系统适用于 3～66kV 系统，可避免电弧过电压的产生。不接地系统发生单相接地，可以正常运行两小时以内，所以必须尽快找出故障点进行处理，否则会扩大故障。当系统容量增大，线路距离较长，致使单相接地短路电流大于某一数值时，接地电弧不能自行熄灭。为了降低单相接地电流，常采用消弧线圈接地方式。所以，消弧线圈接地方式即可保持中性点不接地方式的特点，又可避免电弧过电压的产生，是当前 3～66kV 系统普遍采用的接地方式。

该方式就是在中性点和大地之间接入一个电感消弧线圈，在系统发生单相接地故障时，利用消弧线圈的电感电流补偿线路接地的电容电流，使流过接地点的电流减小到能自行熄灭的范围。它的特点是在线路发生单相接地故障时，可按规定满足电网带单相接地故障运行 2h。对于中压电网，因接地电流得到补偿，单相接地故障不会发展成相间短路故障，因而中性点经消弧线圈接地方式大大提高了供电可靠性，这一点优越于中性点经小电阻接地方式。

中性点经消弧线圈接地，保留了中性点不接地方式的全部优点。由于消弧线圈的电感电流补偿了电网接地电容电流，接地点残流减少到 5A 及以下，降低了故障相接地电弧恢复电压的上升速度，以致电弧能够自行熄灭，从而提高供电可靠性。

经过消弧线圈接地系统的过电压幅值不超过 $3.2U_{ph}$，因此接有消弧线圈的电网称为补偿电网。经消弧线圈接地的电网称为谐振接地系统，它有自动跟踪补偿方式和非自动跟踪补偿方式两种。前者比后者有无可比拟的优点，目前电力系统无论新建或扩建都采用自动调谐消弧线圈，并正在逐步淘汰非自动调谐消弧线圈。

近年来，我国城市 10kV 电网越来越多地用电缆作为供电线路，这必然会使单相接地电容电流大幅度增加，必须考虑限制措施。传统的消弧线圈都是单相的，而我国供电系统变压器的 6～10kV 侧都是三角形连接的，要使消弧线圈能与三相电网相连，必须有三相接地变压器配合，通过接地变压器组成的人为中性点与电网相连。近年来，国内外新研制了几种自动跟踪的消弧线圈，但结构上仍然没有多少变化，还是单相的。要在 6～10kV 电网上使用，依然需要接地变压器的配合。

消弧线圈的补偿原理：6～10kV 电网单相接地电流主要是电容电流，而流过接地点的电流是整个电网的零序电流，在同一零序电压 U_0 的作用下，电感电流的方向总是和电容电流的方向相反，要减少电网单相接地电流值，就必须在电网上附加一些能够产生零序电感电流的设备，以抵消电容电流。

流过接地点的电流在数值上等于整个电网的零序电流之和，其大小不仅同电网的电压、单相接地电阻有关，而且同电网对地的电容及对地的绝缘电阻有关。对于 6～10kV 电网来说，由于电网对地电容较大，容抗远小于电网对地绝缘电阻值，所以，当电网发生单相接地故障时，流过接地点的电流主要是电容电流。

中性点经消弧线圈接地系统的优点：这种系统发生单相接地时，三相用电设备能正常工作，允许暂时继续运行两小时之内，因此可靠性高，还可以减少接地电流。

中性点经消弧线圈接地系统的缺点：这种系统发生单相接地时，其他两条完好相对地电压升到线电压，是正常时的 $\sqrt{3}$ 倍，因此绝缘要求高，增加了绝缘费用。

（四）各种中性点接地方式的综合比较

各种中性点接地方式的综合比较如表 5－5 所示。

表 5－5　　各种中性点接地方式的综合比较

接地方式	中性点直接接地	中性点不接地	中性点经电阻接地	中性点经消弧线圈接地	消弧线圈接地并电阻接地	中性点不接地
单相接地电流的大小	最大	大	大	小，同调谐度有关	小，同调谐度有关	大
人身触电的危险性	最危险	大	大	减小	减小	大
单相电弧接地过电压	低	最高	低	较高，过电压概率小	低，过电压概率小	最高
单相接地保护的实现	很容易	容易	容易	难	较复杂，但实现不难	容易
铁磁谐振过电压	低	高	低	过补偿低 欠补偿高	低	高
保护接地的安全性	危险	电网电容电流大时危险	电网电容电流大时危险	安全	安全	电网电容电流大时危险

第三节　变电站规划

配电网优化设计包括变电站最佳位置问题、配电网络的结构优化、配电网络的设备优化、配电网规划技术与配电网自动化技术优化、配电网的管理优化等。本章主要介绍变电站最佳位置问题与配电网络的结构优化。

一、变电站规划原则

变电站规划原则如下。

（1）符合地区经济发展规划、城乡总体规划及电网发展规划要求。

（2）变电站布点和规模应与地区负荷、电源规模相匹配，并通过合理布点实现对网络结构的加强和布局的优化。

（3）充分发挥变电站在网架结构中的功能和作用，枢纽变电站应考虑布点在电网中便于汇集、分配电力的位置，区域变电站既要考虑向本地电网供电又要便于电力向其他地区转送，地区变电站和终端变电站应尽量靠近其供电的负荷中心。

（4）统筹考虑高/低电压等级电网的协调发展，实现高/低电压等级电网变电站布点、容量和规模等的衔接和匹配，保证电力的合理疏散和消纳。

（5）远近结合，既满足近期电网需求，又要兼顾长远发展需要，高低压各侧进出线方便、便于合理过渡，占地面积应考虑最终规模要求。

二、变电站布点与设计

站址布点的任务是根据变电站座数估算结果，制定几个可比的变电站布点方案，以便进行方案优选。目前，站址布点主要由技术人员来完成，很大程度上依赖于设计者的经验，具有一定主观性。随着信息化手段的发展，基于计算机分析的方案设计方法已经得到广泛应用，极大地帮助了规划设计人员开展工作。

（一）布点思路

变电站的规划布点可概括为多中心选址优化，需要综合考虑变电站（含中压配电网）建设投资和运行费用，实现区域配电网建设经济技术最优化。变电站布点在城市建设中，受到落地困难及跨越河流、湖泊、道路、铁路等因素影响。开展变电站布点是一个多元连续选址的组合优化过程。

（二）布点流程

在已经掌握了地区控制性规划，并已开展空间负荷预测的区域，变电站布点应针对水平年负荷需求开展。根据未来电源的布局和负荷分布、增长变化情况，以现有电网为基础，在满足负荷需求的条件下，参照区域城市建设布局，对远景年变电站供电区域进行划分，并初步将变电站布点于负荷中心且便于进出线的位置。在上述方案或多方案的基础上，需要开展技术经济测算，校验变电站布点方案的科学性和合理性，并根据测算结果对方案进行优化或选择。同时，需要兼顾电网建设时序，充分考虑电网过渡方案，并结合区域可靠性要求开展变电站故障情况下负荷转移分析工作。

随着逐个规划变电站站址的落实，需对原布点方案进行调整、优化。在尚未掌握地区控制性规划的区域，变电站布点应在现状电网的基础上，充分考虑未来负荷发展需求，在规划水平年变电站座数基础上适度预留，并持续跟进城市规划成果，及时更新变电站布点方案。

三、变电站规模的确定

变电站容量一般应在充分分析变电站供电区域内负荷发展、电源布局、网架结构等因素的基础上，计算地区变电容量总需求、新建和扩建变电站规模，并统筹考虑地区电网合理容载比和主变压器负载率后综合确定。变电站变电容量计算的基本流程如图 5－19 所示。

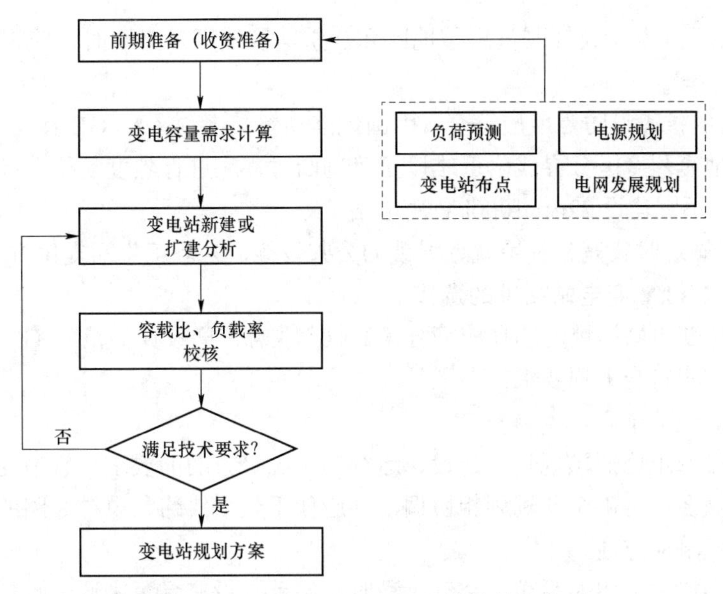

图 5-19　变电站变电容量计算的基本流程

四、变电站站址的选择

（一）220～1000kV 变电站站址的选择

（1）应根据电力系统规划设计的网络结构、负荷分布、城乡规划、征地拆迁等要求进行，通过技术经济比较和经济效益分析，选择最佳的站址方案。

（2）应注意节约用地，合理使用土地；尽量利用荒地、劣地、不占或少占耕地和经济效益高的土地，并尽量减少土石方量。

（3）应按审定的本地区电力系统远景发展规划，满足出线条件要求，留出架空和电缆线路的出线走廊，避免或减少架空线路相互交叉跨越；架空线路终端塔的位置宜在站址选择规划时统一安排。

（4）应根据交通运输条件和变电站建设需要，方便进站道路引接和大件运输；应通过技术经济比较，落实大件运输方案。

（5）站址应具有适宜的地质、地形条件，应避开滑坡、泥石流、塌陷区和地震断裂地带等不良地质构造；宜避开溶洞、采空区、明和暗的河塘、岸边冲刷区、易发生滚石的地段，尽量避免或减少破坏林木和环境自然地貌。

（6）应避让重点保护的自然区和人文遗址，不压覆矿产资源，否则应征得有关部门的书面同意。

（7）应满足防洪及防涝的要求，否则应采取防洪及防涝措施。

（8）站址附近应有生产和生活用水的可靠水源。当采用地下水作为水源时，应进行水文地质调查或勘探，并提出报告。

（9）站址走位应有满足变电站施工及站用电外接电源要求的可靠电源。

（10）选择站址时应注意变电站与邻近设施、周围环境的相互影响和协调，必要时应取得有关协议。站址距飞机场、导航台、地面卫星站、军事设施、通信设施及易燃易爆等设施的距离应符合现行有关国家标准的规定。

（11）站址不宜设在大气严重污秽地区和严重盐雾地区。必要时，应采取相应的防污染措施。

（12）站址的抗震设防烈度应符合《中国地震动参数区划图》（GB 18306—2015）的规定。站址位于地震烈度区分界线附近难以正确判断时，应进行烈度复核。抗震设防烈度为9度及以上地区不宜建设220～1000kV变电站。

（13）选择站址时宜充分利用就近城镇的公共设施，为职工生活提供方便。

（二）35～110kV变电站站址的选择

35～110kV变电站站址的选择应符合《工业企业总平面设计规范》（GB 50187—2012）的有关规定，并应符合下列要求：

（1）应靠近负荷中心。

（2）变电站选址应兼顾规划、建设、运行、施工等方面的要求，宜节约用地。

（3）应与城乡或工矿企业规划相协调，并应便于架空线路、电缆线路的引入和引出。

（4）交通运输应方便。

（5）周围环境宜无明显污秽；空气污秽时，站址宜设在受污染源影响最小处。

（6）变电站应避免与邻近设施之间的相互影响，应避开火灾、爆炸及其他敏感设施；与爆炸危险性气体区域邻近的变电站站址选择及其设计应符合《爆炸危险环境电力装置设计规范》（GB 50058—2014）的有关规定。

（7）应具有适宜的地质、地形和地貌条件，站址宜避免选在有重要文化或开采后对变电站有影响的矿藏地点；无法避免时，应征得有关部门的同意。

（8）站址标高宜在50年一遇高水位上；无法避免时，站区应有可靠的防洪措施或与地区（工业企业）的防洪标准相一致，并应高于内涝水位。

（9）变电站主体建筑应与周边环境相协调。

（三）35～220kV地下变电站站址的选择

（1）在城市电力负荷集中但地上变电站建设受到限制的地区，可结合城市绿地或运动场、停车场等地面设施独立建设地下变电站，也可结合其他工业或民用建（构）筑物共同建设地下变电站。

（2）地下变电站的站址选择应与城市市政规划部门紧密协调，统一规划地面道路、地下管线、电缆通道，以便于变电站设备运输、吊装和电缆线路的引入与引出。

（3）站址应具有建设地下建筑的适宜的水文、地质条件（如避开地震断裂带、塌陷区等不良地质构造）。站址应避免选择在地上或地下有重要文物的地点。

（4）选择站址时应考虑变电站与周围环境、邻近设施的相互影响。

（5）除了对站区外部设备运输道路的转弯半径、运输高度等限制条件进行校验外，还应注意校核邻近运输道路地下设施的承载能力。

五、变电站站址寻优

（一）变电站站址寻优问题的提出

配电网的规划、设计、施工、运行及管理都是在满足一定的技术前提下，以建设和改造投资少、运行费用低、电能损耗小为目标的。为了达到这些目标，需要考虑配电网的优化问题。寻求变电站最佳位置问题是配电网优化中需要解决的问题之一。

寻优变电站最佳位置问题，是在满足建设送电线路的总投资和使用期内的总运行费用最小时，确定变电站的最佳位置。下面以图 5-20 为例说明变电站最佳位置寻求问题。在图 5-20 中，1 为 220/110kV 变电站，6 为 110/35kV 变电站，1—6 为 110kV 线路，2—6、3—6、4—6、5—6 为 35kV 线路。

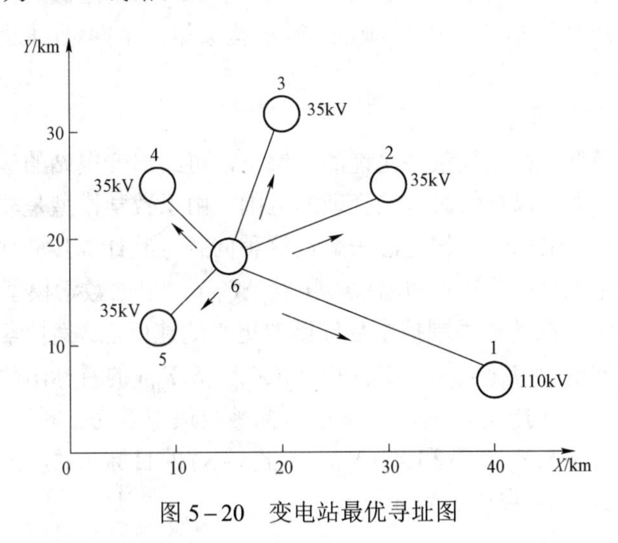

图 5-20　变电站最优寻址图

（二）变电站数学模型的建立

问题的第二步则是着手建立数学模型，现设第 i 个变电站的横坐标为 X_i，纵坐标为 Y_i。要使送电线路建设的总投资和其在使用期内的总运行费最小，故其模型是

$$\begin{aligned}\min F &= \sum_{i=1}^{N} P_i L_i \\ &= \sum_{i=1}^{N} P_i \sqrt{(X_i - X)^2 + (Y_i - Y)^2} \\ &= \sum_{i=1}^{N} (C\beta T + E\alpha T)\sqrt{(X_i - X)^2 + (Y_i - Y)^2}\end{aligned} \tag{5-1}$$

式中　L_i ——35kV 变电站所在位置到各负荷点（包括电源）的距离，km;

P_i ——35kV 变电站到各个负荷点（包括电源）每千米投资和运行费用总和，元/km;

T ——送电线路的使用年限，年;

C ——每千米送电线路的造价，元/km;

E ——送电线路每千米的年电能损失，kWh/（km • 年）;

α ——计算电价，元/kWh;

β ——送电线路的折旧率。

上述问题只有目标函数的表达式，而没有约束条件的表达式，这种问题称为无约束的优化问题。

（三）变电站站址寻优分析

1. 步长加速法

步长加速法是一种解决优化问题的直接法。首先，选定某一基点 B_1 作为初始近似点，并且计算出目标函数在该点的值 $f(B_1)$。然后，沿某个方向，以一定的步长 $\varDelta_i$ 进行搜索，

比较目标函数值 $f(B_1)$ 和 $f(B_1-\Delta_i)$、$f(B_1+\Delta_i)$ 的大小，以最小者为新的出发点；在另一方向进行同样的搜索。如此，向各个方向轮流搜索一遍，并以目标函数中最小的点压作为第二个基点。

于是，B_1 到 B_2 构成一个向量，则从艮向氏移动时 B_2 点附近做同样的搜索，得出目标函数最小的点 B_3，B_3 作为第三个基点，则 B_2 到 B_3 构成第二个向量，再把该向量延长一倍，如此进行搜索和加速。

2. 变电站位置的确定

这里所给出的模型，在地理条件允许的情况下，可给出变电站的最佳位置；在地理条件不允许的情况下，也可以提供大体上合理的范围。由于数学模型是非线性的，故这种问题是非线性规划问题，采用步长加速法来解决这种问题，其计算步骤如下。

（1）在拟建变电站区任取一个初始点 $A_1(X_{A1},X_{A1})$，根据数学模型，可以计算出该点的目标函数 F_{A1}，然后，在此点周围搜索目标函数更小的建所点。其搜索办法如下：计算 A_1 点周围沿 X 轴方向的两点 $A_{11}(X_{A1}+S,Y_{A1})$ 和 $A_{12}(X_{A1}-S,Y_{A1})$ 的目标函数，其中 S 为搜索步长，如图 5-21 所示。选择 A_1、A_{11}、A_{12} 中目标函数最小者为临时基点，如 A_{11}，再沿 Y 方向计算两点 $A_{13}(X_{A1}+S,Y_{A1}+S)$ 和 $A_{14}(X_{A1}-S,Y_{A1}-S)$ 的目标函数，选择 A_{13}、A_{14}、A_{11} 中目标函数最小者，如 A_{13}，令该点为 A_2。

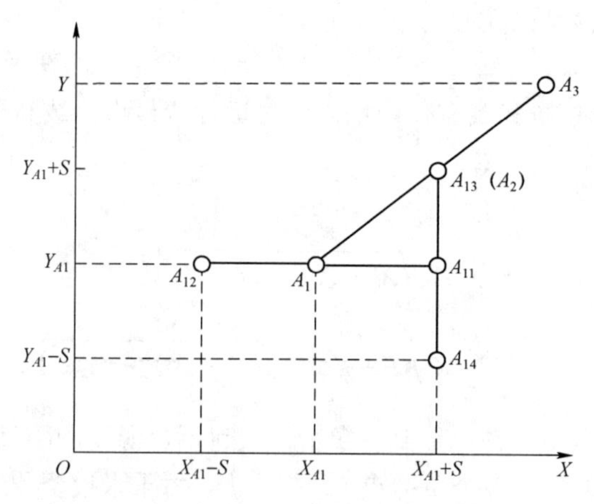

图 5-21　变电站最佳位置搜索过程图

（2）连接 A_1A_2，并将 A_1A_2 沿 A_2 方向延至 A_3，使 $A_1A_2=A_2A_3$，计算 A_3 的目标函数 F_{A3}，如果 $F_{A3}\leqslant F_{A2}$，则以 A_3 作为新基点，重复上述步骤。

（3）如果在搜索过程中 A_1、A_2 重合，则可以将步长缩小，在 A_1 点附近搜索。这样，逐渐减小步长，直至 S 小于精度允许的范围 S_1 为止，此时得到的 A_1 或 A_2 点即所求的变电站最佳位置，其流程如图 5-22 所示。

变电站的布点是电源安排的保证，要按照最终规模、所选位置面积和出现走廊或者电缆通道来考虑。变电站建设和规划需要节约用地，并且尽量在负荷中心。

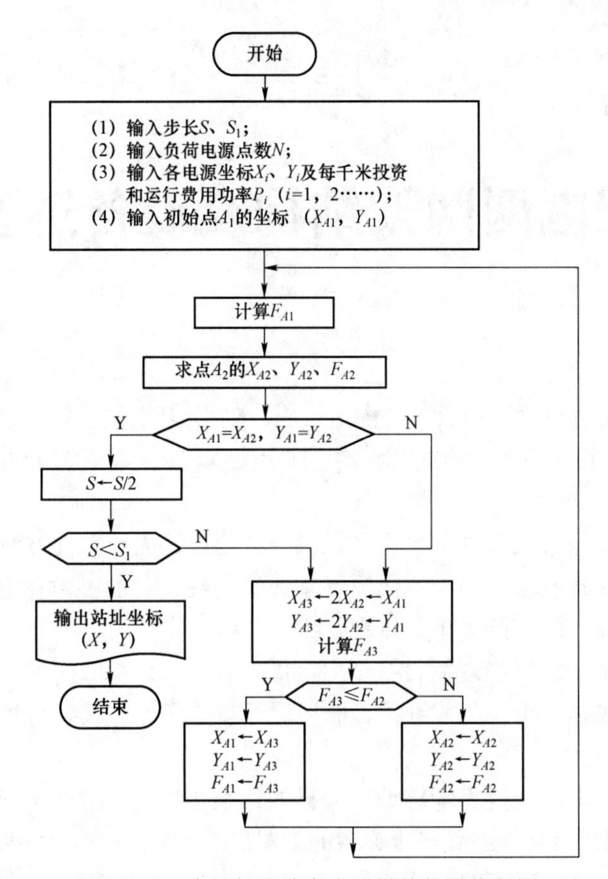

图 5-22 步长加速法变电站最佳位置流程图

第六章

配电网网架结构及设备选型

配电系统设施可以分为变电设施、配电设施、电力线路设施等。变电设施包括变电站、开关站；配电设施包括配电室、箱式变压器、柱上变压器台；电力线路包括架空线路及电力电缆。

配电网设施建设与市政条件关系紧密，对于规划设计人员，一方面需要掌握配电设施的建设形式及实施方式要求，另一方面需要掌握配电网设备的参数情况。

配电网设备选择一般按照如下原则：

（1）配电网设备的选择应遵循设备全生命周期管理的理念，坚持安全可靠、经济实用的原则，采用技术成熟、少（免）维护、低损耗、节能环保、具备可扩展功能的设备，所选设备应通过入网检测。

（2）配电网设备选型应遵循考虑地区差异的标准化原则。对于不同地区，应根据供电区域的类型、供电需求及环境条件确定设备的配置标准。在供电可靠性要求较高、环境条件恶劣（高海拔、高寒、盐雾、污秽严重等）及灾害多发的区域，宜适当提高设备的配置标准。

（3）配电网设备应有较强的适应性。变压器容量、导线截面、开关遮断容量应留有合理裕度，保证设备在负荷波动或转供时满足运行要求。

（4）配电网设备选型应实现标准化、序列化。在同一供电地区，高压配电线路、主变压器、中压配电线路（主干线、分支线、次分支线）、配电变压器、低压线路的选型，应根据电网网络结构、负荷发展水平综合统一确定，并构成合理的序列。

（5）配电网设备选型和配置应适应智能配电网的发展要求，在计划实施配电自动化的规划区域内，应同步考虑配电自动化的建设需求。

（6）配电网设备建设形式应综合考虑可靠性、经济性及实施条件等因素确定。

35kV 及以上设备与 10kV 及以下设备因电压等级不同，设备绝缘及其他参数差别大，各电压等级设备类型、尺寸及布置方式区别明显，以下将 35kV 及以上设备与 10kV 及以下设备分别介绍。

第一节　高压配电变压器

一、主变压器的分类

35～110kV 主变压器按绕组数可分为双绕组变压器和三绕组变压器；按调压方式可分

为无调压变压器、无励磁调压变压器和有载调压变压器；按冷却方式可分为自冷变压器、风冷变压器；按制造工艺可分为油浸式变压器、气体绝缘变压器和干式变压器。

二、变压器的电气参数

应综合考虑负荷密度、空间资源条件，以及上下级电网的协调和整体经济性等因素，确定变电站的供电范围及主变压器的容量序列。同一规划区域中，相同电压等级的主变压器单台容量规格不宜超过 3 种，同一变电站的主变压器宜统一规格。各类供电区域变电站推荐的容量配置如表 6－1 所示。

表 6－1　　各类供电区域变电站推荐的容量配置

电压等级/kV	供电区域类型	数量/台	单台容量/MVA
110	A+、A 类	3 或 4	63、50
	B 类	2 或 3	63、50、40
	C 类	2 或 3	50、40、31.5
	D 类	2 或 3	40、31.5、20
	E 类	1 或 2	20、12.5、6.3
66	A+、A 类	3 或 4	50、40
	B 类	2 或 3	50、40、31.5
	C 类	2 或 3	40、31.5、20
	D 类	2 或 3	20、10、6.3
	E 类	1 或 2	6.3、3.15
35	A+、A 类	2 或 3	31.5、20
	B 类	2 或 3	31.5、20、10
	C 类	2 或 3	20、10、6.3
	D 类	1 或 3	10、6.3、3.15
	E 类	1 或 2	3.15、2

注　1. 表中的主变压器低压侧为 10kV。
2. 对于负荷确定的供电区域，可适当采用小容量变压器。
3. A+、A、B 类区域中的 31.5MVA 变压器（35kV）适用于电源来自 220kV 变电站的情况。

依据《油浸式电力变压器技术参数》（GB/T 6451）、《干式电力变压器技术参数和要求》（GB/T 10228）的相关规定，35～110kV 常用主变压器设备规范及电气参数如表 6－2～表 6－12 所示。

表 6－2　　50～1600kVA 三相双绕组无励磁调压配电变压器

额定容量/kVA	电压组合及分接范围			联结组标号	空载损耗/kW	负载损耗/kW	空载电流/%	短路阻抗/%
	高压/kV	高压分接范围/%	低压/kV					
50	35	±5	0.4	Dyn11 Yyn0	0.21	1.27/1.21	2	6.5
100					0.29	2.12/2.02	1.8	
125					0.34	2.50/2.38	1.7	

续表

额定容量/kVA	电压组合及分接范围			联结组标号	空载损耗/kW	负载损耗/kW	空载电流/%	短路阻抗/%
	高压/kV	高压分接范围/%	低压/kV					
160	35	±5	0.4	Dyn11 Yyn0	0.36	2.97/2.83	1.6	
200					0.43	3.50/3.33	1.5	
250					0.51	4.16/3.96	1.4	
315					0.61	5.01/4.77	1.4	
400					0.73	6.03/5.76	1.3	
500					0.86	7.28/6.93	1.2	
630					1.04	8.28	1.1	
800					1.23	9.9	1	
1000					1.44	12.15	1	
1250					1.76	14.67	0.9	
1600					2.12	17.55	0.8	

注 1. 对于额定容量为 500kVA 及以下的变压器，斜线左侧的负载损耗值适用于 Dyn11 联结组，斜线右侧的负载值适用于 Yyn0 联结组。

2. 根据用户需要，可提供高压分接范围为±2×2.5%的变压器。

表 6-3　630～31 500kVA 三相双绕组无励磁调压电力变压器

额定容量/kVA	电压组合及分接范围			联结组标号	空载损耗/kW	负载损耗/kW	空载电流/%	短路阻抗/%
	高压/kV	高压分接范围/%	低压/kV					
630	35	±5	3.15 6.3 10.5	Yd11	1.04	8.28	1.1	6.5
800					1.23	9.9	1	
1000					1.44	12.15	1	
1250					1.76	14.67	0.9	
1600					2.12	17.55	0.8	
2000					2.72	19.35	0.7	
2500					3.2	20.7	0.6	
3150	35～38.5	±5	3.15 6.3 10.5		3.8	24.3	0.56	7
4000					4.52	28.8	0.56	
5000					5.4	33.03	0.48	
6300					6.56	36.9	0.48	7.5
8000	35～38.5	±2×2.5	3.15 3.3 6.3 6.6 10.5 11	YNd11	9	40.5	0.42	
10 000					10.88	47.7	0.42	
12 500					12.6	56.7	0.4	8
16 000					15.2	69.3	0.4	
20 000					18	83.7	0.4	
25 000					21.28	99	0.32	
31 500					25.28	118.8	0.32	

注 1. 额定容量为 6300kVA 及以下的变压器，可提供高压分接范围为±2×2.5 的产品。

2. 对于低压电压为 10.5kV 和 11kV 的变压器，可提供联结组标号为 Dyn11 的产品。

3. 额定容量为 3150kVA 及以上的变压器，－5%分接位置为自大电流分接。

表 6-4　　2000～20 000kVA 三相双绕组有载调压电力变压器

额定容量/kVA	电压组合及分接范围			联结组标号	空载损耗/kW	负载损耗/kW	空载电流/%	短路阻抗/%
	高压/kV	高压分接范围/%	低压/kV					
2000	35	±3×2.5	6.3 10.5	Yd11	2.88	20.25	0.8	6.5
2500					3.4	21.73	0.8	
3150	35～38.5	±3×2.5	6.3 10.5		4.04	26.01	0.72	7
4000					4.84	30.69	0.72	
5000					5.8	36	0.68	
6300					7.04	38.7	0.68	7.5
8000	35～38.5	±3×2.5	6.3 6.6	YNd11	9.84	42.75	0.6	
10 000					11.6	50.58	0.6	
12 500			10.5 11		13.68	59.85	0.56	8
16 000					16.46	74.02	0.54	
20 000					19.46	87.14	0.54	

注　1. 对于低压电压为 10.5kV 和 11kV 的变压器，可提供联结组标号为 Dyn11 的产品。

2. 最大电流分接为－7.5%分接位置。

表 6-5　　50～2500kVA 三相双绕组无励磁调压配电变压器

额定容量/kVA	电压组合			联结组标号	空载损耗/W	不同的绝缘耐热等级下的负载损耗/W			空载电流/%	短路阻抗/%
	高压/kV	高压分接范围/%	低压/kV			B（100℃）	F（120℃）	H（145℃）		
50	35～38.5	±5 ±2×2.5	0.4	Dyn11 Yyn0	500	1420	1500	1600	2.8	6
100					700	2080	2200	2350	2.4	
160					880	2790	2960	3170	1.8	
200					980	3300	3500	3750	1.8	
250					1100	3750	4000	4280	1.6	
315					1310	4480	4750	5080	1.6	
400					1530	5360	5700	6080	1.4	
500					1800	6570	7000	7450	1.4	
630					2070	7650	8100	8700	1.2	
800					2400	9000	9600	10 250	1.2	
1000					2700	10 400	11 000	11 800	1	
1250					3150	12 700	13 400	14 300	0.9	
1600					3600	15 400	16 300	17 400	0.9	
2000					4250	18 100	19 200	20 500	0.9	
2500					4950	21 700	23 000	24 600	0.9	

注　表中所列的负载损耗为括号内参考温度（见 GB 1094.11—2007 的规定）下的值。

表 6－6　　800～20 000kVA 三相双绕组无励磁调压电力变压器

额定容量/kVA	电压组合			联结组标号	空载损耗/W	不同的绝缘耐热等级下的负载损耗/W			空载电流/%	短路阻抗/%
	高压/kV	高压分接范围/%	低压/kV			B（100℃）	F（120℃）	H（145℃）		
800	35～38.5	±5 ±2×2.5	3.15 6 6.3 10 10.5 11	Dyn11 Yd11 Yyn0	2500	9400	9900	10 600	1.1	6
1000					2970	10 800	11 500	12 300	1.1	
1250					3480	12 800	13 600	14 500	1	
1600					4100	15 400	16 300	17 400	1	
2000					4700	18 100	19 200	20 600	0.9	7
2500					5400	21 700	23 000	24 600	0.9	
3150					6700	24 300	25 800	27 500	0.8	8
4000					7800	29 400	31 000	33 000	0.8	
5000					9300	34 700	36 800	39 300	0.7	
6300					11 000	40 500	43 000	45 900	0.7	
8000				Dyn11 Yd11 YNd11	12 600	45 700	48 500	51 900	0.6	9
10 000					14 400	55 500	58 500	62 600	0.6	
12 500			6 6.3 10 10.5 11		17 500	64 000	68 000	72 700	0.5	
16 000					21 500	75 500	80 000	84 800	0.5	
20 000					25 500	85 000	90 000	96 300	0.4	10

注　表中所列的负载损耗为括号内参考温度（见 GB 1094.11—2007 的规定）下的值。

表 6－7　　2000～20 000kVA 三相双绕组有载调压电力变压器

额定容量/kVA	电压组合			联结组标号	空载损耗/W	不同的绝缘耐热等级下的负载损耗/W			空载电流/%	短路阻抗/%
	高压/kV	高压分接范围/%	低压/kV			B（100℃）	F（120℃）	H（145℃）		
2000	35～38.5	±4×2.5	6 6.3 10 10.5 11	Dyn11 Yd11	5000	18 900	20 000	21 400	0.9	7
2500					5800	22 500	23 800	25 500	0.9	
3150					7000	25 300	26 800	28 700	0.8	
4000					8200	30 300	32 100	34 400	0.8	
5000					9700	35 800	38 000	40 600	0.7	8
6300					11 500	41 500	44 000	47 000	0.7	
8000					13 200	47 200	50 000	53 500	0.6	9
10 000					15 100	56 800	60 200	64 500	0.6	
12 500					18 300	67 000	70 000	76 000	0.5	
16 000					22 500	77 600	82 400	88 100	0.5	
20 000					26 500	87 500	92 700	99 200	0.4	10

注　表中所列的负载损耗为括号内参考温度（见 GB 1094.11—2007 的规定）下的值。

表 6-8　　6300～180 000kVA 三相双绕组无励磁调压电力变压器

额定容量/kVA	电压组合及分接范围		联结组标号	空载损耗/kW	负载损耗/kW	空载电流/%	短路阻抗/%
	高压/kV	低压/kV					
6300	110±2×2.5% 121±2×2.5%	6.3 6.6 10.5 11	YNd11	9.3	36	0.77	10.5
8000				11.2	45	0.77	
10 000				13.2	53	0.72	
12 500				15.6	63	0.72	
16 000				18.8	77	0.67	
20 000				22	93	0.67	
25 000				26	110	0.62	
31 500				30.8	133	0.6	
40 000				36.8	156	0.56	
50 000				44	194	0.52	
63 000				52	234	0.48	
75 000		13.8 15.75 18 20		59	278	0.42	12～14
90 000				68	320	0.38	
120 000				84.8	397	0.34	
150 000				100.2	472	0.3	
180 000				112.5	532	0.23	

注 1. －5%分接位置为最大电流分接。

2. 对于升压变压器，宜采用无分接结构，如运行有要求，可设置分接头。

表 6-9　　6300～63 000kVA 三相三绕组无励磁调压电力变压器

额定容量/kVA	电压组合及分接范围			联结组标号	空载损耗/kW	负载损耗/kW	空载电流/%	短路阻抗/%	
	高压/kV	中压/kV	低压/kV					升压	降压
6300	110±2×2.5% 121±2×2.5%	35 37 38.5	6.3 6.6 10.5 11	YNyn0d11	11.2	47	0.82	高－中 17.5～18.5 高－低 10.5 中－低 6.5	高－中 10.5 高－低 17.5～ 18.5 中－低 6.5
8000					13.3	56	0.78		
10 000					15.8	66	0.74		
12 500					18.4	78	0.7		
16 000					22.4	95	0.66		
20 000					26.4	112	0.65		
25 000					30.8	133	0.6		
31 500					36.8	157	0.6		
40 000					43.6	189	0.55		
50 000					52	225	0.55		
63 000					61.6	270	0.5		

注 1. 高、中、低压绕组容量分配为（100/100/100）%。

2. 根据需要，联结组标号可为 YNd11y10。

3. 根据用户要求，中压可选用不同于表中的电压值或没分接头。

4. －5%分接位置为最大电流分接。

5. 对于升压变压器，宜采用无分接结构，如运行有要求，可设置分接头。

表 6-10　6300～63 000kVA 三相双绕组有载调压电力变压器

额定容量/kVA	电压组合及分接范围		联结组标号	空载损耗/kW	负载损耗/kW	空载电流/%	短路阻抗/%
	高压/kV	低压/kV					
6300	110±8×1.25%	6.3 6.6 10.5 11	YNd11	10	36	0.8	10.5
8000				12	45	0.8	
10 000				14.2	53	0.74	
12 500				16.8	63	0.74	
16 000				20.2	77	0.69	
20 000				24	93	0.69	
25 000				28.4	110	0.64	
31 500				33.8	133	0.64	
40 000				40.4	156	0.58	
50 000				47.8	194	0.58	
63 000				56.8	234	0.52	

注　1. 有载调压变压器，暂提供降压结构产品。
2. 根据用户要求，可提供其他电压组合的产品。
3. －10%分接位置为最大电流分接。

表 6-11　6300～63 000kVA 三相三绕组有载调压电力变压器

额定容量/kVA	电压组合及分接范围			联结组标号	空载损耗/kW	负载损耗/kW	空载电流/%	短路阻抗/%
	高压/kV	中压/kV	低压/kV					
6300	110±8×1.25%	35 37 38.5	6.3 6.6 10.5 11	YNyn0d11	12	47	0.95	高－中 10.5 高－低 17.5～18.5 中－低 6.5
8000					14.4	56	0.95	
10 000					17.1	66	0.89	
12 500					20.2	78	0.89	
16 000					24.2	95	0.84	
20 000					28.6	112	0.84	
25 000					33.8	133	0.78	
31 500					40.2	157	0.78	
40 000					48.2	189	0.73	
50 000					56.9	225	0.73	
63 000					67.7	270	0.67	

注　1. 有载调压变压器，暂提供降压结构产品。
2. 高、中、低压绕组容量分配为（100/100/100）%。
3. 根据需要，联结组标号可为 YNd11y10。
4. －10%分接位置为最大电流分接。
5. 根据用户要求，中压可选用不同于表中的电压值或没分接头。

表 6－12 6300～63 000kVA 三相双绕组低压为 35kV 无励磁调压电力变压器

额定容量/kVA	电压组合及分接范围		联结组标号	空载损耗/kW	负载损耗/kW	空载电流/%	短路阻抗/%
	高压/kV	低压/kV					
6300	110±2×2.5% 121±2×2.5%	35 37 38.5	YNd11	10	39	0.84	10.5
8000				12	47	0.84	
10 000				14	55	0.78	
12 500				16.4	66	0.78	
16 000				19.6	81	0.72	
20 000				23.2	99	0.72	
25 000				27.4	116	0.67	
31 500				32.4	140	0.67	
40 000				38.6	164	0.61	
50 000				46.2	204	0.61	
63 000				54.6	245	0.56	

注 1. －5%分接位置为最大电流分接。
2. 对于升压变压器，宜采用无分接结构，如运行有要求，可设置分接头。

三、油浸变压器的过负荷能力

变压器具备一定短时过载能力，规划中考虑事故情况下变压器容量时，可利用变压器短时过负荷能力。依据《电力变压器运行规程》(DL/T 572)，正常方式及事故情况下的过负荷能力如下。

（一）正常运行方式下允许的过负荷

高峰负荷时，变压器正常允许的过负荷时间可参见表 6－13。

表 6－13 变压器正常允许的过负荷时间 h

过负荷倍数	过负荷前上层油温/℃					
	17	22	28	33	39	44
	允许连续运行					
1.05	5.5	5.25	4.5	4	3	1.3
1.1	3.5	3.25	2.5	2.1	1.25	0.1
1.15	2.5	2.25	1.5	1.2	0.25	
1.2	2.05	1.4	1.15	0.45		
1.25	1.35	1.15	0.5	0.25		
1.3	1.1	0.5	0.3			
1.35	0.55	0.35	0.15			
1.4	0.4	0.25				
1.45	0.25	0.1				
1.5	0.15					

（二）事故时允许的过负荷

事故时变压器允许的过负荷能力如表 6－14 所示。

表 6-14　　事故时变压器允许的过负荷能力

过负荷倍数		1.3	1.6	1.75	2	2.4	3
允许时间/min	户内	60	15	8	4	2	50（s）
	户外	120	45	20	10	3	1.5（s）

（三）冷却系统故障时变压器允许的过负荷

对于油浸风冷变压器，当冷却系统发生事故而切除全部风扇时，允许带额定负荷运行的时间不超过表 6-15 所规定的数值。

表 6-15　　风扇切除时变压器允许的过负荷时间

环境温度/℃	-15	-10	0	10	20	30
额定负荷下允许的最长时间/h	60	40	16	10	6	4

对于强迫油循环风冷及强迫油循环水冷的变压器，当发生事故而切除冷却系统时（对强迫油循环风冷指停止风扇及油泵，对强迫油循环水冷指停止水泵及油泵），在额定负荷下允许的运行时间如下：容量为 125MVA 及以下者为 20min，容量为 125MVA 以上者为 10min。

按上述规定，油面温度尚未到 75℃时，允许变压器继续运行，直到油面温度上升到 75℃为止。

第二节　高 压 配 电 线 路

一、架空线路

（一）架空线路的分类

35～110kV 常用架空线路包括铝绞线（符号 LJ）、钢芯铝绞线（符号 LGJ）、轻型钢芯铝绞线（符号 LGJQ）、加强型钢芯铝绞线（符号 LGJJ）等。

架空绝缘导线有铝芯和铜芯两种。在配电网中，铝芯导线应用比较多，主要原因是铝材比较轻，而且价格低，对线路连接件和支持件的要求低；铜芯导线主要作为变压器及开关设备的引下线。

35～110kV 架空线路推荐导线截面如表 6-16 所示。

表 6-16　　35～110kV 架空线路推荐导线截面

电压等级/kV	供电区域类型	导线截面积（mm^2）
110	A+、A 类	2×300、2×240、400、300
	B 类	2×240、400、300、240
	C 类	400、300、240、185
	D 类	300、240、185、150
	E 类	240、150

续表

电压等级/kV	供电区域类型	导线截面积（mm^2）
35	A+、A类	2×240、400、300、240、185
	B类	序列1：2×240、300、185 或序列2：400、240、150
	C类	240、185、150、120
	D类	185、150、120
	E类	150、120

注　2×300、2×240表示双分裂导线。

（二）架空线路极限输送容量

在设计中不应使预期的输送容量超过导线发热所能允许的数值。公式如下

$$W_{max}=3U_{N}I_{max} \tag{6-1}$$

式中　W_{max}——极限输送容量，MVA；

U_N——线路额定电压，kV（如已知线路实际电压U不等于额定电压U_N时，式中应采用U）；

I_{max}——导线持续允许电流，kA。

钢芯铝绞线长期允许载流量如表6-17所示。

表6-17　钢芯铝绞线长期允许载流量　A

导线型号	最高允许温度/℃		导线型号	最高允许温度/℃	
	70	80		70	80
LGJ-10		86	LGJ-25	130	138
LGJ-16	105	108	LGJ-35	175	183
LGJ-50	210	215	LGJQ-240	605	651
LGJ-70	265	260	LGJQ-300	690	708
LGJ-95	330	352	LGJQ-300（1）		721
LGJ-95（1）		317	LGJQ-400	825	836
LGJ-120	380	401	LGJ-400（1）		857
LGJ-120（1）		351	LGJQ-500	945	932
LGJ-150	445	452	LGJQ-600	1050	1047
LGJ-185	510	531	LGJQ-700	1220	1159
LGJ-240	610	613	LGJJ-150	450	468
LGJ-300	690	755	LGJJ-185	515	539
LGJ-400	835	840	LGJJ-240	610	639
LGJQ-150	450	455	LGJJ-300	705	758
LGJQ-185	505	518	LGJJ-400	850	881

当周围温度不同时，应乘以修正系数，见表 6－18。表 6－18 中的周围空气温度应采用最高气温月的平均气温，由当地气象资料整理而得出。

表 6－18　温度修正系数

周围空气温度/℃	10	15	20	25	30	35	40
修正系数	1.15	1.11	1.05	1	0.94	0.88	0.81

（三）架空线路经济输送容量

导线的经济电流密度如表 6－19 所示。线路的经济输送容量（MVA）按经济电流密度计算求得，如表 6－20 和表 6－21 所示。

表 6－19　导线的经济电流密度　A/mm^2

导线材料	最大负荷利用小时数 T_{max}/h		
	＜3000	3000～5000	＞5000
铝线	1.65	1.15	0.9
铜线	3	2.25	1.75

表 6－20　35kV 线路经济输送容量　MVA

导线型号	经济电流密度		
	1.65	1.15	0.9
LGJ－35	3.5	2.4	1.9
LGJ－50	5	3.5	2.7
LGJ－70	7	4.9	3.8
LGJ－95	9.5	6.6	5.2
LGJ－120	12	8.4	6.5
LGJ－150	15	10.4	8.2
LGJ－185	18.5	12.9	10.1
LGJ－240	24	16.7	13.1
LGJ－300	30		

表 6－21　110kV 线路经济输送容量　MVA

导线型号	经济电流密度		
	1.65	1.15	0.9
LGJ－35	11		
LGJ－50	15.7		
LGJ－70	22	15.3	12
LGJ－95	29.9	20.8	16.3
LGJ－120	37.7	26.3	20.6
LGJ－150	47.2	32.8	25.6
LGJ－185	58.2	40.5	31.7

续表

导线型号	经济电流密度		
	1.65	1.15	0.9
LGJ－240	75.4	52.5	41.1
LGJ－300	94.3	55.7	51.4

二、电缆线路

（一）电力电缆的分类

电力电缆根据不同用途可分为高压自容式充油电力电缆、橡皮绝缘电力电缆、聚氯乙烯绝缘电力电缆、交联聚乙烯绝缘电力电缆、乙丙绝缘电力电缆等。

1. 高压自容式充油电力电缆

高压自容式充油电力电缆具有耐电压强度高、性能稳定、使用寿命长等优点，一般在110kV变电装置中及城市、机场供电系统中广泛应用。

2. 橡皮绝缘电力电缆和聚氯乙烯（PVC）绝缘电力电缆

橡皮绝缘电力电缆和聚氯乙烯（PVC）绝缘电力电缆主要用于固定敷设交流 50Hz、额定电压6kV及以下输配电线路。聚氯乙烯绝缘电力电缆具有耐酸、耐碱、耐盐和耐化学腐蚀等性能。

3. 交联聚乙烯绝缘电力电缆

交联聚乙烯绝缘电力电缆是利用化学或物理方法，使聚乙烯分子由直链状线型分子结构变为三度空间网状结构。交联后，电力电缆的力学性能、热老化性能和耐环境应力的能力得到大幅度提高，使电缆具有优良的电气性能和耐化学腐蚀性，结构简单，使用方便，外径小，质量轻，不受敷设落差限制。交联聚乙烯绝缘电力电缆的长期使用工作温度较纸绝缘电力电缆、聚氯乙烯绝缘电力电缆高，且载流量大，适用于交流50Hz、额定电压1～110kV的输配电系统，并可逐步取代常规的纸绝缘电力电缆。

电缆线芯允许的长期工作温度为：铜、铝导体应不超过90℃，金属屏蔽导体应不超过80℃，短路时铜、铝导体不应超过 250℃，金属屏蔽导体应不超过 300℃。对于存在较大短路电流的电网，选择该电缆时，应考虑到电缆应具有足够的短路容量。电缆的允许短路电流I_k按下式计算

$$I_k = \frac{k}{\sqrt{t}}S \tag{6-2}$$

式中 I_k ——允许短路电流，kA；

t ——短路时间，s；

S ——导体、金属屏蔽导体的标称截面，mm^2；

k ——不同材料对应系数，铝导体对应k=0.095，铜导体对应k=0.143，金属屏蔽导体对应k=0.2。

4. 乙丙绝缘电力电缆

乙丙绝缘电力电缆主要用于发电厂、核电站、地下铁道、高层建筑、石油化工等有阻燃防火要求的场合，用于输配电能。

（二）电力电缆型号

常用电力电缆的型号含义如表 6－22 所示。

表 6－22　常用电力电缆的型号含义

导体代号	绝缘代号	电缆特征	内护层代号	外护层代号
L—铝 T—铜 （T 一般不写）	Z—纸绝缘 X—橡皮绝缘 V—聚氯乙烯（PVC）绝缘 Y—聚乙烯（PE）绝缘 YJ—交联聚乙烯（XLPE）绝缘 ZR—乙丙绝缘	F—分相 D—不滴流 CY—充油	Q—铅包 L—铝包 V—聚氯乙烯护套	02—PVC 外护套 03—PE 外护套 20—裸钢带铠装 22—钢带铠装 PVC 护套 23—钢带铠装、PE 护套 30—裸细钢丝铠装 32—细钢丝铠装、PVC 护套 33—细钢丝铠装、PE 护套 42—粗钢丝铠装、PVC 护套

（三）电缆截面选择

35～110kV 电缆线路导线截面推荐表如表 6－23 所示。

表 6－23　35～110kV 电缆线路导线截面推荐表

电压等级/kV	供电区域类型	导线截面/mm²
110	A+、A 类	序列 1：1200、800、500； 或序列 2：1000、630
	B 类	序列 1：1000、630、400； 或序列 2：800、500、300
	C 类	500、400、300
	D、E 类	采用架空线路
35	A+、A 类	序列 1：800、500、300； 或序列 2：630、400、300
	B 类	序列 1：800、500、300、185； 或序列 2：630、400、240
	C 类	序列 1：300、185 或序列 2：240、150
	D、E 类	采用架空线路

导体最高允许温度按表 6－24 选择。

表 6－24　导体最高允许温度

绝缘类型	最高允许温度/℃	
	持续工作	短路暂态
交联聚乙烯	90	250

选择的电缆导体最小截面，应同时满足规划载流量和通过可能的最大短路电流时的热稳定性要求。

连接回路在最大工作电流作用下的电压降不得超过该回路允许值。

多根电缆并联时，各电缆应等长，并采用相同材质、相同截面的导体。土中直埋多根并行敷设时电缆载流量的校正系数见表 6－25，空气中单层多根并行敷设时电缆载流量的校正系数见表 6－26。

表 6－25　土中直埋多根并行敷设时电缆载流量的校正系数

根数		1	2	3	4	5	6
电缆之间间距/mm	100	1	0.9	0.85	0.8	0.78	0.75
	200	1	0.92	0.87	0.84	0.82	0.81
	300	1	0.93	0.9	0.87	0.86	0.85

表 6－26　空气中单层多根并行敷设时电缆载流量的校正系数

并列根数		1	2	3	4	5	6
电缆中心距	$s=d$	1	0.9	0.85	0.82	0.81	0.8
	$s=2d$	1	1	0.98	0.95	0.93	0.9
	$s=3d$	1	1	1	0.98	0.97	0.96

注　s 为电缆中心间距离，d 为电缆外径；本表按全部电缆具有相同外径条件制定，当并列敷设时的电缆外径不同时，d 值可近似地取电缆外径的平均值。

第三节　中压配电线路

一、架空线路

（一）架空线路的分类

10kV 架空线路常用的导线有裸导线和绝缘电线。架空线路按导线的结构可分为单股导线、多股导线及空芯导线；按导线的使用材料分为铜电线、铝导线、钢芯铝导线、铝合金导线和钢导线等。送、配电架空线路采用多股裸导线，低压配电架空线路可使用单股裸铜导线。常用的裸导线有裸铜导线（TJ）、裸铝导线（LJ）、钢芯铝绞线（LGJ、LGJQ、LGJJ）、铝合金导线（HLJ）及钢导线（GJ）等。

架空绝缘导线有铝芯和铜芯两种。在配电网中，铝芯导线应用比较多，铜芯主要作为变压器及开关设备的引下线。绝缘导线主要应用于多树木地方、多飞飘金属灰尘及多污染地区、盐雾地区及多雷电地区等。架空电缆主要包括钢芯铝交联聚乙烯绝缘架空电缆（JKLGYJ）、铜芯交联聚乙烯绝缘架空电缆（JKYJ）、软铜芯交联聚乙烯绝缘架空电缆（JKTRYJ）等主要几种，后者主要用于变压器下引线。

（二）架空线路极限输送容量

在设计中不应使预期的输送容量超过导线发热所能允许的数值。公式如下

$$W_{max} = 3U_N I_{max} \tag{6-3}$$

式中　W_{max} ——极限输送容量，MVA；

U_N ——线路额定电压，kV（如已知线路实际电压 U 不等于额定电压 U_N 时，式中

应采用U）；

I_{max}——导线持续允许电流，kA。

钢芯铝绞线长期允许载流量如表6－27所示。

表6－27　钢芯铝绞线长期允许载流量　A

导线型号	最高允许温度/℃		导线型号	最高允许温度/℃	
	70	80		70	80
LGJ－10		86	LGJ－25	130	138
LGJ－16	105	108	LGJ－35	175	183
LGJ－50	210	215	LGJQ－240	605	651
LGJ－70	265	260	LGJQ－300	690	708
LGJ－95	330	352	LGJQ－300（1）		721
LGJ－95（1）		317	LGJQ－400	825	836
LGJ－120	380	401	LGJ－400（1）		857
LGJ－120（1）		351	LGJQ－500	945	932
LGJ－150	445	452	LGJQ－600	1050	1047
LGJ－185	510	531	LGJQ－700	1220	1159
LGJ－240	610	613	LGJJ－150	450	468
LGJ－300	690	755	LGJJ－185	515	539
LGJ－400	835	840	LGJJ－240	610	639
LGJQ－150	450	455	LGJJ－300	705	758
LGJQ－185	505	518	LGJJ－400	850	881

当周围温度不同时，应乘以修正系数，见表6－28。表6－28中的周围空气温度应采用最高气温月的平均气温，由当地气象资料整理而得出。

表6－28　温度修正系数

周围空气温度/℃	10	15	20	25	30	35	40
修正系数	1.15	1.11	1.05	1	0.94	0.88	0.81

（三）架空线路经济输送容量

线路的经济输送容量（MVA）按经济电流密度（见表6－29）计算求得。10kV线路经济输送容量如表6－30所示。

表6－29　经济电流密度表　A/mm^2

导线材料	最大负荷利用小时数T_{max}/h		
	＜3000	3000～5000	＞5000
铝线	1.65	1.15	0.9
铜线	3	2.25	1.75

表 6-30　**10kV 线路经济输送容量**　MVA

导线型号	经济电流密度/（A/mm²）		
	1.65	0.7	0.5
LGJ-35	1	1	0.8
LGJ-50	1.4	1.4	1.1
LGJ-70	2	1.9	1.5
LGJ-95	2.7	2.4	1.9
LGJ-120	3.4	3	2.3
LGJ-150	4.3	3.7	2.9
LGJ-185	5.3	4.8	3.7
LGJ-240	6.9	6	4.7
LGJ-300	8.6	8	6.2
LGJ-400	11.4	10	7.8
LGJ-500	14.3	0.7	0.5

二、电缆线路

（一）电力电缆的分类

电力电缆根据不同用途可分为高压自容式充油电力电缆、橡皮绝缘电力电缆、聚氯乙烯绝缘电力电缆、交联聚乙烯绝缘电力电缆、乙丙绝缘电力电缆等。

1. 高压自容式充油电力电缆

高压自容式充油电力电缆具有耐电压强度高、性能稳定、使用寿命长等优点，一般在110kV 变电装置中及城市、机场供电系统中广泛应用。

2. 橡皮绝缘电力电缆和聚氯乙烯（PVC）绝缘电力电缆

橡皮绝缘电力电缆和聚氯乙烯（PVC）绝缘电力电缆主要用于固定敷设交流 50Hz、额定电压 6kV 及以下输配电线路。聚氯乙烯绝缘电力电缆具有耐酸、耐碱、耐盐和耐化学腐蚀等性能。

3. 交联聚乙烯绝缘电力电缆

交联聚乙烯绝缘电力电缆是利用化学或物理方法，使聚乙烯分子由直链状线型分子结构变为三度空间网状结构。交联后，电力电缆的力学性能、热老化性能和耐环境应力的能力得到大幅度提高，使电缆具有优良的电气性能和耐化学腐蚀性，结构简单，使用方便，外径小，质量轻，不受敷设落差限制。交联聚乙烯绝缘电力电缆的长期使用工作温度较纸绝缘电力电缆、聚氯乙烯绝缘电力电缆高，且载流量大，适用于交流 50Hz、额定电压 1～110kV 的输配电系统，并可逐步取代常规的纸绝缘电力电缆。

电缆线芯允许的长期工作温度为：铜、铝导体应不超过 90℃，金属屏蔽导体应不超过80℃，短路时铜、铝导体不应超过 250℃，金属屏蔽导体应不超过 300℃。对于存在较大短路电流的电网，选择该电缆时，应考虑到电缆应具有足够的短路容量。电缆的允许短路电流 I_k 按下式计算

$$I_k = \frac{k}{\sqrt{t}}S \tag{6-4}$$

式中 I_k ——允许短路电流，kA；

t ——短路时间，s；

S ——导体、金属屏蔽导体的标称截面，mm²；

k ——不同材料对应系数，铝导体对应 k=0.095，铜导体对应 k=0.143，金属屏蔽导体对应 k=0.2。

4. 乙丙绝缘电力电缆

乙丙绝缘电力电缆主要用于发电厂、核电站、地下铁道、高层建筑、石油化工等有阻燃防火要求的场合，用于输配电能。

（二）电力电缆型号

常用电力电缆的型号含义如表 6－31 所示。

表 6－31　　常用电力电缆的型号含义

导体代号	绝缘代号	电缆特征	内护层代号	外护层代号
L—铝 T—铜 （T 一般不写）	Z—纸绝缘 X—橡皮绝缘 V—聚氯乙烯（PVC）绝缘 Y—聚乙烯（PE）绝缘 YJ—交联聚乙烯（XLPE）绝缘 ZR—乙丙绝缘	F—分相 D—不滴流 CY—充油	Q—铅包 L—铝包 V—聚氯乙烯护套	02—PVC 外护套 03—PE 外护套 20—裸钢带铠装 22—钢带铠装 PVC 护套 23—钢带铠装、PE 护套 30—裸细钢丝铠装 32—细钢丝铠装、PVC 护套 33—细钢丝铠装、PE 护套 42—粗钢丝铠装、PVC 护套

10kV 电力电缆线路一般选用三芯电缆，电力电缆型号、名称及其适用范围如表 6－32 所示。

表 6－32　　10kV 电力电缆型号、名称及其适用范围

型号		名　称	适用范围
铜芯	铝芯		
YJV	YJLV	交联聚乙烯绝缘聚氯乙烯护套电力电缆	敷设在室内外，隧道内需固定在托架上，排管中或电缆沟中以及松散土壤中直埋，能承受一定牵引拉力但不能承受机械外力作用
YJY22	—	交联聚乙烯绝缘钢带铠装聚乙烯护套电力电缆	可土壤直埋敷设，能承受机械外力作用，但不能承受大的拉力
YJV22	YJLV22	交联聚乙烯绝缘钢带铠装聚氯乙烯护套电力电缆	同 YJY22 型

电缆绝缘屏蔽、金属护套、铠装、外护套宜按表 6－33 选择。

表 6－33　　10kV 电缆金属屏蔽、铠装、外护层选择

敷设方式	绝缘屏蔽或金属护套	加强层或铠装	外护层
直埋	软铜线或铜带	铠装（3 芯）	聚氯乙烯或聚乙烯
排管、电缆沟、电缆隧道、电缆工作井	软铜线或铜带	铠装/无铠装（3 芯）	

潮湿、含化学腐蚀环境或易受水浸泡的电缆，宜选用聚乙烯等类型材料的外护套。

保护管中的电缆，应具有挤塑外护层。

在电缆夹层、电缆沟、电缆隧道等防火要求高的场所宜采用阻燃外护层，根据防火要求选择相应的阻燃等级。

有白蚁危害的场所应采用金属铠装，或在非金属外护套外采用防白蚁护层。

有鼠害的场所宜采用金属铠装，或采用硬质护层。

有化学溶液污染的场所应按其化学成分采用相应材质的外护层。

（三）电缆截面选择

导体最高允许温度按表 6－34 选择。

表 6－34　导体最高允许温度选择

绝缘类型	最高允许温度/℃	
	持续工作	短路暂态
交联聚乙烯	90	250

选择的电缆导体最小截面，应同时满足规划载流量和通过可能的最大短路电流时的热稳定性要求。

连接回路在最大工作电流作用下的电压降不得超过该回路允许值。

选择电缆导体截面应结合敷设环境来考虑，10kV 常用电缆可根据 10kV 交联电缆载流量（见表 6－35），结合考虑不同环境温度、不同管材热阻系数、不同土壤热阻系数及多根电缆并行敷设时等各种载流量校正系数（见表 6－36～表 6－39）来综合计算。

多根电缆并联时，各电缆应等长，并采用相同材质、相同截面的导体。

表 6－35　10kV 交联电缆载流量

10kV 交联电缆载流量		电缆允许持续载流量/A			
绝缘类型		交联聚乙烯			
钢铠护套		无		有	
缆芯最高工作温度/℃		90			
敷设方式		空气中	直埋	空气中	直埋
缆芯截面/mm²	35	123	110	123	105
	70	178	152	173	152
	95	219	182	214	182
	120	251	205	246	205
	150	283	223	278	219
	185	324	252	320	247
	240	378	292	373	292
	300	433	332	428	328
	400	506	378	501	374
环境温度/℃		40	25	40	25
土壤热阻系数/（℃·m/W）		—	2	—	2

注　适用于铝芯电缆，铜芯电缆的允许载流量值可乘以 1.29。

缆芯工作温度大于90℃时，计算持续允许载流量时，应符合下列规定：数量较多的该类电缆敷设于未装机械通风的隧道、竖井时，应计入对环境温升的影响；电缆直埋敷设在干燥或潮湿土壤中，除实施换土处理能避免水分迁移的情况外，土壤热阻系数取值不小于2.0℃·m/W。

对于1000m＜海拔≤4000m的高海拔地区，每增高100m，气压降低0.8～1kPa，应充分考虑海拔对电缆允许载流量的影响，建议结合实际条件进行相应折算。

表6-36　10kV电缆在不同环境温度时的载流量校正系数

环境温度/℃		空气中				土壤中			
		30	35	40	45	20	25	30	35
缆芯最高工作温度/℃	60	1.22	1.11	1	0.86	1.07	1	0.93	0.85
	65	1.18	1.09	1	0.89	1.06	1	0.94	0.87
	70	1.15	1.08	1	0.91	1.05	1	0.94	0.88
	80	1.11	1.06	1	0.93	1.04	1	0.95	0.9
	90	1.09	1.05	1	0.94	1.04	1	0.96	0.92

表6-37　不同土壤热阻系数时10kV电缆载流量的校正系数

土壤热阻系数/（℃·m/W）	分类特征（土壤特性和雨量）	校正系数
0.8	土壤很潮湿，经常下雨，如相对湿度大于9%的沙土、相对湿度大于10%的沙、泥土等	1.05
1.2	土壤潮湿，规律性下雨，如相对湿度大于7%但小于9%的沙土、相对湿度为12%～14%的沙、泥土等	1
1.5	土壤较干燥，雨量不大，如相对湿度为8%～12%的沙、泥土等	0.93
2	土壤干燥，少雨，如相对湿度大于4%但小于7%的沙土、相对湿度为4%～8%的沙、泥土等	0.87
3	多石地层，非常干燥，如相对湿度小于4%的沙土等	0.75

表6-38　土中直埋多根并行敷设时电缆载流量的校正系数

根数		1	2	3	4	5	6
电缆之间净距/mm	100	1	0.9	0.85	0.8	0.78	0.75
	200	1	0.92	0.87	0.84	0.82	0.81
	300	1	0.93	0.9	0.87	0.86	0.85

表6-39　空气中单层多根并行敷设时电缆载流量的校正系数

并列根数		1	2	3	4	5	6
电缆中心距	$s=d$	1	0.9	0.85	0.82	0.81	0.8
	$s=2d$	1	1	0.98	0.95	0.93	0.9
	$s=3d$	1	1	1	0.98	0.97	0.96

注　s为电缆中心间距离，d为电缆外径；本表按全部电缆具有相同外径条件制定，当并列敷设时的电缆外径不同时，d值可近似地取电缆外径的平均值。

第四节 配 电 设 备

一、10kV 配电室

带有低压负荷的室内配电场所称为配电室，主要用于为低压用户配送电能，设有中压进线（可有少量出线）、配电变压器和低压配电装置。

（一）配电室的建设原则

配电室分为用户配电室和小区配电室。其中，用户配电室主要针对非居民用户，由用户自行运行维护，适用于 10kV 用户；小区配电室主要针对居民用户，由电力公司运行维护。

（二）配电室的建设要求

配电室适用于住宅群、市区，设置时应靠近负荷中心，宜采用高压供电到楼的方式。

配电室的建设应符合以下要求。

（1）配电室一般独立建设。在繁华区和城市建设用地紧张地段，为减少占地、与周围建筑相协调，可结合开关站共同建设。

（2）配电变压器宜选用干式，并采取屏蔽、减振、防潮措施。

（3）配电室原则上设置在地面以上，受条件所限必须进楼时，可设置在地下一层，但不宜设置在最底层。必须做到：如果有负二层及以下，配电室设置负一层；如果仅有负一层，配电室地面高度应比负一层地面高 1m 以上，地下层内应有排水设施。

（4）对于超高层住宅，为了确保供电半径符合要求，必要时配电室应分层设置，除底层、地下层外，可根据负荷分布分设在顶层、避难层、机房层等处。

（5）新建居住区配电室应根据规划负荷水平配套建设，按“小容量、多布点”的原则设置，不提倡大容量、集中供电方式，宜根据供电半径分散设置独立配电室。

（三）配电室的设置标准

配电室一般配置双路电源，10kV 侧一般采用环网开关，220/380V 侧为单母线分段接线。变压器接线组别一般采用 Dyn11，单台容量不宜超过 1000kVA。

小区居民住宅采用集中供电的配电室供电时，每个小区配电室供电的建筑面积不应超过 5 万 m^2。

现有小区配电变压器应随负荷增长，向缩小低压供电半径的方向改造。当配电网需要新增配电变压器时，可将电源线路破口或者自配电室引出线方式接入。

（四）配电室的设备配置

高压开关柜一般采用负荷开关柜或断路器柜，主变压器出线回路采用负荷开关加熔断器组合柜。0.38kV 开关柜可采用固定式低压成套柜和抽屉式低压成套柜。配电室宜采用绝缘干式变压器，不宜采用非包封绝缘产品（独立户内式配电室可采用油浸式变压器，大楼建筑物非独立式站或地下式配电室内变压器应采用干式变压器）。配电室应留有配网自动化接口。配网自动化装置具有电气量的转接功能，通过光缆与中心站沟通，传送和执行负荷开关遥控、位置状态遥信、电流电压遥测的功能，同时还可以传输辅助信号。

二、10kV 配电变压器

配电变压器按绝缘介质可分为油浸式变压器（简称“油变”）、干式变压器（简称“干变”）。

（一）常用容量及主要技术参数

10kV 全密封油浸式变压器容量采用 10、30、50、100、200、315、400、500、630、1250kVA。

10kV 干式变压器容量采用 30、50、315、400、500、630、800、1000、1250、1600、2000、2500kVA。

10kV 非晶合金变压器容量采用 100、200、315、400、500、630kVA。

（二）选型原则

配电变压器的选型应以变压器整体的可靠性为基础，综合考虑技术参数的先进性和合理性，结合损耗评价方式，提出技术经济指标，同时考虑可能对系统安全运行、运输和安装空间方面的影响。

（1）柱上三相油浸式变压器容量不超过 400kVA；独立建筑配电室内的单台油浸式变压器容量宜不大于 630kVA。

（2）干式变压器应采取减振、降噪、屏蔽等措施。

（3）城区或供电半径较小地区的变压器额定变压比采用 10.5kV±5×（2×2.5）%/0.4kV 或 10.5kV（－3+1）×2.5%/0.4kV，郊区或供电半径较大、布置在线路末端的变压器额定变压比采用 10kV±5×（2×2.5）%/0.4kV。

（4）在非噪声敏感区、最高负荷相对平稳且平均负载率低、轻（空）载运行时间长的供电区域，应优先采用非晶合金配电变压器供电。

（5）在城市间歇性供电区域或其他周期性负荷变化较大的供电区域，如城市路灯照明、小型工业园区的企业、季节性灌溉等用电负荷，应结合安装环境优先采用调容配电变压器供电。

（6）在日间负荷峰谷变化大或电压要求较高的供电区域，应结合安装环境优先采用有载调压配电变压器供电。变压器应选用高效节能环保型（低损耗低噪音）产品，如另有要求，应由用户与制造厂协商，并在合同中规定。

（7）对于供电半径较长、末端电源变化过大的线路，可在线路中间或末端加装自耦调压变压器，并自动调节负荷侧电压。

（三）适用条件说明

1. *油浸式变压器*

10～400kVA 油浸式配电变压器适用于户外柱上安装，10～100kVA 小容量配电变压器适用于农村等地区，100～400kVA 变压器适用于城乡结合及无法新建配电室及箱式变压器的老城区等地区。

独立户内配电室可采用油浸式变压器，油浸式变压器安装于配电室内时，配电室须是地上一层的独立建筑物，每台油浸式变压器单独占用变压器室，变压器室需考虑变压器通风、散热与防火要求。

在农业灌溉或周期性负荷波动且用电量变化较大的用电区域，宜优先考虑调容变压器。

2. 干式变压器

30～50kVA 干式变压器宜安装于开闭所等配电建筑物内，作为所用电源为自动化装置、环境检测系统及照明通风设备供电。

315～2500kVA 干式配电变压器宜安装于公共建筑物及非独立式建筑物内，安装时需要考虑变压器的防火、通风、散热要求及噪声对周边环境的影响。1250kVA 及以上的干式配电变压器应单独安装于变压器室，并以通风方式进行散热。

3. 非晶合金变压器

非晶合金变压器的空载损耗比同容量的普通硅钢配电变压器低，在年平均负载率低于 20%和近空载运行时间较长（如路灯、纯居民、农网用电等）的配电台区应用节能效果显著。

非晶合金变压器噪声一般比同容量的普通硅钢配电变压器高，对噪声要求较严格的场所，应明确提出声级限值要求，使厂家在非晶合金变压器的设计、制造等相应环节采取技术措施加以控制，或用户自行采取有效的隔音措施。

非晶合金变压器如与其他变压器并列运行，应满足变压器并列运行条件。

三、10kV 箱式变电站

箱式变电站是将 10kV 开关、配电变压器、380/220V 配电装置等设备共同安装于一个封闭箱体内的户外配电装置，也称预装式变电站或组合式变电站。

箱式变压器可以分为欧式和美式，美式的采用共箱式品字形结构，欧式的采用品字形结构或目字形结构。品字形结构正前方设置高、低压室，后方设置变压器室。目字形结构两侧设置高、低压室，中间设置变压器室。从体积上看，欧式箱式变压器由于内部安装常规开关柜及变压器，产品体积较大。美式箱式变压器由于采用一体化安装，产品体积较小。

（一）箱式变电站的建设要求

箱式变电站一般用于配电室建设、改造困难的情况，如架空线路入地改造地区、配电室无法扩容改造的场所，以及施工用电、临时用电等，其单台变压器容量一般不宜超过 630kVA。

（二）箱式变电站的设置标准

箱式变电站一般采用终端方式运行方式，也可采用单环网接线、开环方式运行方式。主变压器采用 S11 型及以上全密封油浸式三相变压器或非晶合金变压器，接线组别宜采用 Dyn11，容量为 315、400、500、630kVA。欧式箱式变压器高压开关单元一般采用 SF_6 负荷开关柜或充气柜，主变压器高压侧出线开关采用负荷开关加熔断器组合电器，开关宜使用三工位负荷开关，熔断器采用撞针式限流熔断器，配置电缆故障指示器。美式箱式变压器的高压侧采用四工位负荷开关（环网型）或二工位负荷开关（终端型），变压器带两级熔断器保护，进出线电缆头处均应配备带电显示器。电容无功补偿装置宜布置在箱体内，补偿容量按照变压器容量的 10%～30%进行配置。箱式变电站 10kV 进出线应加装接地及短路故障指示器，有条件时还可安装配电自动化终端。

四、10kV 开关站

（一）开关站的功能

开关站是设有 10kV 配电进出线、对功率进行再分配的配电设施，实现对变电站母线的扩展和延伸。通过建设开关站，一方面能够解决变电站进出线间隔有限或进出线走廊受限的问题，发挥电源支撑的作用；另一方面能够解决变电站 10kV 出线开关数量不足的问题，充分利用电缆设备容量，减少相同路径的电缆条数，使馈电线路多分割、小区段，提高互供能力及供电可靠性，为客户提供可靠的电源。

（二）开关站的设置标准

开关站宜建于负荷中心区，一般配置双电源，分别取自不同变电站或同一座变电站的不同母线。

开关站接线应简化，一般采用单母线分段接线，双路电源进线，一般馈电出线为 6～12 路，出线断路器带保护。

开关站应按配电自动化要求设计并留有发展余地。

五、10kV 柱上变压器

（一）柱上变压器的设置原则

柱上变压器为安装在电杆上的户外式配电变压器。柱上配电变压器应按“小容量、密布点、短半径”的原则配置，应尽量靠近负荷中心安装，根据需要也可采用单相变压器。柱上变压器的设置应满足如下原则：① 满足市政规划的要求；② 区域内负荷水平较低（一般配变容量不大于 400kVA）。

（二）柱上变压器的设置标准

三相柱上变压器容量序列为 30、50、100、160、200、315、400kVA。单相柱上变压器容量序列为 10、30、50、80、100kVA。配电变压器容量应根据负荷需要选取，不同类型供电区域的配电变压器容量一般应参照表 6－40 选取。

表 6－40　　柱上变压器容量的选取

负荷密度	三相柱上变压器容量/kVA	单相柱上变压器容量/kVA
$\sigma \geqslant 1$	≤400	≤100
$0.1 \leqslant \sigma < 1$	≤315	≤50
$\sigma < 0.1$	≤100	≤30

注　σ 为供电区域的负荷密度（MW/km^2）。

六、电压互感器

（一）形式选择

可按下列方式分类：按电压变换原理可分为电磁式电压互感器和电容式电压互感器；按主绝缘结构形式可分为固体绝缘电压互感器、油浸绝缘电压互感器和气体绝缘电压互感器；按相数可分为单相电压互感器和三相电压互感器；按安装地点可分为户内式电压互感器和户外式电压互感器。

电压互感器应符合下列规定：电压互感器应符合现行国家标准《互感器第3部分：电磁式电压互感器的补充要求》（GB 20840.3—2013）和《互感器第5部分：电容式电压互感器的补充要求》（GB/T 20840.5—2013）的相关规定；电压互感器应在满足测量仪表和继电保护基本功能的要求下，根据互感器绝缘结构设计原理，以运行时绝缘性能的可靠性及互感器安装方式作为选型依据；根据工程实际情况，可提出电压互感器技术规范，包括使用环境条件、额定参数、技术性能、绝缘要求及一般结构要求等。某些特殊性能要求可与生产厂家协商确定。

电压互感器的形式应符合下列规定：110kV配电装置可采用电容式或电磁式电压互感器；当线路装有载波通信时，线路侧电容式电压互感器宜与耦合电容器结合；气体绝缘金属封闭开关设备内宜采用电磁式电压互感器；3～35kV户内配电装置宜采用固体绝缘的电磁式电压互感器，35kV户外配电装置可采用适用户外环境的固体绝缘或油浸绝缘的电磁式电压互感器；1kV及以下户内配电装置宜采用固体绝缘或塑料壳式的电磁式电压互感器。

电压互感器配置应符合下列规定：电压互感器及其二次绕组数量、准确等级等应满足测量、保护、同期和自动装置要求。电压互感器配置应保证在运行方式改变时，保护装置不失去电压，同期点两侧都能提取到电压；110kV及以下电压等级双母线接线宜在每组母线三相上装设一组电压互感器。当需要监视和检测线路侧有无电压时，可在出线侧一相上装设一组电压互感器。

电压互感器的接线及接地方式应符合下列规定：110（66）kV及以上系统宜采用单相式电压互感器，35kV及以下系统可采用单相式、三柱或五柱式三相电压互感器。对于系统高压侧为非有效接地系统，可用单相电压互感器接于相间电压或V–V接线，供电给接于相间电压的仪表和继电器；3个单相电压互感器可接成星形–星形。当互感器一次侧中性点不接地时，可供电给接于相间电压和相电压的仪表及继电器，但不应供电给绝缘检查电压表。当互感器一次侧中性点接地时，可供电给接于相间电压的仪表、继电器及绝缘检查电压表；采用星形接线的三相三柱式电压互感器一次侧中性点不应接地，三相五柱式电压互感器一次侧中性点可接地。

（二）二次绕组选择

电压互感器二次绕组数量应符合下列规定：对于计费用计量仪表，电压互感器宜提供与测量和保护分开的独立二次绕组；保护用电压互感器可设剩余电压绕组，供接地故障产生剩余电压用。当微机型保护能够自产剩余（零序）电压时，也可不设剩余电压绕组。

二次绕组容量应符合下列规定：选择二次绕组额定输出时，应保证二次实际负荷在额定输出的25%～100%范围内。功率因数为1时，额定输出标准值为1、2.5、5、10VA。功率因数为0.8（滞后）时，额定输出标准为10、25、50、100VA。对于三相互感器而言，额定输出值是指每相的额定输出；对于具有多个二次绕组的互感器，应分别规定各二次绕组热极限输出，但使用时，只能有一个达到极限值；剩余绕组接成开口三角形，仅在故障情况下承受负荷。额定热极限输出以持续时间8h为基准。在额定二次电压及功率因数为1.0时，额定热极限输出值可选25、50、100VA及其十进位倍数。

（三）额定参数选择

电压互感器额定一次电压应由所用系统的标称电压确定。电压互感器额定电压因数应根据系统最高运行电压决定，而系统最高运行电压与系统及电压互感器一次绕组的接地条件有关。与各种接地条件相对应的额定电压因数及在最高运行电压下的允许持续时间（即额定时间）应符合表 6－41 规定的数值。

表 6－41　　额定电压因数及额定时间标准值

<table>
<tr><th>额定电压因数</th><th>额定时间</th><th>一次绕组连接方式和系统接地方式</th></tr>
<tr><td>1.2</td><td>连续</td><td>任一电网的相间
任一电网中的变压器中性点与地之间</td></tr>
<tr><td>1.2</td><td>连续</td><td rowspan="2">中性点有效接地系统中相与地之间</td></tr>
<tr><td>1.5</td><td>8s</td></tr>
<tr><td>1.2</td><td rowspan="2">连续</td><td rowspan="2">带有自动切除对地故障装置的中性点非有效接地系统中的相与地之间</td></tr>
<tr><td>1.9</td></tr>
<tr><td>1.2</td><td>连续</td><td rowspan="2">无自动切除对地故障装置的中性点绝缘系统或无自动切除对地故障装置的共振系统中的相与地之间</td></tr>
<tr><td>1.9</td><td>8h</td></tr>
</table>

额定二次电压应按互感器使用场合来选定，并应符合下列规定：供三相系统线间连接的单相互感器，其额定二次电压应为 100V；供三相系统相与地之间用的单相互感器，其额定二次电压应为 $100/\sqrt{3}$ V；电压互感器剩余电压绕组的额定二次电压，在系统中性点有效接地时应为 100V，在系统中性点为非有效接地时应为 $100/\sqrt{3}$ V。

（四）准确等级和误差限值

电压互感器除剩余电压绕组外，应给出相应的测量准确级和保护准确级。

电压互感器准确级应符合下列规定：测量用电压互感器准确级应以该准确级规定的电压和负荷范围内最大允许电压误差百分数来标称，标准准确级为 0.1、0.2、0.5、1.0、3.0；保护用电压互感器准确级应以该准确级在 5%额定电压到额定电压因数相对应的电压范围内最大允许电压误差的百分数标称，标准准确级为 3P 和 6P。剩余电压绕组准确级为 6P，各种准确等级的测量和保护用电压互感器的电压误差和相位差不应超过表 6－42 所列限值。

表 6－42　　电压误差和相位差限值

<table>
<tr><th rowspan="3">用途</th><th rowspan="3">准确等级</th><th colspan="3">误差限值</th><th colspan="4">适用条件</th></tr>
<tr><th rowspan="2">电压误差
±/%</th><th colspan="2">相位差</th><th rowspan="2">电压/%</th><th rowspan="2">频率范围/%</th><th rowspan="2">负荷/%</th><th rowspan="2">负荷功率因数</th></tr>
<tr><th>±/min</th><th>±/crad</th></tr>
<tr><td rowspan="5">测量</td><td>0.1</td><td>0.1</td><td>5</td><td>0.15</td><td rowspan="5">80～120</td><td rowspan="5">99～101</td><td rowspan="8">25～100</td><td rowspan="8">0.8（滞后）</td></tr>
<tr><td>0.2</td><td>0.2</td><td>10</td><td>0.3</td></tr>
<tr><td>0.5</td><td>0.5</td><td>20</td><td>0.6</td></tr>
<tr><td>1.0</td><td>1.0</td><td>40</td><td>1.2</td></tr>
<tr><td>3.0</td><td>3.0</td><td>未规定</td><td>未规定</td></tr>
<tr><td rowspan="2">保护</td><td>3P</td><td>3.0</td><td>120</td><td>3.5</td><td rowspan="3">5～150 或
5～190</td><td rowspan="3">96～102</td></tr>
<tr><td>6P</td><td>6.0</td><td>240</td><td>7.0</td></tr>
<tr><td>剩余绕组</td><td>6P</td><td>6.0</td><td>240</td><td>7.0</td></tr>
</table>

测量用电压互感器准确等级应与测量仪表的准确等级相适应，不应超过表 6-43 的规定。

表 6-43　　仪表的准确级

指示仪表		计量仪表		
仪表准确级	互感器准确级	仪表准确级		互感器准确级
		有功电能表	无功电能表	
0.5	0.5	0.2S	2.0	0.2
1.0	0.5	0.5S	2.0	0.2
1.5	1.0	1.0	2.0	0.5
2.5	1.0	2.0	2.0	0.5

注　无功电能表一般与同回路有功电能表共用同一等级互感器。

七、电流互感器

（一）形式选择

3～35kV 户内开关柜安装的电流互感器宜采用固体绝缘结构。35kV 户外安装的电流互感器可采用固体或油浸式绝缘电流互感器，也可采用其他绝缘电流互感器。

3～35kV 系统保护回路不宜与测量仪表合用电流互感器，如受条件限制需合用电流互感器二次绕组时，该二次绕组的参数应同时满足保护和测量仪表对互感器误差和准确级的要求。3～35kV 系统保护用电流互感器宜采用 P 级电流互感器。

3～35kV 电流互感器宜采用两个二次绕组，当需要时，也可采用多个二次绕组。当单个负荷容量远小于系统短路容时，电流互感器可采用不同变流比的二次绕组，小变流比绕组用于测仪表，大变流比绕组用于继电保护。

系统采用经高电阻接地、经消弧线圈接地方式或不接地方式时，馈线回路零序电流互感器可采用与小电流接地故障检测装置或与接地继电器配套使用的互感器；当采用微机综合保护装置时，宜采用电缆型零序电流互感器。

（二）参数选择

3～35kV 系统电流互感器额定一次电流参数应符合以下规定：电流互感器额定一次电流宜按回路最大负荷电流选择。考虑到变压器过负荷能力，变压器回路可取 1.5 倍变压器额定电流；差动保护用电流互感器额定一次电流应使各侧电流互感器的二次电流基本平衡；小电流接地检测装置用零序电流互感器额定一次电流应保证系统最大接地电容电流在零序电流互感器线性范围内，一次电流线性测量范围最小值宜满足装置测量要求；与微机综合保护配套使用的零序电流互感器应根据系统接地电流值和微机保护二次动作整定值确定互感器额定一次电流。

3～35kV 系统电流互感器额定二次电流宜采用 1A。

当电流互感器、保护装置或测量仪表均布置在开关柜内时，互感器额定二次负荷宜取 1VA；当保护装置或测量仪表集中布置时，可根据互感器至保护装置或测量仪表的连接电缆长度确定互感器额定二次负荷，可采用 2.5、5、10VA。

在外部短路电流下，3～35kV 系统电流互感器应能满足准确限值系数要求，给定暂态系数不应小于 2；在保护安装点近处故障，当互感器参数在技术上难以满足要求时，可允许有较大误差，但应保证保护装置可靠动作。

当 3～35kV 系统电流互感器最大限值电流小于最大系统短路电流时，互感器准确限值电流宜按大于保护最大动作电流整定值 2 倍选择。

3～35kV 系统电流互感器绕组数量及准确级应符合以下规定：3～35kV 线路、无功补偿设备间隔电流互感器宜配置 1 组 0.5 级绕组和 1 组 10P 级绕组；当所在电压等级配置母线保护时，宜再配置 1 组 10P 级绕组；3～35kV 线路为计量点时，宜再配置 1 组 0.2S 级绕组；3～35kV 母联间隔电流互感器宜配置 1 组 0.5 级绕组和 1 组 10P 级绕组；当所在电压等级配置母线保护时，宜再配置 1 组 10P 级绕组；3～35kV 分段间隔电流互感器宜配置 1 组 0.5 级绕组和 1 组 10P 级绕组；当所在电压等级配置母线保护时，宜再配置 2 组 10P 级绕组；10～35kV 消弧线圈接地系统的电流互感器宜布置在消弧线圈和地之间；小电阻接地系统电流互感器可根据需要，布置在电阻器和地之间或者接在中性点和电阻器之间。

（三）保护用电流互感器选择

对 220kV 及以下系统的电流互感器一般可不考虑暂态影响，可采用 P 类电流互感器。对某些重要回路可适当提高所选互感器的准确限值系数或饱和电压，以减缓暂态影响。

（四）测量用电流互感器选择

应根据电力系统测量和计量系统的实际需要合理选择测量用电流互感器的类型。要求在较大工作电流范围内作准确测量时可选用 S 类电流互感器。为保证二次电流在合适的范围内，可采用复变流比或二次绕组带抽头的电流互感器。电能计量用仪表与一般测量仪表在满足准确级条件下，可共用一个二次绕组。

第五节　低压配电线路

220/380V 配电网应有较强的适应性，主干线截面应按远期规划一次选定。导线截面应系列化，同一规划区内主干线导线截面不宜超过 3 种。各类供电区域 220/380V 主干线路导线截面一般可参考表 6－44 选择。

表 6－44　线路导线截面积推荐表

线路形式	供电区域类型	主干线截面积/mm^2
电缆	A+、A、B、C 类	≥120
架空	A+、A、B、C 类	≥120
	D、E 类	≥50

注　1. 表中推荐的架空线路为铝芯的，电缆线路为铜芯的。
2. A+、A、B、C 类供电区域宜采用绝缘导线。

农村人流密集的地方、树（竹）线矛盾较突出的地段，可选用绝缘导线。

220/380V 电缆可采用排管、沟槽、直埋等敷设方式；穿越道路时，应采用抗压力保护管。

220/380V 线路应有明确的供电范围，供电半径应满足末端电压质量的要求。原则上，A+、A 类供电区域供电半径不宜超过 150m，B 类供电区域供电半径不宜超过 250m，C 类供电区域供电半径不宜超过 400m，D 类供电区域供电半径不宜超过 500m，E 类供电区域供电半径应根据需要经计算确定。

第七章

配电网的无功补偿与电压调整

第一节 概 述

一、一般概念

电力系统的负荷由有功负荷和无功负荷组成。功率经电力元件传输会产生损耗，损耗可分解为有功损耗和无功损耗。电力系统中的有功功率只能由发电机产生，发电机发出的有功功率将平衡系统中的所有有功负荷和有功损耗。无功功率除了可由发电机产生外，还可由无功补偿装置提供，无功补偿装置可以分散地装设在各个负荷点。所有的无功负荷和无功损耗由发电机和无功补偿装置所发出的无功功率进行平衡。无功功率的平衡水平决定系统的运行电压水平，从而进一步影响电能传输过程中的有功损耗，也就是网损。

二、无功补偿的意义

电力系统先天性地存在着大量的无功负荷，这些无功负荷来自电力线路、电力变电器及用户的用电设备。在系统运行中，大量的无功功率将降低系统的功率因数，增大线路电压损失和电能损耗，严重影响着电力企业的经济效益。解决这些问题的一个有效方法就是进行无功补偿。同时，在现代电力企业中，功率因数是考核配电网运行的重要指标，为达到考核指标，必须结合本地区具体情况，进行无功补偿的规划。

第二节 配电网的无功平衡分析

一、无功负荷与无功损耗

（一）无功负荷

异步电动机在电力系统负荷中占的比例很大，尤其是无功负荷，大多数无功负荷是异步电动机负荷的无功部分。系统无功负荷的电压特性主要由异步电动机决定。异步电动机的简化等值电路如图 7－1（a）所示。

它消耗的无功功率为

$$Q_{\mathrm{M}} = Q_{\mathrm{m}} + Q_{\sigma} = \frac{U^2}{X_{\mathrm{m}}} + I^2 X_{\sigma} \tag{7-1}$$

式中　Q_m ——励磁功率，与端电压二次成正比，实际上，当电压较高时，由于饱和影响，励磁电抗 X_m 的数值有所下降，因此励磁功率 Q_m 随电压变化的曲线稍高于二次曲线；

Q_σ ——漏抗；

X_σ ——无功损耗。

如果负荷功率不变，则 $P_M = I^2R(1-s)/s$ =常数。当电压降低时，电动机转速下降，转差增大，定子电流随之增大，相应地，漏抗中的无功损耗 Q_σ 也要增大。综合这两部分无功功率变化的特点，可得如图 7-1（b）所示的曲线，其中 β 为电动机的实际负荷同它的额定负荷之比，称为电动机的受载系数。由图 7-1（b）可见，在额定电压附近，电动机的无功功率随电压的升降而增减。当电压明显地低于额定值时，无功功率主要由漏抗中的无功损耗决定，因此，随电压下降反而具有上升的性质。

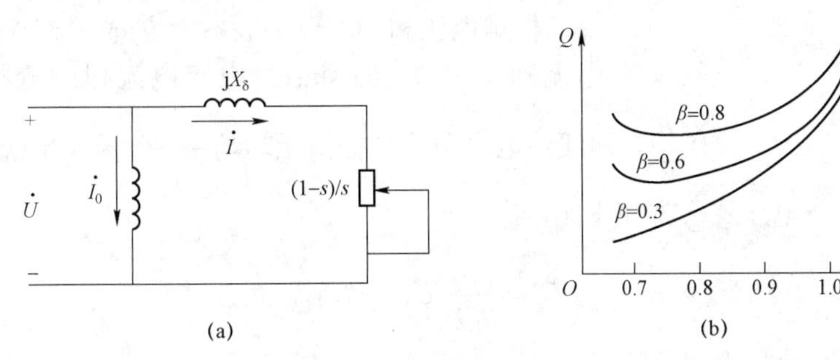

图 7-1　异步电动机的简化等值电路与关系图

（a）简化等值电路；（b）无功功率与端电压关系

（二）变压器无功损耗

变压器的等值电路如图 7-2 所示，其无功损耗包括 B_T 上的励磁损耗（铁耗）ΔQ_o 和 X_T 上的漏抗损耗（铜耗）ΔQ_T，即

$$\Delta Q_{LT} = \Delta Q_o + \Delta Q_T = U^2 B_T + I^2 X_T$$

根据变压器的出厂实验参数有

$$B_T = \frac{I_o\%}{100}\frac{S_N}{U_N^2}, X_T = \frac{U_S\%}{100}\frac{U_N^2}{S_N}$$

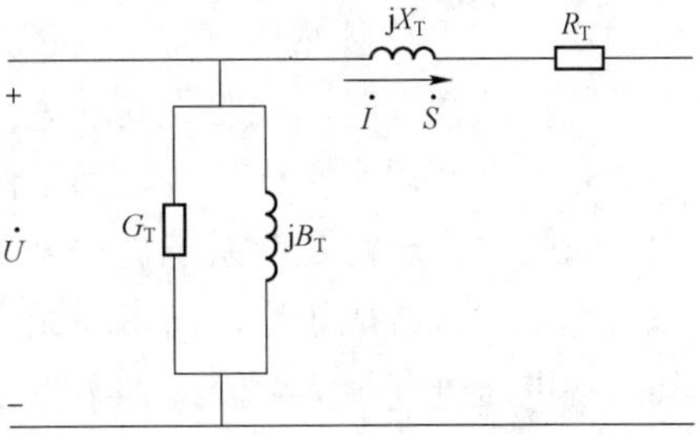

图 7-2　变压器的等值电路

式中　S_N ——变压器的额定容量；

U_N ——变压器的额定电压。

且有

$$I^2 = \frac{S^2}{U^2}$$

故

$$\Delta Q_{LT} = U^2 \frac{I_o\%}{100}\frac{S_N}{U_N^2} + \frac{S^2}{U^2}\frac{U_S\%}{100}\frac{U_N^2}{S_N} \approx \frac{I_o\%}{100}S_N + \frac{U_S\%}{100}\left(\frac{U_N}{U}\right)^2 \tag{7-2}$$

由式（7-2）可见，励磁功率大致与电压二次方成正比。当通过变压器的视在功率不变时，漏抗损耗的无功功率与电压二次方成反比。因此，变压器的无功损耗电压特性与异步电动机的相似。

变压器的无功损耗在系统的无功需求中占有相当的比例。假定一台变压器的空载电流 $I_o\%=1.5$，短路电压 $U_S\%=10.5$。由式（7－2）可知，在额定满载下运行时，无功功率的消耗量将达额定容量的12%。如果从电源到用户需要经过好几级变压器，则变压器中的无功损耗是相当大的。

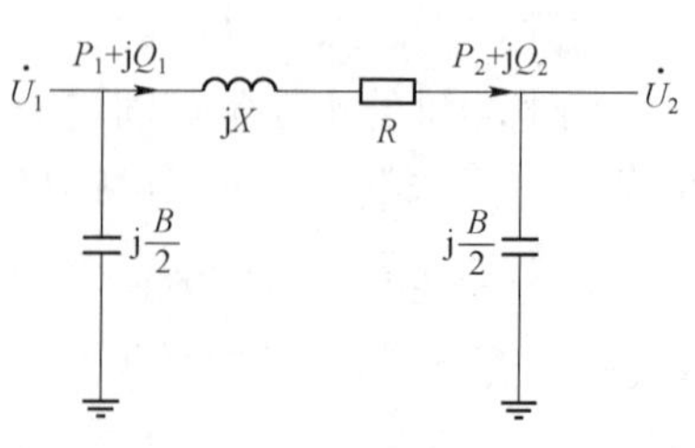

图7－3　输电线路等值电路

（三）线路无功损耗

输电线路等值电路如图7－3所示，线路串联电抗中的无功损耗 ΔQ_L 与所通过电流的二次方成正比，即

$$\Delta Q_L = \frac{P_1^2 + Q_1^2}{U_1^2} X = \frac{P_2^2 + Q_2^2}{U_2^2} \qquad (7-3)$$

根据电压和功率取关联参考方向，取注入大地为正，则无功功率 $Q=UI\sin\psi$，电容电流超前电压90°，即 $\psi=-90°$，则 $Q=-UI=-U^2\dfrac{B}{2}$，即线路电容向系统提供无功功率，为无功电源。线路电容的充电功率 ΔQ_B 与电压二次方成正比，有

$$\Delta Q_B = -\frac{B}{2}(U_1^2 + U_2^2) \qquad (7-4)$$

线路总的无功损耗为

$$\Delta Q_L + \Delta Q_B = \frac{P_2^2 + Q_2^2}{U_2^2} X - \frac{B}{2}(U_1^2 + U_2^2) \qquad (7-5)$$

当线路的无功功率0，即 $\Delta Q_L + \Delta Q_B = 0$ 时，称线路传输的功率为其自然功率。当线路传输功率大于其自然功率时，线路无功功率为正，即线路为无功负荷；而当线路传输功率小于其自然功率时，线路无功功率为负，即线路为无功电源。一般35kV及以下的架空线路的充电功率很小，这种线路都是消耗无功功率的。电缆线路电容较大，其充电功率也较大，因此电缆通常是向系统提供无功功率的。对于高压电缆和超高压架空线，由于充电功率与电压二次方成正比，而串联无功损耗与电压成反比，因此其充电功率很大，从而造成其末端电压升高很大，因此为了吸收这部分充电功率，通常需要装设并联电抗器，这时电抗器就相当于无功负荷。

二、无功电源（无功补偿设备）

系统无功电源有发电机、同步调相机、静止无功补偿装置、可投切并联电容器、高压配电网线路和无功发生器等。

（一）同步发电机

同步发电机不仅是系统的有功电源，而且是系统主要的无功电源。发电机提供无功功率受几个方面的限制，包括功角稳定、转子电流过负荷和定子电流过负荷。发电机励磁调节系统是电力系统中最重要的电压和无功功率控制系统，因为它响应速度快，可控制的容量大，不论在正常运行时用于保证电压水平，还是在紧急控制时用于防止电压崩溃，同步发电机都起着重要作用。

（二）同步调相机

同步调相机是专门设计的无功功率发电机。它可以过励磁运行，也可以欠励磁运行，运行状态根据系统的要求来调节。过励磁运行时，同步调相机向系统输送无功功率；欠励磁运行时，同步调相机从系统吸收无功功率，所以改变调相机的励磁可以平滑地改变无功功率的大小和方向。调相机在欠励磁运行时的容量是过励磁运行容量的 50%～60%，它一般装在接近负荷中心处，以减少传输无功功率引起的电能损耗和电压损耗。电力系统根据调压的需要，水轮发电机可以调相运行，汽轮发电机也可在无蒸汽运行的条件下作调相运行，但必须经过仔细分析和试验方可决定。

（三）静止无功补偿装置（SVC）

静止无功补偿装置是一种广泛使用的快速响应无功电源和电压调节设备，是支持系统电压和防止电压崩溃的强有力的措施。SVC 的结构有多种，如晶闸管控制电抗器加晶闸管投切电容器加固定电容器（TCR+TSC+FC）、晶闸管控制电抗器加断路器投切电容器加固定电容器（TCR+MSC+FC）或 TCR+MSC+FC+MSR（开关投切电抗器）等。其中，固定电容器（FC）将构成高次谐波滤波器（主要为 5、7 次滤波器），并且提供无功功率。

（四）可投切并联电容器

可投切并联电容器只能向系统提供无功功率，所提供的无功功率 Q_C 和其端电压 U_e 的二次方成正比，即

$$Q_C = \frac{U_e^2}{X_C} \tag{7-6}$$

式中　X_C——电容器容抗，$X_C = 1/\omega_C$。

（五）高压配电网线路

运行中的高压配电网线路是无功电源，它产生的无功功率大小与运行电压二次方成正比，即

$$Q_L = \frac{U_e^2 B_L}{2} \tag{7-7}$$

式中　B_L——线路电纳。

（六）无功发生器（SVG）

由于电力电子技术的发展迅速，大功率可关断晶闸管（GTO）器件构成的无功发生器（SVG）已进入商业应用阶段，它比常规 SVC 具有一系列优点，但造价相对较高。

SVC 由无源器件（大电感、大电容）产生无功功率，当电压降低时，所提供补偿容量与电压二次方成比例降低，对系统无功支持能力较弱。而 SVG 是有源结构，由 GTO 逆变器和直流电容构成，通过控制 GTO 的通断在三相之间实现能量交换，从而产生所需的无功电流。当电压降低时，SVG 仍然可以产生较大电容性电流（与电压无关）。

SVG 有较大的过负荷能力，可控性能好，其电压幅值和相位可快速调节。它的端电压对外部系统的运行条件和结构变化不敏感。因此，SVG 不仅可以得到较好的静态稳定性能，而且可以得到较好的故障下的暂态性能。

三、无功功率平衡

（一）无功平衡原则

（1）系统正常运行方式下的分层分区、就地补偿；

（2）在事故方式下具有无功备用和快速调节能力；

（3）补偿方案应考虑保持系统稳定、减少无功损耗、无功经济分布等因素，进行多方案的技术经济比较后予以确定。

（二）无功平衡计算

1. 无功平衡方式

无功平衡是指系统所有无功电源发出的无功功率与系统的无功负荷相平衡。另外，为了保证电网安全可靠运行应有一定的无功备用，用下式表示

$$Q_{by}=\sum Q_1-\sum Q_2 \tag{7-8}$$

式中 $\sum Q_1$ ——所有无功电源之和，kvar；

$\sum Q_2$ ——所有无功负荷及损耗之和，kvar；

Q_{by} ——无功备用，kvar。

最大负荷方式和最小负荷方式的无功平衡应按下式分别计算。

最大负荷方式为

$$S_C=Q_2-Q_1+Q_{by} \tag{7-9}$$

最小负荷方式为

$$S_{HR}=Q_1-Q_2+Q_{by} \tag{7-10}$$

式中 S_C ——最大负荷方式下电容器必要的设置容量，kvar；

S_{HR} ——最小负荷方式下电容器必要的设置容量，kvar。

2. 无功平衡计算

无功平衡计算时，尚应考虑新增加的无功电源、原有无功电源及无功负荷的季节性变化。配电网供电分区内无功平衡表如表7-1所示。

表7-1 配电网供电分区内无功平衡表

项　目	××年	××年	××年	××年
系统有功负荷 P_{max}/MW				
系统最大无功负荷 Q_{max}/Mvar				
需无功总容量/Mvar				
除补偿设备外的系统无功电源/Mvar				
发电机无功功率 Q_G/Mvar				
110（66）kV 及以下线路充电功率 Q_L/Mvar				
从上一级电网输入的无功功率 Q_R/Mvar				
需补偿无功容量 Q_C/Mvar				
现有补偿无功容量/Mvar				
需新增补偿容量/Mvar				

注　配网供电分区指以220kV变电站为电源点形成110kV电网的供电区域；无功损耗计入无功负荷中。

在表 7－1 中：

Q_{max}为电网最大自然无功负荷，按下式计算

$$Q_{max} = KP_{max} \tag{7-11}$$

式中　P_{max} ——电网最大有功负荷，kW；

K ——电网自然无功负荷系数。

$$Q_C = 1.15Q_{max} - Q_G - Q_R - Q_L \tag{7-12}$$

式中　Q_G ——本网发电机的无功功率，kvar；

Q_R ——主网和邻网输入的无功功率，kvar；

Q_L ——线路和电缆的充电功率，kvar，按 15%考虑备用。

3. *无功补偿水平*

电网的无功补偿水平用无功补偿度表示，可按下式计算

$$W_B = \frac{Q_C}{P_{max}} \tag{7-13}$$

式中　W_B ——无功补偿度，kvar/kW；

Q_C ——容性无功补偿设备容量，kvar；

P_{max} ——最大有功负荷（或装机容量），kW。

无功平衡时，应考虑负荷增长情况及电网运行方式变化，保留一定的裕度。

第三节　无　功　补　偿

一、基本原则

无功补偿配置应遵循以下基本原则。

（1）无功补偿装置应按就地平衡和便于调整电压的原则进行配置，可采用变电站集中补偿和分散就地补偿相结合、电网补偿与用户补偿相结合、高压补偿与低压补偿相结合等方式。接近用电端的分散补偿装置主要用于提高功率因数，降低线路损耗；集中安装在变电站内的无功补偿装置主要用于控制电压水平。

（2）应从系统角度考虑无功补偿装置的优化配置，以利于全网无功补偿装置的优化投切。

（3）变电站无功补偿配置应与变压器分接头的选择相配合，以保证电压质量和系统无功平衡。

（4）对于线路充电功率较高的地区，必要时应考虑配置适当容量的感性无功补偿装置。

（5）大用户应按照电力系统有关电力用户功率因数的要求配置无功补偿装置，并不得向系统倒送无功。

（6）在配置无功补偿装置时应考虑谐波治理措施。

（7）分布式电源接入电网后，原则上不应从电网吸收无功，否则需配置合理的无功补偿装置。

二、无功补偿容量配置

无功补偿装置的配置应与电网结构、网络参数、地区无功功率缺额和用户对电压的要求相匹配，并根据系统不同运行方式下的调压计算、谐波计算等结果，进行技术经济分析后综合确定。

（一）35～110kV 变电站的无功补偿

35～110kV 变电站的容性无功补偿装置以补偿变压器无功损耗为主，并适当兼顾负荷侧的无功补偿。容性无功补偿装置的容量按照主变压器容量的 10%～30%配置，并满足：35～110kV 主变压器最大负荷时，其高压侧功率因数不低于 0.95；最小负荷时，高压侧功率因数不高于 0.95 且不低于 0.92；低压侧功率因数应大于 0.9。

110kV 变电站的单台主变压器容量为 40MVA 及以上时，每台主变压器应配置不少于两组的容性无功补偿装置。

110kV 变电站无功补偿装置的单组容量不宜大于 6Mvar，35kV 变电站无功补偿装置的单台容量不宜大于 3Mvar，单组容量的选择还应考虑变电站负荷较小时无功补偿的需要。

新建 110kV 变电站时，应根据电缆进、出线情况配置适当的感性无功补偿装置。

（二）10kV 及以下无功补偿

无功补偿装置应根据分层分区、就地平衡和便于调整电压的原则进行配置。可采用分散和集中补偿相结合的方式：分散安装在用电端的无功补偿装置主要用于提高功率因数，降低线路损耗；集中安装在变电站内的无功补偿装置有利于稳定电压水平。

10kV 配电变压器（含配电室、箱式变电站、柱上变压器）及 35/0.4kV 配电室安装无功自动补偿装置时，应符合下列规定。

（1）在低压侧母线上装设，容量按变压器容量的 20%～40%考虑。

（2）以电压为约束条件，根据无功需量进行分组自动投切。

（3）宜采用交流接触器－晶闸管复合投切方式。

（4）合理选择配电变压器分接头，避免电压过高导致电容器无法投入运行。

（5）在供电距离远、功率因数低的 10kV 架空线路上可适当安装并联补偿电容器，其容量（包括用户）一般按线路上配电变压器总容量的 7%～10%配置（或经计算确定），但不应在低谷负荷时向系统倒送无功。

（三）电力用户的无功补偿

对于 100kVA 及以上高压供电的电力用户，在用户高峰负荷时，变压器高压侧功率因数不宜低于 0.95；对于其他用户和大中型电力排灌站，功率因数不低于 0.90；对于农业用电，功率因数不宜低于 0.85。

三、无功补偿设备的分类、功能及选型

（一）无功补偿设备的分类

根据无功补偿的过程和功能，无功补偿设备可分为两大类：一类是静态无功补偿设备，包括可投切的并联电容器、中低压电抗器、交流滤波装置等；另一类是动态无功补偿设备，包括静止无功补偿设备和无功发生器。

（二）无功补偿设备的功能

（1）并联电容器：可以分组投切，主要功能是向电网提供阶梯调节的容性无功功率，以补偿电网感性无功功率，减少电网损耗，提高电网电压水平。

（2）交流滤波装置：主要功能是滤波，吸收电网谐波电流，改善电压畸变现象，向电网提供容性无功功率以补偿电网感性无功功率。

（3）中低压电抗器：可以分组投切，提供感性无功功率，吸收电网多余容性无功功率，保证电网电压水平不超上限。

（4）静止无功补偿设备及无功发生器：提供连续调节的容性无功功率和感性无功功率，保证电网电压水平，改善系统稳定性，降低电压波动和波形畸变，抑制电压闪变。

（三）无功补偿设备选型

无功补偿设备选型应考虑经济性和实用性，兼顾无功负荷的变化频率、变化幅值和速率、电压畸变率、电流畸变率等因素，具体要求如下。

（1）若电网无功负荷变化幅度在 0.5～1.0 标幺值之间，由最小值变化到最大值时间在 1s 以上，变化频率为每天数次，一般可选并联电容器补偿。

（2）若电网无功负荷变化幅度在 0.5～1.0 标幺值间，甚至无功负荷的容性和感性之间发生变化，且由最小值变化到最大值时间小于 1s，变化的频率为每小时数十次，则须选用静止补偿器。

（3）若母线谐波电压畸变率大于允许极限值，一般选用静止补偿器或交流滤波装置。设置交流滤波装置后，不宜使母线上谐波电压畸变率超过允许极限值的 70%，以便为用户可能再注入谐波电流留有余地。

第四节 配电网的电压调整

一、配电网电压稳定性分析

（一）电压调整的必要性

在电力系统中，电能质量的重要指标是频率与电压，由于电力系统的运行方式千变万化，每个节点电压都不相同，用户对电压的要求也不一样，用户电压偏移过大将影响工农业生产产品的质量和产量，甚至损坏设备等。电压调整主要是对周期长、影响面较大的负荷因生产、生活气候变化引起电压变动给予控制，使电压偏移在允许范围之内。对冲击性或间歇性负荷引起电压波动的调压由于波及面小，当另作处理。

由于电力系统各点的电压水平高低直接反映了电力系统无功电源配置的多少，电力系统电压调整应在全系统的无功电源和无功负荷平衡的前提下进行。

（二）电压偏差计算方法及允许偏差标准

1. 电压偏差计算方法

供电系统在正常运行方式下，某一节点的实际电压与系统标称电压之差对系统标称电压的百分数称为该节点的电压偏差。其数学表达式为

$$\delta U=\frac{U_{\mathrm{re}}-U_{\mathrm{n}}}{U_{\mathrm{n}}}\times 100\% \tag{7-14}$$

式中　δU ——电压偏差；

U_{re} ——实际电压，kV；

U_{n} ——系统标称电压，kV。

2. 允许偏差标准

配电系统无功功率不平衡是引起系统电压偏离标称值的根本原因。我国的国家标准《电能质量　供电电压偏差》（GB/T 12325—2008）对电压偏差做出了详尽规定。

（1）110（66）、35kV 供电电压的正、负偏差的绝对值之和不超过标称电压的 10%。

（2）10kV 及以下三相供电电压允许偏差为标称电压的±7%。

（3）220V 单相供电电压允许偏差为标称电压的－7%与+10%

二、配电网电压的调整方法

在电力系统中，电压的调整措施需根据具体情况而定，一般可概括为以下 3 个方面。

（1）改变无功功率进行调压，如并联电容器、并联电抗器、静止补偿器进行调压。

（2）改变有功功率和无功功率的分配进行调压，如改变变压器分接头或调压变压器进行调压。离大电源较近的降压变电站，改变其分接头确实能调整变压器低压侧的电压，但这时无功功率变化很小（不计负荷静特性，高压侧电压基本上维持不变）。

（3）改变网络参数进行调压，如串联电容器，改变并列运行变压器的台数进行调压。

（一）并联补偿调压

1. 并联电容器补偿调压

在负荷点装设并联电容器从而提高负荷点的功率因数，减少通过线路上的无功功率，以达到减小线路的电压损失和调整电压的目的。这种调压措施一般在负荷端无功电源不足、负荷功率因数较低和线路较长时才考虑采用。

图 7-4 所示为线路负荷端未装设并联电容补偿及装设并联电容补偿时的潮流和电压相量图。装设并联电容补偿后，线路的无功由 Q_1 减少到 Q_1-Q_C，末端电压由 $\dot{U}_2$ 升到 $\dot{U}_2'$ 上升的数值 $\Delta\dot{U}$ 为

$$\begin{aligned}\Delta\dot{U}&=\dot{U}_2'-\dot{U}_2\\&=\dot{U}_1-\Delta\dot{U}_1'-(\dot{U}_1-\Delta\dot{U}_1)\\&=-\frac{P_1R-Q_1X}{U_1}+\mathrm{j}\frac{P_1X-Q_1R}{U_1}\\&\quad-\left[\frac{P_1R+(Q_1-Q_C)X}{U_1}-\mathrm{j}\frac{P_1X-(Q_1-Q_C)R}{U_1}\right]\\&=\frac{Q_CX}{U_1}-\mathrm{j}\frac{Q_CR}{U_1}\end{aligned} \tag{7-15}$$

由式（7-15）也可根据调压要求近似地选择并联电容器的容量为

$$Q_C=\frac{(\dot{U}_2'-\dot{U}_2)U_1}{X-\mathrm{j}R} \tag{7-16}$$

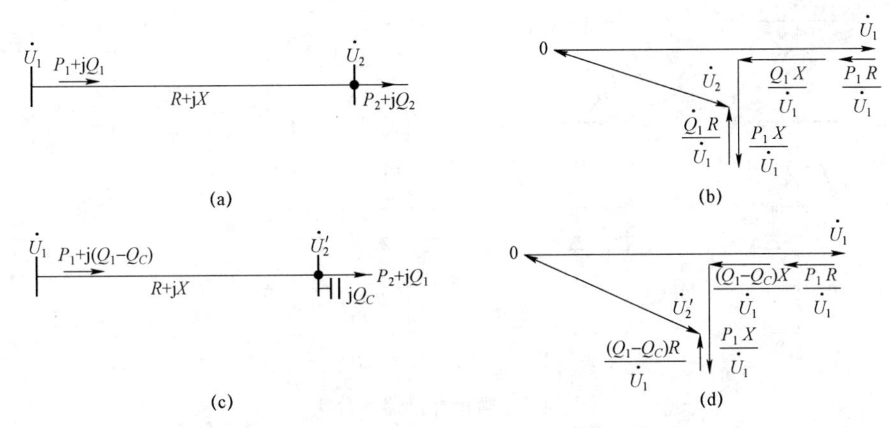

图 7－4　并联电容补偿前及补偿后的潮流和电压相量图

（a）补偿的的潮流；（b）补偿前的电压相量；（c）补偿后的潮流；（d）补偿后的电压相量

忽略电压降的横向分量则有

$$Q_C = \frac{(\dot{U}_2' - \dot{U}_2)U_1}{X - \mathrm{j}R} \tag{7-17}$$

式中　X_C——电容器的容抗，$X_C = 1/\omega_C$。

所以，当连接点电压下降或电网发生故障引起电压下降时，则其无功功率反而减少，结果电网电压继续下降。这是静电电容器调压特性的缺点。

2. 并联电抗器补偿调压

用并联电抗器进行调压，其特性正好和并联电容器相反，并联电抗器补偿调压主要是由于电网中无功功率过多，引起电压过高，如城市电网中电缆的充电无功功率较大，引起电网某些点电压过高，因此需要装设并联电抗器吸收无功功率。并联电抗器有单相式、三相式，以及干式空气芯、油浸等形式，根据需要一般接于低压母线一侧或三绕组变压器低压侧。

3. 静止补偿器补偿调压

静止补偿器（SVC）也称可控静止无功补偿器。静止补偿器调压方法主要是将可控的电抗器或静电电容器构成不同组合并联使用，利用电抗器和电容器可吸收和产生无功功率的特性，在电网连接点根据负荷变动进行电压调节，从而使该节点电压维持一定水平，增强电力系统稳定，另外对限制系统过电压、消除次同步谐振、修正不平衡负荷均有一定作用。

目前静止补偿器在应用上连接形式不尽相同，但大致可分为 4 种类型（见图 7－5）：① 晶闸管控制电抗器型（TCR）；② 晶闸管投切电容器型（TSC）；③ 晶闸管控制电抗器型和晶闸管投切电容器型并存（TCR/TSC）；④ 饱和电抗器型（CSR）。这 4 种形式是基本形式，还可以根据连接点的负荷及需要组成其他不同的连接形式。

由于静止无功补偿器中的晶闸管设备和电抗器装置在运行中会产生高次谐波，因此，需把部分电容器接成高次谐波滤波器，一般是 3、5、7、11 次滤波器。

静止补偿器调压的优点是调节平滑、迅速、动态特性好，功率损耗较小，运行维护量较小，可靠性较高；缺点是价格较贵。

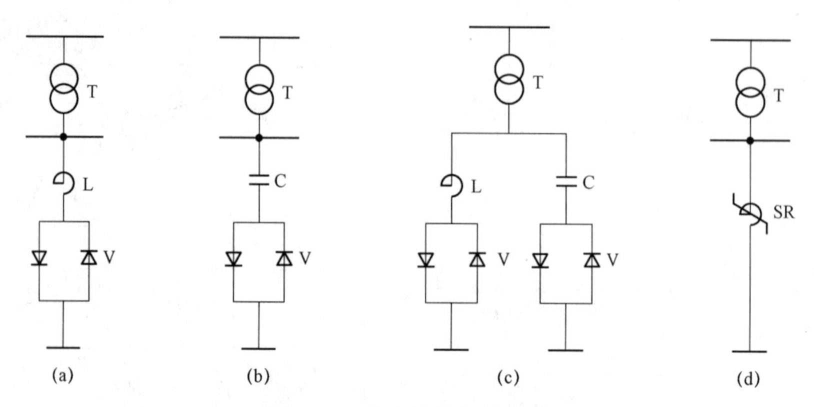

图 7-5　静止补偿器的分类

（a）晶闸管控制电抗器型（TCR）；（b）晶闸管投切电容器型（TSC）；
（c）晶闸管控制电抗器型和晶闸管投切电容器型并存（TGR/TSC）；（d）饱和电抗器型（CSR）

4. 改变变压器分接头进行调压

（1）固定分接头变压器。

一般双绕组普通变压器的高压绕组及三绕组变压器的高压和中压绕组上抽出几个分接头以供调压之用。我国一般除额定接头外，调压范围按每挡 5%及每挡 2.5%构成 3 挡及 5 挡分接头口。在选择变压器分接头时，一般要考虑以下几个问题。

① 选出的分接头，应使二次母线实际电压不超过上、下允许的偏移范围，并考虑电力系统 10～15 年发展的需要。

② 区域性的大型电厂的升压变压器的分接头一般应放在较高位置。

③ 地区性的受端电厂变压器分接头应保证发电机有最大的有功、无功功率。

④ 一般选择降压变压器的分接头仅考虑最大负荷及最小负荷两种运行方式。

⑤ 一般在无功电源充足的系统中，应使电力系统的电压维持在较高水平运行，用户的电压亦尽可能在较高水平运行，以减少电网的功率损耗。

1）双绕组降压变压器分接头的选择。公式为

$$U_{\mathrm{T}}=(U_1-\Delta U_{\mathrm{T}})\frac{U_{2\mathrm{N}}}{U_2} \tag{7-18}$$

$$U_{\mathrm{T}}'=(U_1'-\Delta U_{\mathrm{T}}')\frac{U_{2\mathrm{N}}}{U_2'} \tag{7-19}$$

式中　U_1、U_1'——最大负荷和最小负荷时高压侧实际电压，kV；

ΔU_{T}、$\Delta U_{\mathrm{T}}'$——最大负荷和最小负荷时变压器电压损失（归算到高压侧），kV；

$U_{2\mathrm{N}}$——降压变压器二次侧额定电压，kV；

U_2、U_2'——最大负荷和最小负荷时低压侧要求的电压，kV；

U_{T}、U_{T}'——最大负荷和最小负荷时按低压侧要求算得的变压器分接头电压，kV。

由于普通变压器只能选定一个分接头，一般取 U_{T}、U_{T}' 的平均值，即分接头的电压值为

$$U_{\mathrm{TP}}=\frac{U_{\mathrm{T}}+U_{\mathrm{T}}'}{2} \tag{7-20}$$

根据选定的分接头 U_{TP} 再校验最大、最小负荷实际低压侧电压是否满足要求。

2）三绕组降压变压器分接头的选择。

根据变压器各侧功率的传送容量，选择某两侧计算其一侧的分接头电压，据此再进行第三侧的核算，如先用高、低二侧计算高压侧分接头电压，再用中压侧分接头电压进行校核。

① 用高、低二侧计算高压侧分接头电压。公式为

$$U_{T1}=(U_1-\Delta U_{T1}-\Delta U_{T3})\frac{U_{3N}}{U_3} \tag{7-21}$$

$$U'_{T1}=(U'_1-\Delta U'_{T1}-\Delta U'_{T3})\frac{U_{3N}}{U'_3} \tag{7-22}$$

式中 U_1、U'_1——最大负荷和最小负荷时高压侧实际电压，kV；

ΔU_{T1}、$\Delta U'_{T1}$——最大负荷和最小负荷时高压侧电压损失（归算到高压侧），kV；

U_{T1}、U'_{T1}——最大负荷和最小负荷时按高压侧要求算得的变压器高压侧分接头电压，kV；

ΔU_{T3}、$\Delta U'_{T3}$——最大负荷和最小负荷时低压侧电压损失（归算到高压侧），kV；

U_3、U'_3——最大负荷和最小负荷时低压侧实际电压，kV；

U_{3N}——变压器低压侧额定电压，kV。

普通三绕组变压器高压侧的分接头电压为

$$U_{T1P}=\frac{U_{T1}+U'_{T1}}{2} \tag{7-23}$$

② 按中压侧校验分接头。中压侧分接头确定为

$$U_{T2}=\frac{U_{T1P}}{K_{12}} \tag{7-24}$$

$$U'_{T2}=\frac{U_{T1P}}{K'_{12}} \tag{7-25}$$

$$K_{12}=\frac{U_1-\Delta U'_{T1}-\Delta U_{T2}}{U_2} \tag{7-26}$$

$$K'_{12}=\frac{U'_1-\Delta U'_{T1}-\Delta U'_{T2}}{U'_2} \tag{7-27}$$

式中 U_2、U'_2——中压侧要求得到的电压，kV；

K_{12}、K'_{12}——最大负荷和最小负荷时高中压之间电压要求的比值；

ΔU_{T2}、$\Delta U'_{T2}$——最大负荷和最小负荷时中压侧电压损失（归算到高压侧），kV；

U_{T2}、U'_{T2}——最大负荷和最小负荷时中压侧所选分接头电压。

所以，中压侧宜选分接头的电压值为

$$U_{T2P}=\frac{U_{T2}+U'_{T2}}{2} \tag{7-28}$$

中压侧实际分接头宜与此相接近。最后应对所选的高、中压侧分接头进行校验。

3）升压双绕组变压器分接头的选择。

在绝缘水平允许的情况下，应尽量提高一次系统的电压水平，并使发电机无功功率得到充分合理的利用。公式为

$$U_{\mathrm{T}}=(U_1+\Delta U_{\mathrm{T}})\frac{U_{\mathrm{TN}}}{U_{\mathrm{G}}} \tag{7-29}$$

$$U_{\mathrm{T}}'=(U_1'+\Delta U_{\mathrm{T}}')\frac{U_{\mathrm{TN}}}{U_{\mathrm{G}}'} \tag{7-30}$$

式中 U_1、U_1'——最大负荷和最小负荷时发电机升压变压器高压侧的实际电压，kV；

U_{TN}'——变压器低压侧额定电压，kV；

U_{G}、U_{G}'——最大负荷和最小负荷时要求的发电机端电压，kV；

U_{T}、U_{T}'——最大负荷和最小负荷时高压侧分接头电压。

宜选分接头的电压值为

$$U_{\mathrm{TP}}=\frac{U_{\mathrm{T}}+U_{\mathrm{T}}'}{2} \tag{7-31}$$

（2）有载调压变压器。

有载调压变压器有2种，一种是本身就具有调压绕组的有载调压变压器，另一种是带有附加调压器的加压调压变压器（如纵向、横向调压变压器等）。

由于普通变压器调节固定分接头都要变压器停运后才能调整，当负荷变化很大或用户对电压波动要求较高时，变压器的固定分接头不能满足要求，就需要采用有载调压变压器。这种变压器的高压侧除主绕组外，还有一可调节分接头的调压绕组，可以在带负荷情况下手动或电动操作改变分接头的位置，也能实行远方操作，便于实现自动调压，调压范围较大，一般为15%以上。

（二）串联补偿调压

电网可采用串联电容器来补偿输电线路电抗、改变线路参数从而起到调压作用。由于串联电容补偿了输电线的电抗，所以在超高压输电系统中用于提高输电系统的稳定性。一般在220kV及以上的输电系统中，串联电容器起到提高电力系统稳定的作用；而在220kV以下的输电系统中，用来提高受端电压。例如，在110kV和35kV及以下的线路上，主要用在负荷波动大、负荷功率因数又很低的配电线路上，串联电容补偿不仅能提高电压，而且其调压效果能够随负荷的大小而改变，所以特别适用于负荷变动较大的电弧炉、电气牵引、电焊机等负荷的调压。

1. 串联电容补偿的调压原理

串联电容补偿的调压原理是将电容器串联在线路上以降低线路电抗值，即改变线路参数达到调压目的。图7-4（a）为线路末装设串联电容补偿时的潮流、电压相量图，送端电压为$\dot{U}_1$，末端电压为$\dot{U}_2$，负荷为$P_2+\mathrm{j}Q_2$，则$\dot{U}_2$为

$$\dot{U}_2=\sqrt{\left(\dot{U}_1-\frac{P_1R+Q_1X}{\dot{U}_1}\right)^2+\left(\frac{P_1X-Q_1R}{\dot{U}_1}\right)^2} \tag{7-32}$$

图7-4（b）为线路安装串联电容补偿后的潮流、电压相量图，送端电压为$\dot{U}_1$，末端电压为$\dot{U}_2$，负荷$P_2+\mathrm{j}Q_2$，则$\dot{U}_2$为

$$\dot{U}_2' = \sqrt{\left(\dot{U}_1 - \frac{P_1R + Q_1(X - X_C)}{\dot{U}_1}\right)^2 + \left(\frac{P_1(X - X_C) - Q_1R}{\dot{U}_1}\right)^2} \quad (7-33)$$

由式（7－12）及式（7－13）及电压相量图可知，对调压起主要作用的分量是纵向分量，即无功功率 Q_1，输送越多，调压效果越好。

2. 串联电容补偿的补偿度

串联电容补偿的补偿度 K 是线路上补偿的容抗 X_C 与该条线路的全电抗 X 的比值，当 $X_C=X$，即 $K=1$ 时，这时的补偿叫全补偿。当 $X_C>X$，即 $K>1$ 时，这时的补偿叫过补偿。当 K 值达到一定值时，电力系统中会产生铁磁谐振或电机自励磁现象，有时还可能产生低频振荡，因此在考虑补偿度时，必须根据系统的具体情况选择合适的补偿度。

3. 串联电容补偿的容量

根据线路的调压要求，可求得串联电容器电抗 X_C 的大小，从而求得串联补偿电容器的容量 Q_C 为

$$Q_C = 3I^2X_C \quad (7-34)$$

式中 I——通过串联电容补偿的最大负荷电流。

根据最大负荷电流和采用的串联电容器的额定电流，就可求得串联电容器的并联组数为

$$n = \frac{I}{I_{NC}} \quad (7-35)$$

式中 I_{NC}——每组串联电容器的额定电流。

在并联组数确定后，即可求得串联电容器的串联台数为

$$m = \frac{nX_C}{X_{NC}} \quad (7-36)$$

式中 X_C——每相串联电容器的总容抗；

X_{NC}——每台串联电容器的容抗；

n、m——取整数。

第五节 配电网无功功率补偿实例分析

【例 7－1】已知某 110kV 变电站 35kV 母线上有 3 条线路，如图 7－6 所示，Q_1、Q_2、Q_3、Q_4、Q_5、Q_6 为各点的无功功率，该网络总补偿容量为 5.975Mvar，求各点的补偿容量，即 Q_{C1}、Q_{C2}、Q_{C3}、Q_{C4}、Q_{C5}、Q_{C6}。

解：求各元件中的无功功率。

通过线路 $A-1$ 段中的无功功率 Q_{A-1} 为

$$Q_{A-1} = Q_1 + Q_4 - Q_{C1} - Q_{C4} = 2.0 + 1.0 - Q_{C1} - Q_{C4}$$

通过线路 $A-2$ 段中的无功功率 Q_{A-2} 为

$$Q_{A-2} = Q_2 + Q_5 - Q_{C2} - Q_{C5} = 1.5 + 0.8 - Q_{C2} - Q_{C5}$$

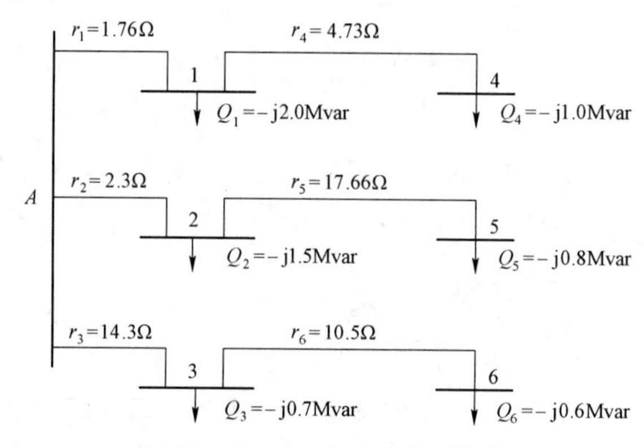

图 7–6　110kV 变电站无功补偿

通过线路 2–5 段中的无功功率 Q_{2-5} 为

$$Q_{2-5} = Q_5 - Q_{C5} = 0.8 - Q_{C5}$$

通过线路 A–3 段中的无功功率 Q_{2-5} 为

$$Q_{A-3} = Q_3 + Q_6 - Q_{C3} - Q_{C6} = 0.7 + 0.6 - Q_{C3} - Q_{C6}$$

通过线路 3–6 段中的无功功率 Q_{3-6} 为

$$Q_{3-6} = Q_3 - Q_{C6} = 0.7 - Q_{C6}$$

各点网损微增率和补偿容量为

$$\frac{\partial \Delta P_1}{\partial Q_{C1}} = \frac{-2Q_{A-1}r_1}{U^2} = \frac{-2\times(3-Q_{C1}-Q_{C4})\times 1.76}{U^2}$$

$$= -\frac{10.56-3.52Q_{C1}-3.52Q_{C4}}{U^2}$$

$$\frac{\partial \Delta P_4}{\partial Q_{C4}} = \frac{10.56-3.52Q_{C1}-3.52Q_{C4}}{U^2} - \frac{2\times(1-Q_{C4})\times 4.73}{U^2}$$

$$= -\frac{20.02-3.52Q_{C1}-12.98Q_{C4}}{U^2}$$

同样求得

$$\frac{\partial \Delta P_2}{\partial Q_{C2}} = -\frac{10.58-4.6Q_{C2}-4.6Q_{C5}}{U^2}$$

$$\frac{\partial \Delta P_2}{\partial Q_{C2}} = -\frac{38.826-4.6Q_{C2}-39.92Q_{C5}}{U^2}$$

$$\frac{\partial \Delta P_3}{\partial Q_{C3}} = -\frac{37.18-28.6Q_{C3}-28.62Q_{C6}}{U^2}$$

$$\frac{\partial \Delta P_6}{\partial Q_{C6}} = -\frac{49.78-28.6Q_{C3}-49.6Q_{C6}}{U^2}$$

经计算得：$Q_{C4} = 1.0\text{Mvar}$，$Q_{C5} = 0.8\text{Mvar}$，$Q_{C6} = 0.6\text{Mvar}$。

根据 $\dfrac{\partial \Delta P_1}{\partial Q_{C1}} = \dfrac{\partial \Delta P_2}{\partial Q_{C2}} = \dfrac{\partial \Delta P_3}{\partial Q_{C3}}$ 得

$$
\begin{aligned}
Q_{C1}+Q_{C2}+Q_{C3} &= 5.975-Q_{C4}-Q_{C5}-Q_{C6} \\
&= 5.975-1.0-0.8-0.6 \\
&= 3.575\text{（Mvar）}
\end{aligned}
$$

得到：$Q_{C1}=1.67\text{Mvar}$，$Q_{C2}=1.25\text{Mvar}$，$Q_{C3}=0.655\text{Mvar}$。

第八章

配电网规划的电气计算

第一节 电网元件参数计算

一、架空线参数

在电网规划设计中，架空线路电气参数主要采用集中参数计算方法进行估算。

（一）正序阻抗

设架空线路的正序阻抗为$Z_1 = R_1 + jX_1$，Z_1、R_1和X_1分别为单位长度的正序阻抗、正序电阻和正序电抗，单位为Ω / km。

假设每相分裂导线由n个子导线组成，每个子导线的电阻为R_D，可从产品型录中查得或通过式（8－1）计算，即

$$R_D = \frac{\rho_D}{S_D} \tag{8-1}$$

式中 ρ_D ——导线材料的电阻系数，$\Omega \cdot mm^2/km$，材料为铜时，ρ_D=18.8，材料为铝时，ρ_D=31.2；

S_D ——导线标称截面积，mm^2。

每相导线电阻R_1和电抗X_1计算如下

$$R_1 = \frac{R_D}{n} \tag{8-2}$$

$$X_1 = 0.062\ 84 \ln \frac{d_{m3\phi}}{r_m} \tag{8-3}$$

式中 r_m ——各相导线几何平均半径（配电网中主要以单导线为主）；

$d_{m3\phi}$ ——三相导线几何平均距离。

（二）零序阻抗

设单回架空线路的零序阻抗$Z_0 = R_0 + jX_0$，是三相输电线流过零序电流时的每相阻抗。计算零序阻抗需要考虑有无避雷线、大地电阻率、线路是同塔双回路还是单回路等因素。

（三）正序电抗

三相架空线路经过换位后，各相导线的相间电容相等，即$C_{ab} = C_{bc} = C_{ca}$，各相对地电容也相等，即$C_{aD} = C_{bD} = C_{cD} = C_D$。单回线路正序电容$C_1$（F/km）的计算公式为

$$C_1 = \frac{0.055\ 568 \times 10^{-6}}{\ln \frac{d_{m3\phi}}{r_\phi} + \ln \sqrt[3]{\frac{d_{aa'} d_{bb'} d_{cc'}}{d_{ab'} d_{ac'} d_{bc'}}}} \tag{8-4}$$

式中 r_ϕ ——导线计算半径；

$d_{aa'}$ ——a 相导线到对地镜像 a′的距离，其余距离类似。

正序容抗 X_{C_1} 的计算公式为

$$X_{C_1} = \frac{1}{100\pi C_1} \tag{8-5}$$

正序电纳 Y_1 的计算公式为

$$Y_1 = 100\pi C_1 \tag{8-6}$$

在同塔双回线路中，每回路的正序电容 C_{11} 仍可用单回路正序电容的计算公式计算，且接地线对正序电容的影响可以忽略。双回路的正序综合容抗 X_{C_1} 为

$$X_{C_1} = \frac{1}{2} \times \frac{1}{100\pi C_{11}} = \frac{1}{2} X_{C_{11}} \tag{8-7}$$

（四）零序容抗

计算零序容抗需要考虑有无避雷线、线路是同塔双回路还是单回路等因素。架空线路零序容抗计算公式如表 8-1 所示。

表 8-1　架空线路零序容抗计算公式

类别	单回路	同塔双回
无避雷线	$X_{C_0} = \frac{1}{100\pi C_0}$	$X'_{C_0} = \frac{1}{2}(X_{E_{00}} + X_{C_{m0}})$
双避雷线（w、v）	$X_{C_{0-wv}} = \frac{1}{100\pi C_{0-wv}}$	$X'_{C_{0-wv}} = \frac{1}{2}(X_{C_{00-wv}} + X_{C_{m0-wv}})$

注　X_{C_0} 为无避雷线单回路的零序阻抗，C_0 为对应的零序电容；$X_{C_{0-wv}}$ 为双避雷线单回路的零序容抗，C_{0-wv} 为对应的零序电容；X'_{C_0} 为无避雷线双回路的零序容抗，$X_{C_{00}}$ 为每回路线路零序自容抗，$X_{C_{m0}}$ 为两回路之间零序互容抗；$X'_{C_{0-wv}}$ 为双避雷线双回路的零序容抗，C_{00-wv} 为每回路线路零序自容抗，$X_{C_{m0-wv}}$ 为两回线路之间零序互容抗。

（五）架空送电线路导线截面选择和校验

架空送电线路导线截面一般按经济电流密度来选择，并根据电晕、机械强度及事故情况下的发热条件进行校验，必要时通过技术经济比较确定。对于超高压线路，电晕往往是选择导线截面的决定因素。

1. 按经济电流密度选择导线截面

按经济电流密度选择导线截面用的输送容量，应考虑线路投入运行后 5～10 年的发展，在计算中必须采用正常运行方式下经常重复出现的最高负荷，但在系统发展还不明确的情况下，应注意勿使导线截面定得过小。

导线截面的计算公式为

$$S = \frac{P}{\sqrt{3} J U_N \cos\varphi} \tag{8-8}$$

式中 S——导线截面，mm^2；

P——送电容量，kW；

U_N——线路额定电压，kV；

J——经济电流密度，A/mm^2。

经济电流密度如表 8－2 所示。

表 8－2　经 济 电 流 密 度　A/mm^2

导线材料	最大负荷利用小时数 T_{max}/h		
	3000 以下	3000～5000	5000 以上
铝线	1.65	1.15	0.9
铜线	3.0	2.25	1.75

经济电流密度的确定，涉及电力和有色金属等部门的供应、分配和发展等国民经济情况，目前有待统一修订标准。

2. 按电晕条件校验导线截面

在高压输电线中，导线周围产生很强的电场，当电场强度达到一定数值时，导线周围的空气就发生游离，形成放电，这种放电现象就是电晕。在高海拔地区，对于 110～220kV 线路及 330kV 以上电压线路的导线截面，电晕条件往往起主要作用。

导线产生电晕会带来两个不良后果：① 增加送电线路的电能损失；② 对无线电通信和载波通信产生干扰。至于电晕对导线的腐蚀，从我国东北系统 154kV 升压至 220kV 线路的实际运行情况来看，没有明显的影响，可暂不考虑。

关于电晕损失，若直接计算出送电线路的电晕损失，其优点是数量概念很清楚，缺点是计算较复杂。目前已很少采用这种方法。现在趋向于用导线最大工作电场强度 E_m（单位为 kV/cm）与全面电晕临界电场强度的比值来衡量电晕损失。

3. 按导线长期容许电流校验导线截面

选定的架空输电线路的导线截面，必须根据各种不同运行方式及事故情况下的传输容量进行发热校验，即在设计中不应使预期的输送容量超过导线发热所能容许的数值。

按容许发热条件的持续极限输送容量的计算公式为

$$W_{max} = \sqrt{3}U_N I_{max} \tag{8-9}$$

式中 W_{max}——极限输送容量，MVA；

U_N——线路额定电压，kV（如已知线路实际电压 U 不等于额定电压 U_N 时，式中应采用 U）；

I_{max}——导线持续容许电流，kV。

需要说明的是，在一定环境温度下（如+40℃）运行极限容量的输电线路，其导线温度必然超过环境温度（如+70℃）。所以，严格地讲，送电线路导线的最大孤垂度应按导线以极限容量运行时本身的温度来考虑，但我国现行的线路设计规程是按最高环境温度（或覆冰情况）来设计最大弧垂度的，因为这一规定已考虑了前述因素，并兼顾了导线对地距离与交叉跨越的标准、线路的经济性和运行的安全性等因素，实践证明是适宜的。

4. 按电压损失校验导线截面

只有当电压为 6、10kV 以下，而且导线截面在 70～95mm^2 以下的线路，才进行电压校验。因为截面大于 70～95mm^2 的导线采用加大截面的办法来降低电压损失的效果并不十分显著，而且会引起投资及有色金属较多的增加。采用静电电容器补偿或带负荷调压的变压器及其他措施更为合适，但应进行技术经济比较确定。

线路允许电压损失的量应视线路首端的实际电压水平确定。对于线路末端受电器（如电动机、变压器等），一般允许低于其额定电压的 5%，个别情况下（如故障）允许低于其额定电压的 7.5%～10%，如果线路首端电压高于额定电压 10%，则线路允许电压损失 15%。

5. 按机械强度校验导线截面

为了保证架空线路必要的安全机械强度，对于跨越铁路、通航河流和运河、公路、通信线路、居民区的线路，其导线截面面积不得小于 35mm^2。通过其他地区的导线截面，按线路的类型分，容许的最小截面列于表 8－3 中。

表 8－3　　按机械强度要求的导线最小容许截面积　　mm^2

导线构造	最大负荷利用小时数 T_{max}		
	Ⅰ类	Ⅱ类	Ⅲ类
单股线	不许使用	不许使用	不许使用
多股线	25	16	16

注　35kV 以上线路为Ⅰ类线路。1～35kV 的线路为Ⅱ类线路。1kV 以下线路为Ⅲ类线路。

（六）架空送电线路的输电能力

架空送电线路的输电能力是指输送功率大小与输送距离远近，与电力系统运行的经济性、稳定性有很大关系。

1. 线路的自然输送容量

线路的自然输送容量可按下式计算：

$$P_{\lambda}=\frac{U_N^2}{Z_{\lambda}}\approx 2.5U_N^2\times 10^{-3}\ （WM）\tag{8－10}$$

式中　U_N——线路额定电压，kV；

Z_{λ}——线路波阻抗，Ω，约 260～380Ω。

当线路传输自然功率时，电力传输具有如下特征。

（1）全线各点电压及电流大小一致。

（2）线路任一点功率因数一样。

（3）电力传输为无功损耗传输，即每单位长度所消耗的无功功率等于其单位长度所产生的无功功率。

当输送功率小于自然功率时，线路电压从始端向末端提高；当负荷大于自然功率时，线路电压从始端向末端降低。当维持送受两端电压相等，且传输功率不等于自然功率时，线路中点电压偏移最严重。

220kV 及以上电压等级输电线路每回线的输送容量大致接近自然功率，对于短线，可能大于自然功率，而对于长线，由于稳定原因往往达不到自然功率，必须采取措施。

2. 超高压远距离输电线路的传输能力

远距离输电线路的传输能力主要决定于发电机并列运行的稳定性，以及为提高稳定性所采取的措施。远距离输电一般不送无功（或仅送极少无功），可在受端装设适当的调相调压设备。若要提高线路的输送能力，必须保证一定的技术经济指标（包括输电成本、电能质量及正常和事故运行情况下系统的稳定性）。

精确的输电线路传输能力要通过稳定性计算，在电力系统规划中可以输电线路的极限传输角作为稳定性判据。根据功角特性公式并计及 $Z_c=Z_\lambda \sin\lambda$（$Z_c$ 为输电线路的阻抗），可求出传输功率的近似估算式

$$P = P_\lambda \frac{\sin\delta_y}{\sin\lambda} \tag{8-11}$$

式中 λ——近似取 6° /100km；

δ_y——输电线路的允许传输角。

当 δ_y 取 25° ～30° 时

$$P \approx (400 \sim 480)\frac{P_\lambda}{l} \tag{8-12}$$

考虑补偿后，应为

$$P \approx \frac{(400 \sim 480)}{1-K} \times \frac{P_\lambda}{l} \tag{8-13}$$

式中 K——补偿度；

P_λ——线路的自然功率；

l——线路长度。

二、变压器参数

（一）发电厂主变压器容量和台数的确定

1. 具有发电机电压母线的主变压器

连接在发电机电压母线与系统之间的主变压器容量，应按下列条件计算。

（1）当发电机电压母线上最小负荷时，能将发电机电压母线上剩余容量送入系统，但可不考虑出现频率极少的最小负荷的特殊情况。

（2）当发电机电压母线上最大一台发电机组停用时，能由系统供给发电机电压的最大负荷。在电厂分期建设过程中，在事故断开最大一台发电机组的情况下，通过变压器向系统取得电能时，可以考虑变压器的允许过负荷能力和限制非重要负荷。

（3）根据系统经济运行的要求（如充分利用丰水季节的水能）而限制本厂输出功率时，能供给发电机电压的最大负荷。

（4）按上述条件计算时，应该考虑负荷曲线的变化和逐年负荷的发展。特别注意发电厂初期运行，当发电机电压母线负荷不大时，能将发电机电压母线上的剩余容量送入系统。

（5）发电机电压母线与系统连接的变压器一般选用两台。对于主要由发电机电压供电而系统电源仅作为备用的地方电厂，允许只装设一台主变压器作为发电厂与系统间的联络。对于小型发电厂，接在发电机电压母线上的主变压器宜设置一台。对于装有两台主变

压器的发电厂，其变压器容量按能承担70%的电厂容量选择，即当其中一台主变压器退出运行时，另一台主变压器仍能承担全部电厂的容量。

2. 单元接线的主变压器

发电机与主变压器为单元连接时，主变压器的容量可按下列条件中的较大者选择。

（1）按发电机的额定容量扣除本机组的厂用负荷后，留有10%裕度。

（2）按汽轮发电机组的最大连续输出容量扣除本机组的厂用负荷。

（3）当采用扩大单元接线方式时，应采用分裂绕组变压器，其容量应等于按上述（1）或（2）算出的两台机组容量之和。

3. 连接两种升高电压母线的联络变压器

（1）满足两种电压网络在各种不同运行方式下网络间的有功功率和无功功率的交换。

（2）其容量一般不小于接在两种电压母线上最大一台机组的容量，以保证最大一台机组故障或检修时，通过联络变压器来满足本侧负荷的要求，同时也可在线路检修或故障时，通过联络变压器将其剩余容量送入另一侧系统。

（3）为了布置和引接的方便，联络变压器一般装设一台，最多不超过两台。

（二）变电所主变压器容量和台数的确定

1. 主变压器容量的确定

（1）主变压器容量一般按变电所建成后5～10年的规划负荷选择，并适当考虑到远期10～20年的负荷发展情况。对于城郊变电站，主变压器应与城市规划相结合。

（2）根据变电所所带负荷的性质和电网结构来确定主变压器的容量。对于有重要负荷的变电所，应考虑当一台主变压器停运时，应保证用户的一级负荷和二级负荷；对于一般性变电所，当一台主变压器停运时，其余变压器容量应能保证全部负荷的70%～80%。

（3）同级电压的单台降压变压器容量的级别不宜太多，应从全网出发，推行系列化、标准化。

2. 主变压器台数的确定

（1）对于大城市郊区的一次变电站，在中、低压侧已构成环网的情况下，变电站以装设两台主变压器为宜。

（2）对于地区性孤立的一次变电站或大型工业专用变电所，在设计时应考虑装设3～4台主变压器的可能性。

（3）对于规划只装设两台变压器的变电站，应结合远景负荷的发展情况，研究其变压器基础是否需要按大于变压器容量的要求设计，以便负荷发展时有调换更大容量的变压器的可能性。

（三）变压器参数及模型

1. 正序阻抗

（1）双绕组变压器。

双绕组变压器的正序等值电路中，Z_T为折算到一次侧的变压器漏抗，励磁回路的电纳B_T和电导G_T通常忽略不计。设变压器两侧选用的分接头电压分别为U_1和U_2，则该变压器的变压比满足$1:k=U_1:U_2$。

变压器正序阻抗中的电阻和电抗计算式为

$$\begin{cases} R_T = \dfrac{\Delta p_m U^2}{S_N^2} \times 10^{-3} \\ X_T = \dfrac{U_k\% U^2}{S_N} \times 10^{-2} \end{cases} \tag{8-14}$$

式中　S_N ——变压器额定容量，MVA；

Δp_m ——变压器短路损耗，kW；

U ——变压器主接头电压，kV；

$U_k\%$ ——变压器短路电压百分比。

（2）三绕组变压器。

三绕组变压器不论采用普通型或自耦性结构，其正序等值电路一般采用星形联结的 3 个双绕组变压器来描述。变压器励磁回路的电纳 B_T 和电导 G_T 同样忽略不计。

与双绕组变压器的短路试验数据不同，三绕组变压器的短路损耗、短路电压值一般是一个绕组开路时另外两个绕组两两之间的试验数据。因此，各绕组电阻、电抗的计算取决于各绕组的容量比组合，以及各绕组在铁心上的排列方式，需按以下情况分别计算。

1）电阻。

a. 容量比为 100/100/100 时，按式（8－15）求各绕组的短路损耗，即

$$\begin{cases} \Delta p_{m1} = \dfrac{1}{2}(\Delta p_{m12} + \Delta p_{m13} - \Delta p_{m23}) \\ \Delta p_{m2} = \dfrac{1}{2}(\Delta p_{m12} + \Delta p_{m23} - \Delta p_{m13}) \\ \Delta p_{m3} = \dfrac{1}{2}(\Delta p_{m13} + \Delta p_{m23} - \Delta p_{m12}) \end{cases} \tag{8-15}$$

式中　Δp_{m1}、Δp_{m2}、Δp_{m3} ——分别为高、中、低压侧绕组的短路损耗，kW；

Δp_{m12}、Δp_{m23}、Δp_{m13} ——分别为两两绕组间的短路损耗，kW。

b. 容量比为 100/100/50（$S_N / S_N / S_3$）和 100/50/100（$S_N / S_2 / S_N$）时，由于厂家提供的两两绕组之间的短路损耗是按小容量绕组达到额定电流时的试验数据得到的，需按式（8－16）和式（8－17）折算到额定容量时的值。

$S_N / S_N / S_3$ 类型折算式为

$$\begin{cases} \Delta p_{m23} = \Delta p'_{m23} \left(\dfrac{S_N}{S_3} \right)^2 \\ \Delta p_{m13} = \Delta p'_{m13} \left(\dfrac{S_N}{S_3} \right)^2 \end{cases} \tag{8-16}$$

$S_N / S_2 / S_N$ 类型折算式为

$$\begin{cases} \Delta p_{m12} = \Delta p'_{m12} \left(\dfrac{S_N}{S_2} \right)^2 \\ \Delta p_{m23} = \Delta p'_{m23} \left(\dfrac{S_N}{S_2} \right)^2 \end{cases} \tag{8-17}$$

其中，带上标′的参数表示未经折算的短路损耗值。

在 a. 和 b. 中，由计算所得各绕组的短路损耗，根据式（8－14）求各绕组的电阻。

c. 若只提供最大短路损耗值Δp_{max}，即两个 100%容量的绕组中流过额定电流、另一个绕组空载时的损耗，则需分两种情况。

若 3 个绕组都是额定容量，则每个绕组的电阻都相等，即

$$R_1 = R_2 = R_3 = \frac{1}{2}\frac{\Delta p_{max} U^2}{S_N^2} \times 10^{-3}\ (\Omega) \tag{8-18}$$

若一个绕组小于额定容量，则两个 200%容量的绕组电阻同式（8－18），小容量绕组电阻为

$$R_{2,3} = R_1 \frac{S_N}{S_{2,3}} \tag{8-19}$$

2）电抗。各绕组电抗由厂家提供的两两绕组间的短路电压（已归算到各绕组通过额定电流时的值）按式（8－20）求得。

$$\begin{cases} U_{k1}\% = \frac{1}{2}(U_{k12}\% + U_{k13}\% - U_{k23}\%) \\ U_{k2}\% = \frac{1}{2}(U_{k12}\% + U_{k23}\% - U_{k13}\%) \\ U_{k3}\% = \frac{1}{2}(U_{k13}\% + U_{k23}\% - U_{k12}\%) \end{cases} \tag{8-20}$$

然后按照式（8－14）计算各绕组的电抗。

2. 零序阻抗

变压器的零序等值回路与变压器的结构形式有关。变压器结构一般有芯型和壳型两种，其中常见的芯型变压器有 3 种：① 由 3 个单相双绕组变压器组成的三相变压器；② 三相三绕组变压器；③ 三相五绕组变压器。

各种绕组接法情况下的变压器零序电抗X_{10}、X_{20}、X_{30}分别为各绕组零序漏抗，$X_{\mu 0}$为变压器零序励磁电抗。

当变压器结构为 3 个单相、三相五绕组或壳型时，零序漏抗X_{10}、X_{20}、X_{30}分别与各对应正序漏抗相等；零序励磁电抗$X_{\mu 0}$在全星形接线的变压器中与正序值相等，在含有三角形接线的变压器中可视为无穷大，在等值电路中均可视为开路。

当变压器结构含有三角形接线的三相三柱时，各绕组零序漏抗一般略小于正序漏抗，如没有厂家提供的实测值，可按近似等于正序漏抗处理；零序励磁电抗$X_{\mu 0}$一般取标幺值 0.3～1（自身额定容量为基准）。

当变压器结构含有全星形接线的三相三柱时，由于零序磁通经充油空间及变压器箱壳，所遇磁阻较大，故零序漏抗不等于正序漏抗，数值一般由厂家实测提供；励磁阻抗较小，且数值随施加电压不同而变化，通常由厂家提供实测数据，一般在零序电压为额定值的 3%左右时，阻抗最大，在大于 20%零序电压后趋于稳定。

第二节 潮 流 计 算

一、概述

配电网的潮流计算是配电网络各种分析的基础，也是配电网规划的重要依据。配电网的潮流计算方法很多，如牛顿法、前推回代法、利用双方向等效电压降模型计算法、树状链表和递归搜索法、基于集中抄表系统采集数据的线性潮流计算法、不平衡辐射配电网的快速解耦法、基于负荷转移和负荷节点消去的潮流计算法等。

随着配电网电压等级的提高及对可靠性、电能质量和节能要求的日益提高，配电网中的风电和小水电逐渐增多，而且配电网中的多分段多连接技术的研究力度也在加大，配电网将逐渐成为多电源［含有分布式电源（Distributed Generation，DG）］、多回路的环网，对配电网的潮流计算提出了更高的要求。对于含有大量分支线路、环网及 DG 的配电网，潮流计算量非常大。配电网中常用的前推回代法在处理多电源和环网时能力较弱。牛顿法通过改进给出了适用于配电网的可形成雅可比矩阵的计算公式，但由于配电网的特点，改进的牛顿法对并联支路及补偿电容的处理较困难，并且要求相邻两个节点间的电压差要足够小，这使其应用受到了一定的限制。利用多端口补偿技术和基尔霍夫定律，可以有效计算弱环网的潮流，但该方法对网络中的节点和支路编号的要求较高，而且需要形成戴维南等效阻抗矩阵。还有一些配电网潮流计算方法，通过解环的方法可计算单电源环网的潮流。

随着 DG 的应用，通过对含有 DG 的配电网潮流分布的分析，提出了含有 DG 的配电网潮流计算方法，例如，采用叠加原理处理 DG 的配电网潮流计算法、利用网损灵敏度的参与因子处理含有 DG 的配电网潮流计算法、蒙特卡罗法（利用蒙特卡罗法可分析含有 DG 的确定性和随机性的潮流分布）。在计算配电网潮流时，接有 DG 的节点可按 PV 节点、PQ 节点或 PQV 节点考虑。

为了提高算法的有效性和灵活性，适应配电网的要求，降低对节点和支路编号的要求，并且不需要解环，本章以网络拓扑技术及基尔霍夫电流定律为基础，同时考虑线路充电效应、PV 节点（接有 DG）、环网、电容器和负荷变化的影响，提出了配电网潮流计算的节点分析方法。该算法提高了节点和支路编号的灵活性，与其他计算方法相比，应用基尔霍夫电流定律可使计算更加简单，且有利于含有环网和多电源配电网的潮流计算。

为了便于进行配电系统的电气计算，通常采用标幺值。标幺值是指实际有名值（任意单位）与基准值（与实际有名值同单位）之比。标幺值参数有利于进行参数对比，并简化计算。容量、电压、电流、阻抗的标幺值参数如下

$$\begin{cases} S_* = S / S_{\mathrm{B}} \\ U_* = U / U_{\mathrm{B}} \\ I_* = I / I_{\mathrm{B}} \\ Z_* = Z / Z_{\mathrm{B}} \end{cases} \tag{8-21}$$

式中　S、U、I、Z——以有名值单位表示的容量（MVA）、电压（kV）、电流（kA）和阻抗（Ω）；
S_B、U_B、I_B、Z_B——以基准量表示的容量（MVA）、电压（kV）、电流（kA）、阻抗（Ω）；
S_*、U_*、I_*、Z_*——计算得到的容量、电压、电流、阻抗的标幺值。

在工程计算中，基准容量可采用任意值或等于一个电源或数个电源的总容量。为了计算方便，基准容量通常取 S_B=100MVA 或 S_B=1000MVA。基准电压一般选取线路平均额定电压，其电压等级为 230、115、37、10.5、6.3、3.15、0.4、0.23kV。各级电压常用基准值如表 8–4 所示。当基准容量和基准电压取定后，基准电流及基准阻抗可表示为

$$\begin{cases} I_B = S_B / (\sqrt{3}U_B) \\ Z_B = U_B / (\sqrt{3}I_B) = U_B^2 / IS_B \end{cases} \tag{8-22}$$

表 8–4　　　　各级电压常用基准值（S_B=100MVA）

基准电压/kV	230	115	37	10.5	6.3	3.15	0.4	0.23
基准电流/kA	0.25	0.5	1.56	5.5	9.16	18.3	144.3	251
基准阻抗/Ω	529	132	13.7	1.1	0.397	0.099 2	0.001 6	0.000 53

二、潮流计算方法

潮流计算是校验规划方案合理性的必要计算，能够帮助规划人员校核网络的电压水平、查找设备过载、检验电力损耗，从而对网络设计和运行的合理性及经济性作出评价。

（一）开式网络潮流计算

开式网络只含有一个电源点，通过辐射状网络向若干个负荷节点供电。为了便于计算分析，通常可将电源点称为根节点，最末端的负荷节点称为叶节点，处于中间位置的负荷称为非叶节点。图 8–1 为一种典型的辐射状的开式网络。

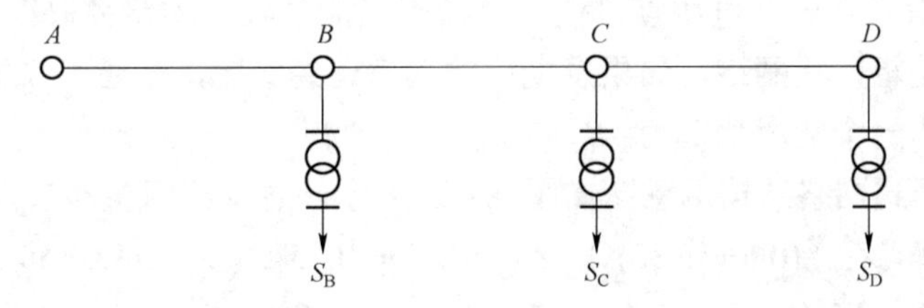

图 8–1　开式网络结构示意图

图 8–1 中，供电节点 A 通过馈电干线向负荷节点 B、C 和 D 供电，因此 A 为根节点，B、C 为非叶节点，D 为叶节点。一般情况下，已知量仅有 A 的电压和各负荷节点的功率。

开式网络由于网架结构和数据质量等原因，为了求解网络中各节点的电压水平和线路上的功率分布，一般采用“前推回代”的思路，分别计算节点电压和节点功率的近似解，再通过循环迭代提高近似解的精度。

第一步（前推）：用 D 点的额定电压和功率，逆着功率传输方向，依次计算各段线路阻抗中的功率损耗和功率分布为

$$S_{ij}''^{(k)} = S_j^{(k)} + \sum_{m \in N_j} S_{jm}'^{(k)} \tag{8-23}$$

$$\Delta S_{ij}^{(k)} = \frac{(P_{ij}''^{(k)})^2 + (Q_{ij}''^{(k)})^2}{(U_j^{(k)})^2}(r_{ij} + \mathrm{j}x_{ij}) \tag{8-24}$$

$$S_{ij}'^{(k)} = S_{ij}''^{(k)} + \Delta S_{ij}'^{(k)} \tag{8-25}$$

式中，$S_{ij}''^{(k)}$ ——第 k 次迭代线路 ij 注入节点 j 的功率，MVA；

$S_j^{(k)}$ ——第 k 次迭代节点 j 的功率，MVA；

$S_{jm}'^{(k)}$ ——第 k 次迭代节点 j 注入线路 jm 的功率，MVA；

$\Delta S_{ij}^{(k)}$ ——第 k 次迭代线路 ij 上的功率损耗，MVA；

$P_{ij}''^{(k)}$ ——第 k 次迭代线路 ij 注入节点 j 的有功功率，MW；

$Q_{ij}''^{(k)}$ ——第 k 次迭代线路 ij 注入节点 j 的无功功率，Mvar；

r_{ij} 、x_{ij} ——线路 ij 的电阻和电抗，Ω；

$U_j^{(k)}$ ——第 k 次迭代节点 j 的电压，kV；

$S_{ij}''^{(k)}$ ——第 k 次迭代线路 i 注入线路 ij 的功率，MVA。

对于第一轮的迭代计算，节点电压取给定的初值，一般为网络的额定电压。

第二步（回代）：利用第一步所得的支路首端功率和本步骤刚算出的本支路始节点的电压（对电源点为已知电压），从电源点开始逐条支路进行计算，求得各支路终节点的电压为

$$U_j^{(k+1)} = \sqrt{\left(U_j^{(k+1)} - \frac{P_{ij}'^{(k)} r_{ij} + Q_{ij}'^{(k)} x_{ij}}{U_i'^{(k+1)}}\right)^2 + \left(\frac{P_{ij}'^{(k)} x_{ij} + Q_{ij}'^{(k)} r_{ij}}{U_i'^{(k+1)}}\right)^2} \tag{8-26}$$

对于规模不大的网络，可手工计算，精度要求不很高时作一次计算即可。对于规模较大的网络，应考虑采用计算机进行计算。

当图 8-1 的网络中与节点 C 相接的是发电厂时，严格地讲，该网络已不能算是开式网络了（开式网络只有一个电源点，任一负荷点只能从唯一的路径取得电能）。但是，该网络在结构上仍是辐射状网络，如果发电厂的功率已经给定，则还可以按开式网络处理，可以将发电机当作一个取用功率为 $-S_C$ 的负荷。

【例 8-1】 开式网络结构示意图如图 8-2 所示。各支路阻抗和节点负荷功率如下：Z_{ab}=(0.54+j0.65)Ω，Z_{cd}=(0.6+j0.35)Ω，Z_{bc}=(0.72+j0.75)Ω，Z_{ef}=(1.0+j0.55)Ω，Z_{eg}=(0.65+j0.35)Ω，Z_{bh}=(0.9+j0.5)Ω。S_b=(0.6+j0.45)kVA，S_c=(0.4+j0.3)kVA，S_d=(0.4+j0.28)kVA，S_e=(0.6+j0.4)kVA，S_f=（0.4+j0.3）kVA，S_g=(0.5+j0.35)kVA，S_h=(0.5+j0.4)kVA。设供电点 a 的电压为 10.5kV，电压容许误差为 1V。取电压初值 $U^{(0)}$=10kV，作潮流计算。

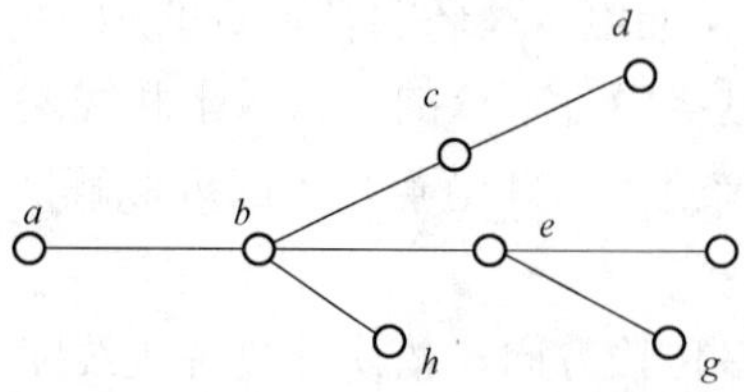

图 8-2　开式网络结构示意图

解：先确定功率损耗计算的支路顺序为 cd、bc、ef、eg、be、bh、ab。每一轮计算的第一步是按式(8-23)～式（8-25）依上列支路顺序计算各支路的功率损耗和功率分布；第二步用式（8-26）按上列相反的顺序作电压计算。计算结果如表 8-5 和表 8-6 所示。

表 8-5　　迭代过程中各首端功率　　kVA

迭代次数	1	2
S_{cd}	0.401 43＋j0.280 83	0.401 42＋j0.280 83
S_{bc}	0.807 50＋j0.585 73	0.807 40＋j0.585 65
S_{ef}	0.402 50＋j0.301 38	0.402 55＋j0.301 40
S_{eg}	0.502 42＋j0.351 30	0.502 46＋j0.351 32
S_{be}	1.529 21＋j1.077 98	1.529 45＋j1.078 19
S_{bh}	0.503 69＋j0.402 05	0.503 62＋j0.402 01
S_{ab}	3.538 49＋j2.633 84	3.535 59＋j2.630 35

表 8-6　　迭代过程中各节点电压　　kV

迭代次数	1	2
U_b	10.155 53	10.155 7
U_c	10.077 2	10.077 6
U_d	10.043 5	10.043 9
U_e	9.967 4	9.967 7
U_f	9.910 3	9.910 7
U_g	9.922 3	9.922 6
U_h	10.090 9	10.091 2

（二）闭式网络潮流计算

电力系统功率方程是复功率方程，对于较为复杂的配电网络，潮流计算需要采用求解非线性方程的方法进行计算，公式为

$$\frac{P_i - Q_i}{U_i^{\delta}} = \sum_{j=1}^{n} Y_{ij} U_i^{\delta} (i = 1, 2, \cdots, n) \tag{8-27}$$

式中　P_i、Q_i ——节点 i 的注入有功功率（kW）和无功功率（kvar）；

U_i^{δ}、U_j^{δ} ——节点 i 和节点 j 的复数电压值，kV；

Y_{ij} ——节点 i 和节点 j 之间的互导纳，S。

根据电力系统的实际运行条件，按给定变量的不同，节点一般分为以下 3 种类型。

（1）*PQ* 节点：这类节点的有功功率 *P* 和无功功率 *Q* 是给定的，节点电压（U，δ）是待求量。

（2）*PV* 节点：这类节点的有功功率 *P* 和电压幅值 *U* 是给定的，节点的无功功率 *Q* 和电压的相位 δ 是待求量。

（3）平衡节点：平衡节点只有一个，它的电压幅值和相位已给定，而其有功功率和无功功率是待求量。

【例 8-2】电源点是一座 2×150MVA 的 220kV 变电站，其 220kV 侧主接线为双母线接

线，110kV 侧和 10kV 侧主接线为单母分段接线。110kV 电网为双链式结构，包括 3 座 2×40MVA 变电站和 6 条架空线路，其中 110kV 变电站高、低压侧主接线均为单母分段接线。10kV 电网包括 8 条线路：电缆 3 条，环式接线；架空线路 5 条，4 条为多分段适度联络接线，1 条为单辐射接线。该电网的地理接线示意图如图 8－3 所示。涉及电气计算分析的设施、设备主要参数详见表 8－7～表 8－12。作潮流计算。

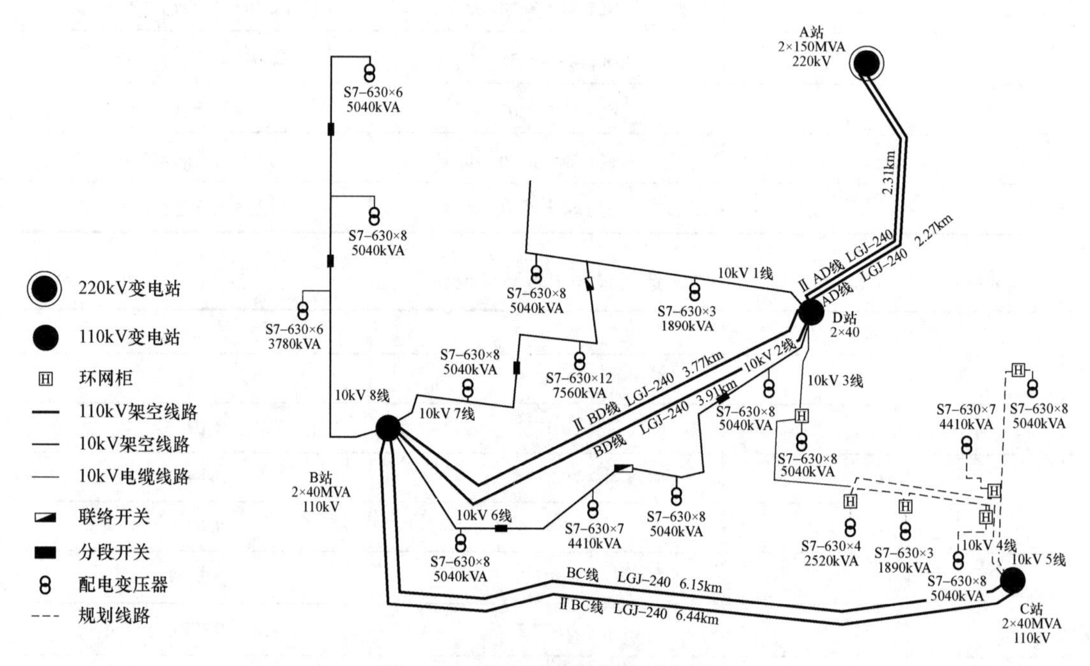

图 8－3　配电网地理接线示意图

表 8－7　110～220kV 变电站基本信息

变电站	电压等级/kV	电压序列/kV	容量构成/MVA	主变压器名称	主变压器型号
A 站	220	220/110/10	2×150	A 站 1 号	SFPSZ9－150000/220
				A 站 2 号	SFPSZ9－150000/220
B 站	110	110/10	2×40	B 站 1 号	SFZ9－40000/110
				B 站 2 号	SFZ9－40000/110
C 站	110	110/10	2×40	C 站 1 号	SFZ9－40000/110
				C 站 2 号	SFZ9－40000/110
D 站	110	110/10	2×40	D 站 1 号	SFZ9－40000/110
				D 站 2 号	SFZ9－40000/110

表 8－8　110kV 线路基本信息

序号	名称	型号	长度/km
1	AD 线	LGJ－240	2.27
2	IIAD 线	LGJ－240	2.31
3	DB 线	LGJ－240	3.91

续表

序号	名称	型号	长度/km
4	IIDB 线	LGJ－240	3.77
5	BC 线	LGJ－240	6.15
6	IIBC 线	LGJ－240	6.44

表 8－9　　10kV 线路基本信息

序号	名称	型号	长度/km	最大安全电流/A	最大电流/A	配电变压器型号	配电变压器数量/台	配电变压器容量合计/kVA
1	10kV1 线	LGJ－240	2.73	515	122	S11－630	11	6930
2	10kV2 线	LGJ－240	2.99	515	114	S11－630	16	10 080
3	10kV3 线	YJLV－240	1.76	305	114	S11－630	12	7560
4	10kV4 线	YJLV－240	2.92	305	96	S11－630	11	6930
5	10kV5 线	YJLV－240	2.28	305	105	S11－630	15	9450
6	10kV6 线	LGJ－240	2.71	515	178	S11－630	15	9450
7	10kV7 线	LGJ－240	7.61	515	127	S11－630	20	12 600
8	10kV8 线	LGJ－240	37.61	515	143	S11－630	20	12 600

表 8－10　　10～110kV 导线电气参数表

型号	导线截面/mm²	电压等级/kV	是否电缆	是否绝缘	正序电阻/（Ω/km）	零序电阻/（Ω/km）	负序电阻/（Ω/km）	正序电抗/（Ω/km）	零序电抗/（Ω/km）	负序电抗/（Ω/km）	正序电纳/（μS/km）	零序电纳/（μS/km）	负序电纳/（μS/km）	正序电导/（μS/km）	零序电导/（μS/km）	负序电导/（μS/km）
LGJ－240	240	110	否	否	0.131	0.181	0.131	0.2	0.25	0.2	2.7	2.72	2.68	0	0	0
LGJ－240	240	10	否	否	0.132	0.181	0.132	0.362	0.412	0.362	2	2.02	1.98	0	0	0
YJLV－240	240	10	是	是	0.125	0.175	0.125	0.08	0.13	0.08	2	2.02	1.98	0	0	0

表 8－11　　110～220kV 变压器电气参数表

型号	容量/MVA	变压比/kV	中压侧主变压器容量/MVA	低压侧主变压器容量/MVA	空载电流百分比/%	高低压侧短路电压百分比/%	高中压侧短路电压百分比/%	中低压侧短路电压百分比/%	空载损耗/kW	高中压侧短路损耗/kW	高低压侧短路损耗/kW	中低压侧短路损耗/kW
SFPSZ9－150000/220	150	220±8×1.25%/121/10.5	150	75	0.19	13.5	10	7.74	131.5	473.1	196.3	146.3
SFZ9－40000/110	40	110±8×1.25%/10.5	—	40	0.49	12.79	9.98	6.43	38.3	—	137.3	—

表 8－12　　10kV 配电变压器电气参数表

型号	容量/kVA	变压比/kV	空载电流/A	空载损耗/kW	短路损耗/kW	短路电压/kV
S11－630	630	10/0.38	0.9	5	5	10.5

解：配电网的电气接线图如图 8－4 所示。

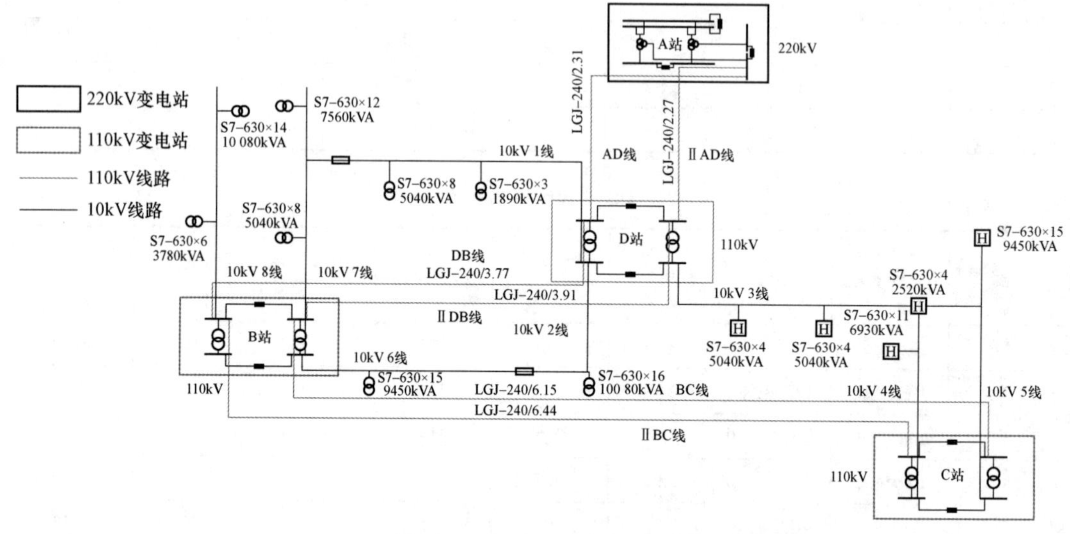

图 8－4　配电网电气接线图

110kV 电网潮流图及计算结果如图 8－5 和表 8－13、表 8－14 所示。

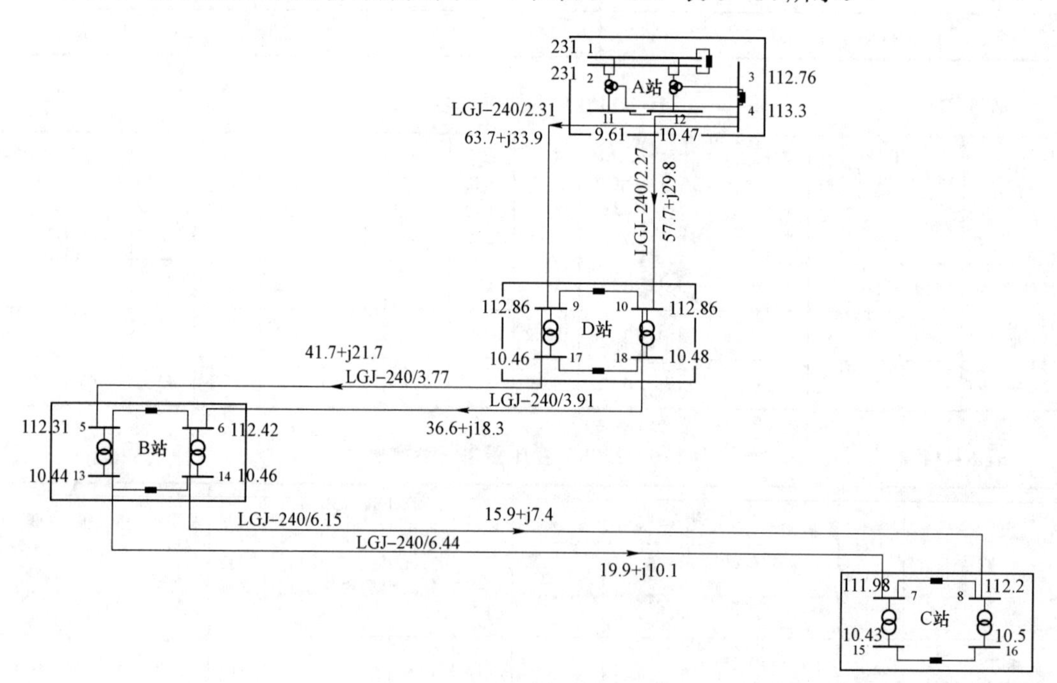

图 8－5　110kV 电网潮流图

表 8－13　　110kV 变电站母线节点电压幅值与相角

节点名称	所属变电站	电压幅值/kV	角度/（°）
1	A 站	231	－0.004
2	A 站	231	－0.005
3	A 站	122.76	－3.358

续表

节点名称	所属变电站	电压幅值/kV	角度/（°）
4	A 站	113.3	-9.77
5	B 站	112.31	-10.223
6	B 站	112.42	-10.18
7	C 站	111.98	-10.416
8	C 站	112.2	-10.33
9	D 站	112.86	-9.964
10	D 站	112.86	-9.988

表 8-14　110kV 线路潮流

名称	有功潮流/MW	无功潮流/Mvar
AD 线	57.713	29.844
IIAD 线	63.694	33.856
DB 线	36.632	18.335
IIDB 线	41.682	21.718
BC 线	15.883	7.423
IIBC 线	19.911	10.125

10kV 电网潮流图及计算结果如图 8-6 和表 8-15、表 8-16 所示。

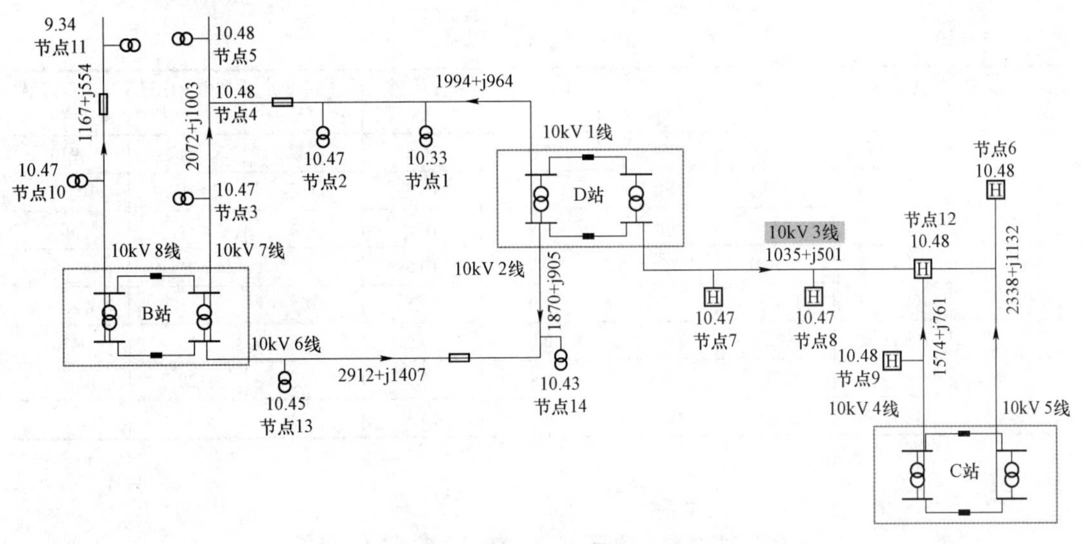

图 8-6　10kV 电网潮流图

表 8-15　10kV 出线节点电压、电压偏差及相角

变电站	出线	节点名称	节点电压/kV	电压偏差/%	角度/（°）
B 站	—	13	10.44	-0.57	-12.999
B 站	—	14	10.46	-0.38	-12.819

续表

变电站	出线	节点名称	节点电压/kV	电压偏差/%	角度/（°）
C站	—	15	10.43	−0.67	−12.973
C站	—	16	10.5	0.00	−12.351
D站	—	17	10.46	−0.38	−12.923
D站	—	18	10.48	−0.19	−12.772
D站	10kV1线	节点1	10.33	−1.62	−11.232
D站	10kV1线	节点2	10.47	−0.29	−10.415
B站	10kV7线	节点3	10.47	−0.29	−6.643
B站	10kV7线	节点4	10.48	−0.19	−6.643
B站	10kV7线	节点5	10.48	−0.19	−10.625
C站	10kV5线	节点6	10.48	−0.19	−13.753
D站	10kV3线	节点7	10.47	−0.29	−9.556
D站	10kV3线	节点8	10.47	−0.29	−9.114
C站	10kV4线	节点9	10.48	−0.19	−10.842
B站	10kV8线	节点10	10.48	−0.19	−11.778
B站	10kV8线	节点11	9.34	−11.05	−9.526
C站	10kV4线	节点12	10.45	−0.48	−12.844
B站	10kV6线	节点13	10.45	−0.48	−10.88
D站	10kV2线	节点14	10.43	−0.67	−10.88

表8－16　　10kV线路潮流

变电站	出线	有功负荷/kW	无功负荷/kvar	出口功率因数	出口电压/kV	出口电流/A	配电变压器总数/台	配电变压器总容量/kVA
D站	10kV1线	1994.6	964.8	0.9	10.5	122	11	6930
	10kV2线	1870.3	905.8	0.9	10.5	114	16	10 080
	10kV3线	1870.3	905.8	0.9	10.5	114	12	7560
C站	10kV4线	1574.0	761.6	0.9	10.5	96	11	6930
	10kV5线	1713.0	827.4	0.9	10.5	105	15	9450
B站	10kV6线	2912.9	1407.5	0.9	10.5	178	15	9450
	10kV7线	2072.7	1003.8	0.9	10.5	178	20	12 600
	10kV8线	2336.9	1131.7	0.9	10.5	143	20	12 600

第三节　短路电流计算

一、计算目的

短路电流计算是配电网规划设计中必须进行的计算分析工作，其主要目的包括：

（1）选择和校验电气设备；

（2）继电保护装置选型和整定计算；

（3）分析电力系统故障及稳定性能，选择限制短路电流的措施；

（4）确定电力线路对通信线路的影响。

为选择和校验电气设备、载流导体和整定供电系统的继电保护装置，需要计算三相短路电流；为校验继电保护装置的灵敏度，需要计算不对称短路电流；为校验电气设备及载流导体的动稳定和热稳定，需要计算短路冲击电流、稳态短路电流及短路容量；对瞬时动作的低压断路器，需要计算冲击电流有效值来进行稳定校验。

二、电抗标幺值计算

在进行高压短路电流计算时，一般只需对短路电流值有较大影响的电路元件（如发电机、变压器、电抗器、架空线及电缆等）加以考虑。这些元件由于电阻远小于电抗，因此可不考虑电阻的影响；但当架空线及电缆较长，短路回路的总电阻大于总电抗的 1/3 时，仍需计入电阻的影响。

为了便于计算配电系统的短路电流，通常采用标幺值。容量、电压、电流、阻抗的标幺值参数根据式（8－21）计算，基准值选取参考表 8－4。

（一）正序电抗

同步电机

$$X''_{1*}=\frac{X''_{\mathrm{d}}(\%)}{100}\times\frac{S_{\mathrm{B}}}{S_{\mathrm{N}}} \tag{8-28}$$

变压器

$$X_{1*}=\frac{U_{\mathrm{k}}(\%)}{100}\times\frac{S_{\mathrm{B}}}{S_{\mathrm{N}}} \tag{8-29}$$

架空线路及电缆线路

$$X_{1*}=X_{1*}\times\frac{S_{\mathrm{B}}}{U_{\mathrm{B}}^{2}} \tag{8-30}$$

串联电抗

$$X_{1*}=\frac{X_{\mathrm{k}}(\%)}{100}\times\frac{I_{\mathrm{B}}}{I_{\mathrm{N}}}\times\frac{U_{\mathrm{N}}}{U_{\mathrm{B}}} \tag{8-31}$$

并联电抗

$$X_{1*}=\frac{U_{\mathrm{N}}^{2}}{S_{\mathrm{N}}}\times\frac{S_{\mathrm{B}}}{U_{\mathrm{B}}^{2}} \tag{8-32}$$

式中　S_{N}——元件的额定容量，MVA；

U_{N}——元件的额定电压，kV；

I_{N}——元件的额定电流，kA。

（二）负序电抗

除同步电机外，其他元件的负序电抗等于正序电抗，同步电机的负序电抗如下

$$X_{2*}=\frac{X_2(\%)}{100}\times\frac{S_B}{S_N} \tag{8-33}$$

式中　$X_2(\%)$——负序电抗有名值。

（三）零序电抗

同步电机

$$X_{0*}=\frac{X_2(\%)}{100}\times\frac{S_B}{S_N} \tag{8-34}$$

架空输电线的零序电抗与土壤电阻率 ρ 有关，一般可通过计算得出。表 8－17 给出架空线路零序电抗与正序电抗之间的近似关系，供在短路电流近似计算中参考使用。

表 8－17　　架空线路零序电抗与正序电抗之间的近似关系

单回路塔线路电抗		双回路塔线路电抗（为每一回路的值）		电缆线路	
无避雷线	$X_0=3.5X_1$	无避雷线	$X_0=5.5X_1$	高压三芯电缆线路（6～35kV）	$X_0=3.5X_1$
有钢线避雷线	$X_0=3X_1$	有钢线避雷线	$X_0=4.7X_1$	高压单芯电缆线路（110～220kV）	$X_0=(0.8\sim1.0)X_1$
有良导体避雷线	$X_0=2X_1$	有良导体避雷线	$X_0=3X_1$	串联电抗器	$X_0=X_1$

三、短路电流的特点

（一）短路的基本过程

无限大容量系统发生三相短路时，其短路电流变化曲线如图 8－7 所示。由图 8－7 可以看出，短路的基本过程可分为暂态过程和稳态过程两个阶段。

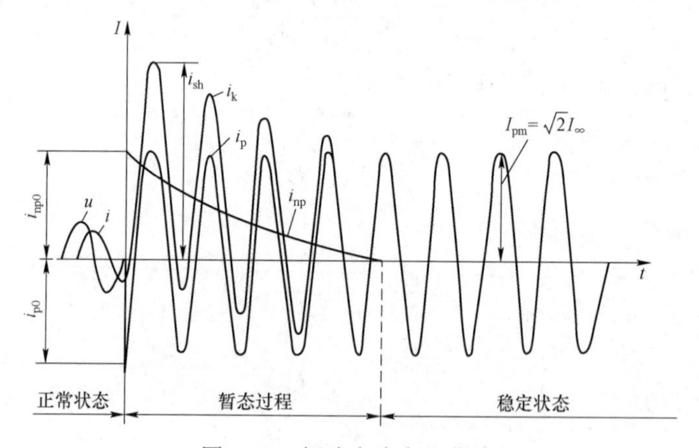

图 8－7　短路电流变化曲线

在暂态过程中，短路电流随时间而衰减，此时短路电流可分为直流分量和交流分量两部分，其中交流分量的幅值和有效值等于稳态短路电流的幅值和有效值，而直流分量则在一定时间内衰减为零。衰减的时间取决于短路回路中的总电抗 X_Σ 与总电阻值 R_Σ。即衰减时间 τ 为

$$\tau=\frac{X_\Sigma}{2\pi fR_\Sigma} \tag{8-35}$$

所以，总电阻 R_{Σ} 越大，衰减时间越小，一般经过 0.2s，直流分量就会全部衰减完，此后可认为电路中只剩下稳态（交流）分量了，暂态过程结束，进入了稳态过程。在稳态过程中，短路电流维持在持续稳定状态，直到短路电流被切除为止。

在配电网规划设计中，短路电流一般可以考虑采用简化或近似的方法计算，因此在计算时做如下假定。

（1）故障前为空载，即负荷略去不计，只计算短路电流的故障分量；

（2）故障前所有节点电压均等于平均额定电压，其标幺值等于 1；

（3）系统各元件的电阻略去不计（1kV 以上的高压电网）；

（4）只计算短路电流基频的周期分量。

（二）短路电流的特征参数

1. 次暂态短路电流 I''

次暂态短路电流 I'' 是刚发生短路时、短路电流周期分量的瞬时值，主要用来对电气设备的载流导体进行热稳定校验和整定继电保护装置。

2. 稳态短路电流 i_{d} 及稳态短路电流有效值 I_{d}

稳态短路电流 i_{d} 及稳态短路电流有效值 I_{d} 分别对应短路瞬变过程结束转到稳定过程时（约需 0.2s）的短路电流瞬时值和有效值，主要用来对电气设备的载流导体进行热稳定校验和整定继电保护装置。一般认为，次暂态短路电流 I'' 与稳态短路电流有效值 I_{d} 相等。

3. 短路冲击电流 i_{c}

短路发生经半个周期（$f=50\mathrm{Hz}$，$t=0.01\mathrm{s}$）时所达到的短路电流瞬时最大值称为短路冲击电流。选择设备导体时，必须用三相短路冲击电流值进行动稳定校验。

4. 短路电流最大有效值 I_{c}

短路发生经半个周期（$f=50\mathrm{Hz}$，$t=0.01\mathrm{s}$）时所达到的短路电流最大值的有效值，即短路冲击电流 i_{c} 的有效值。选择设备导体时，必须用三相短路冲击电流最大有效值进行动稳定校验。

$$\begin{cases} i_{\mathrm{c}} = I_{\mathrm{d}}\sqrt{2}K_{\mathrm{c}} \\ I_{\mathrm{c}} = I_{\mathrm{d}}\sqrt{1+2(K_{\mathrm{c}}-1)^2} \end{cases} \tag{8-36}$$

式中 K_{c}——短路电流冲击系数，取决于短路回路中 X/R 的比值，X/R 不同，则 K_{c} 也不同。

在工程实用计算中，通常取 $K_{\mathrm{c}}=1.8$，则

$$\begin{cases} i_{\mathrm{c}} = 2.55I_{\mathrm{d}} \\ I_{\mathrm{c}} = 2.52I_{\mathrm{d}} \end{cases} \tag{8-37}$$

当电路在 1000kVA 及以下的变压器二次侧短路时，取

$$\begin{cases} i_{\mathrm{c}} = 1.84I_{\mathrm{d}} \\ I_{\mathrm{c}} = 1.08I_{\mathrm{d}} \end{cases} \tag{8-38}$$

5. 短路容量

短路容量是衡量断路器切断短路电流大小的一个重要参数，在任何时候，断路器的切断能力都应大于短路容量。短路容量 S_{d} 的定义为

$$S_{\mathrm{d}} = \sqrt{3}U_{\mathrm{c}}I_{\mathrm{d}} \tag{8-39}$$

式中 U_{c}——线路额定电压，kV。

四、中高压配电网短路电流计算

（一）电力系统序网的建立

为了计算对称短路电流和不对称短路电流，需要编制系统的正序、负序和零序等值网络（电力系统序网）或称正、负、零序阻抗图。

正序网络可以根据电力系统接线图直接绘出，短路电流计算用的正序网络与潮流计算用的网络基本相同，但需包括发电机并以发电机的次暂态电抗来表示发电机阻抗。

负序网络的结构和正序网络的相同，只是负序网络中各发电机的负序电动势为零，电抗取负序电抗 X_2。由于负序网络的结构与正序网络的结构基本相同，一般不需要单独绘制负序阻抗图。

零序网络和正序网络有很大的差别，因为各元件三相中的零序电流完全相同，只能通过星形接法且中性点接地的元件和大地形成回路，因此零序电流流经的途径与正序电流、负序电流截然不同。由于发电机通常由三角形接法的变压器绕组把零序电流隔开，因而零序网络通常不含发电机阻抗，而只含变压器和输电线路的阻抗。由于变压器的零序电抗与其构造、绕组连接方式有关，情况比较复杂，这里重点介绍一下。

1. 变压器的零序参数和零序等值电路

变压器绕组的连接法对零序网络有很大的影响。变压器的零序等值回路如表 8－18 所示。

表 8－18　变压器的零序等值回路

序号	接线方式	零序等值回路
1	YNd	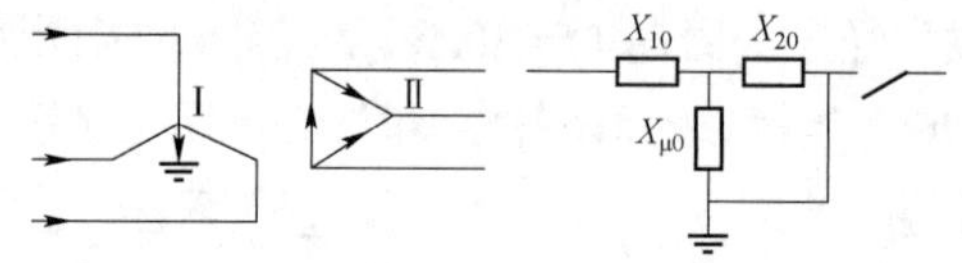 Ⅰ　Ⅱ　X_{10}　X_{20}　$X_{\mu0}$
2	YNyn	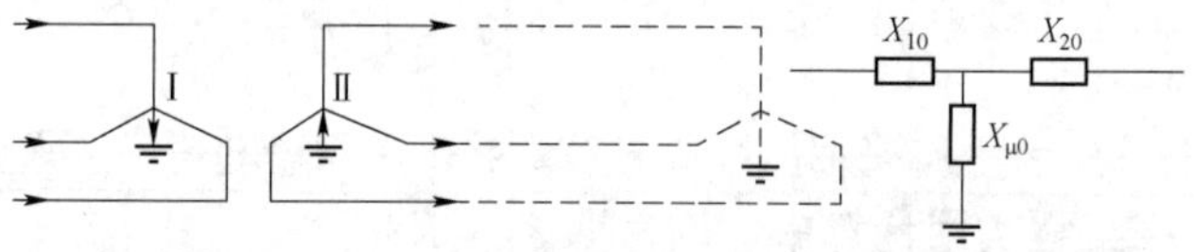 Ⅰ　Ⅱ　X_{10}　X_{20}　$X_{\mu0}$
3	YNy	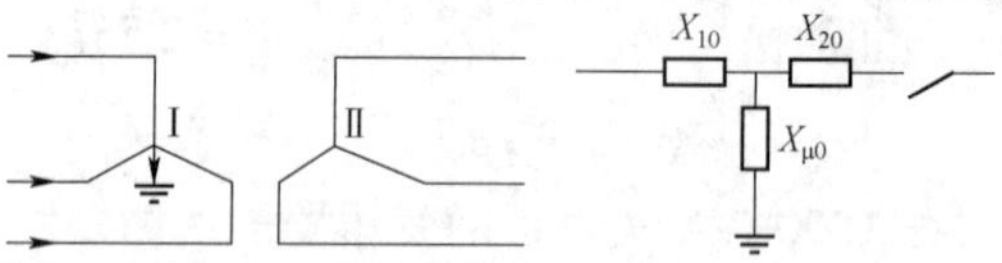 Ⅰ　Ⅱ　X_{10}　X_{20}　$X_{\mu0}$
4	YNdy	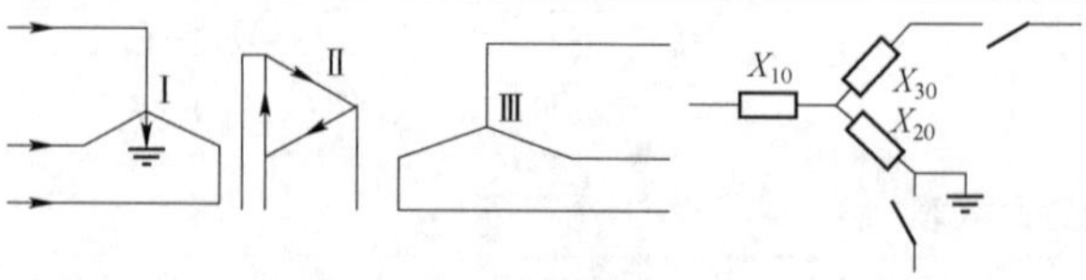 Ⅰ　Ⅱ　Ⅲ　X_{10}　X_{30}　X_{20}
5	YNdyn	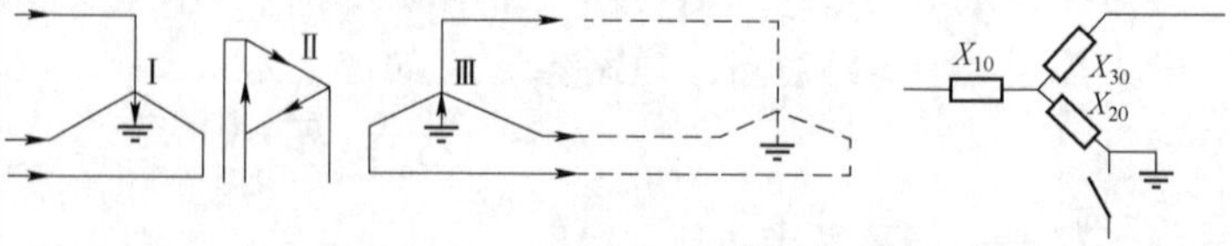 Ⅰ　Ⅱ　Ⅲ　X_{10}　X_{30}　X_{20}

续表

序号	接线方式	零序等值回路
6	YNdd	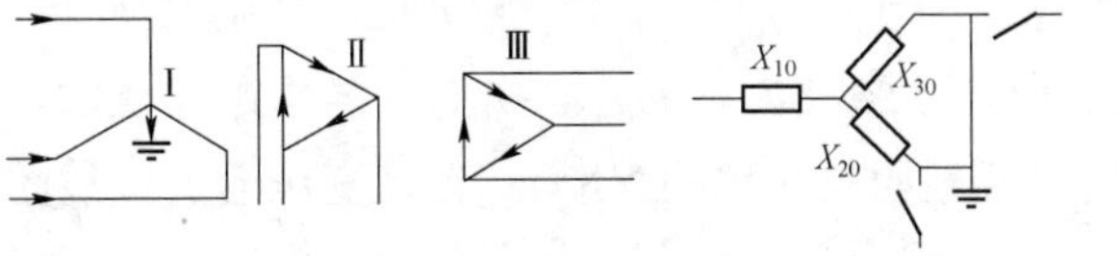 Ⅰ Ⅱ Ⅲ X_{10} X_{30} X_{20}
7	YNyny	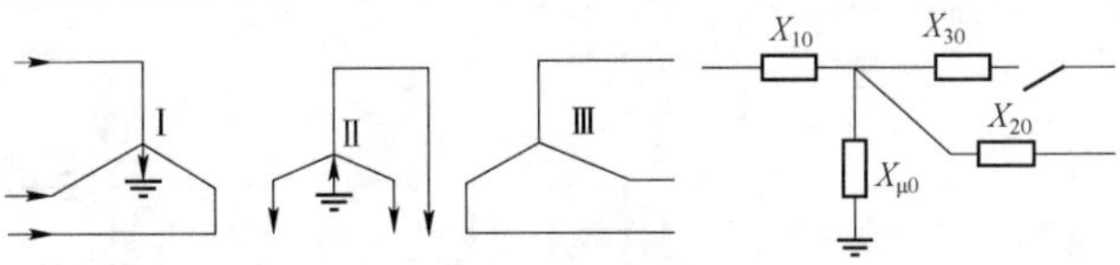 Ⅰ Ⅱ Ⅲ X_{10} X_{30} X_{20} $X_{\mu0}$

在作零序网络时，先从发生故障的地点开始，查明零序电流可能通行的途径。只有在一定的情况下，零序电流方可由变压器的一边感应到另一边去。

当三相变压器的绕组接成三角形或中性点不接地的星形时，从三角形或不接地星形一边来看，由于零序电流不能通过，变压器的零序电抗总是无限大。只有当变压器的绕组接成星形，并且中性点接地时，从星形侧来看变压器，零序电抗 X_0 才是有限的。

（1）表 8－18 中第 1 项表示变压器 YNd 的接线方式。在此情况下，当零序电压加于 YN 侧即Ⅰ侧时，两侧绕组均有零序电流，但Ⅱ侧的零序电流在三角形内形成环流，流出绕组Ⅱ的零序电流为零，所以其单相零序等值电路相当于Ⅱ侧经漏抗 X_{20} 短路，而绕组Ⅱ外边的电路则开路。等值电路中 X_{20} 一端的电位为零，只是说明该支路完成了零序电流的闭合回路，而不表示变压器中性点接地。YNd 变压器Ⅰ侧的零序等值电抗为

$$X_0 = X_{10} + \frac{X_{20}X_{\mu0}}{X_{20} + X_{\mu0}} \approx X_{10} + X_{20} \tag{8-40}$$

式中　X_{10}、X_{20}——变压器Ⅰ、Ⅱ侧的零序漏抗；

$X_{\mu0}$——变压器的零序励磁电抗。

（2）表 8－18 中第 2 项为 YNyn 接法的双绕组变压器。当Ⅰ侧施加零序电压时，Ⅱ侧有无零序电流取决于与Ⅰ侧相连的外电路中有无接地的中性点。如外电路有一个或一个以上接地的中性点，则变压器两侧的零序电流都可以流通。如果外电路中没有接地的中性点，则这种变压器的零序等值电抗将和 Yny 接法的零序电抗相同，即相当于变压器绕组Ⅱ开路。

在全星形接法的变压器中，变压器零序等值电抗的计算一般应计及 $X_{\mu0}$ 的影响，而 $X_{\mu0}$ 则与变压器的结构密切相关，详见下述。

（1）表 8－18 中第 3 项为 YNy 接法的双绕组变压器。当零序电压加在Ⅰ侧时，该侧有零序电流流过，而Ⅱ侧因中性点不接地，零序电流不可能流过，相当于开路，因此变压器的零序等值电抗为 $X_{10} + X_{\mu0}$。

（2）三绕组变压器的零序等值电路可按同理绘制。

变压器的结构对零序励磁电抗 $X_{\mu0}$ 影响很大。单相变压器组和三相五柱式变压器的 $X_{\mu0}$ 都可看作无限大。但对三相三柱式变压器，由于零序磁通被迫经过绝缘介质和铁壳形成回路，磁阻很大，所需的励磁电流 $I_{\mu0}$ 相当大。因此，$X_{\mu0}$ 一般不能当作无限大，它的标幺值在 0.3～1.0 范围内，可以通过试验确定。在带有三角形接线绕组的三相三柱式变压器

中，三角形接线绕组的漏抗 X_{20} 总是和 $X_{\mu0}$ 并联的，由于 $X_{\mu0}$ 比 X_{20} 大得很多，所以等值电路中的 $X_{\mu0}$ 支路可以略去。因此，只有 YNy、YNyn 和 YNyny 等全星形的三相三柱式变压器才需计及 $X_{\mu0}$。

2. 中性点经阻抗接地的自耦变压器零序等值阻抗

中性点经阻抗接地的 YNynd 自耦变压器的接线图及其零序等值电路如图 8－8 所示。

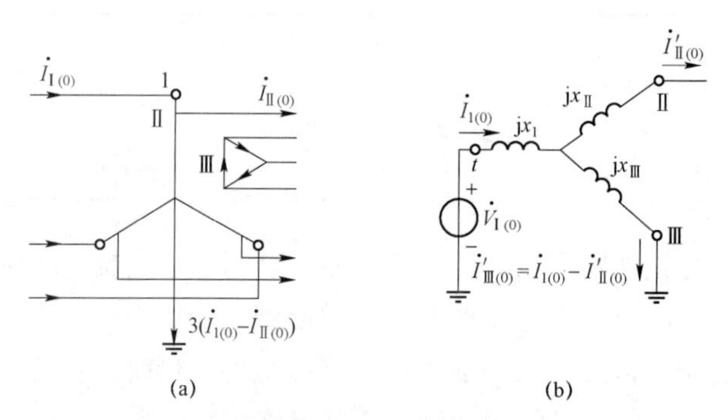

图 8－8　中性点经阻抗接地的 YNynd 自耦变压器接线图及其零序等值电路

（a）接线图；（b）零序等值电路

图 8－8 中的 Z'_{I}、Z'_{II}、Z'_{III} 归算至高压侧，可由下式求得

$$\begin{aligned} Z'_{\mathrm{I}} &= \mathrm{j}X_{\mathrm{I}} + 3Z_{\mathrm{n}}(1-K) \\ Z'_{\mathrm{II}} &= \mathrm{j}X_{\mathrm{II}} + 3Z_{\mathrm{n}}K(K-1) \\ Z'_{\mathrm{III}} &= \mathrm{j}X_{\mathrm{III}} + 3Z_{\mathrm{n}}K \end{aligned} \tag{8-41}$$

式中　X'_{I}、X'_{II}、X'_{III}——自耦变压器的序电抗；

Z_{n}——中性点外接阻抗；

K——高中压变压比，$K = U_{\mathrm{I}} / U_{\mathrm{II}}$。

（二）短路电流计算

1. 短路电流计算方法

在配电网规划设计中，短路电流一般可以考虑采用简化或近似的方法来计算，计算时做如下的假定。

（1）故障前为空载，即负荷略去不计，只计算短路电流的故障分量。

（2）故障前所有节点电压均等于平均额定电压，其标幺值等于 1。

（3）系统各元件的电阻略去不计（1kV 以上的高压电网）。

（4）只计算短路电流基频的周期分量。

短路电流计算以对称分量法为基础，将三相网络和元件参数转化为零、正、负三序网络参数。在序网络中，电压、电流的关系可用节点阻抗矩阵表示，也可以节点导纳矩阵表示。为了与潮流计算、暂态稳定计算相一致，大多采用正常方式和故障方式分别作用于电力网后的叠加值。目前，短路电流多用计算机计算，短路电流计算程序可以是独立的，也可以是暂态稳定计算程序的一个组成部分。

2. 三相短路电流计算

复杂电力系统的短路电流一般应用计算机进行计算。目前计算短路电流有各种不同的计算程序，但其计算原理基本相同，即应用网络的节点阻抗矩阵或节点导纳矩阵进行短路电流的计算。

三相短路电流的周期性分量（或称对称短路电流初始值）标幺值为

$$I''_{d*} = \frac{1}{X_{dd*}} \tag{8-42}$$

式中，X_{dd*}——短路故障点的等值电抗（标幺值）。

【例 8-3】某 10kV 城市配电网如图 8-9 所示，110kV 变电站高压侧 110kV 母线短路容量为 6000MVA（短路电流 31.5kA），10kV 线路采用架空线路，主干线型号为 LJ-185，其电抗标幺值为 0.308Ω/km，SF 型变压器容量及线路各段长度均标在图 8-9 中，试计算 d_1、d_2、d_3 点分别短路时的三相短路电流。

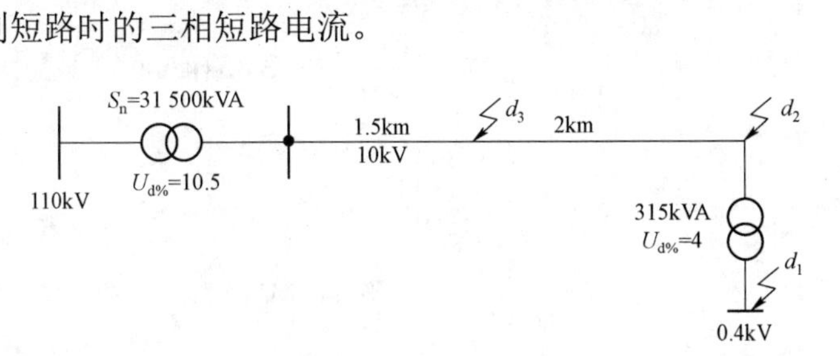

图 8-9　配电网接线示意图

解：（1）计算电力元件的参数及标幺值。

基准容量 S_B=100MVA，基准电压取各段的平均额定电压 U_B，则各元件的标幺值参数如下。

110kV 系统：$X_{S^*} = \frac{S_B}{S_d} = \frac{100}{6000} \approx 0.016\ 7$；

110kV 变压器：$X_{b1^*} = \frac{U_d S_B}{100 S_N} = \frac{10.5 \times 100}{100 \times 31.5} \approx 0.333$；

1.5km，10kV 架空线路：$X_{1l^*} = X_{0^*} L_1 = 1.5 \times 0.308 = 0.462$；

2.0km，10kV 架空线路：$X_{2l^*} = X_{0^*} L_2 = 2.0 \times 0.308 = 0.616$；

10kV 配电变压器：$X_{b2^*} = \frac{U_d S_B}{100 S_N} = \frac{4 \times 100}{100 \times 0.315} \approx 12.7$。

（2）根据上述计算，可以做出系统的等值电路，如图 8-10 所示。

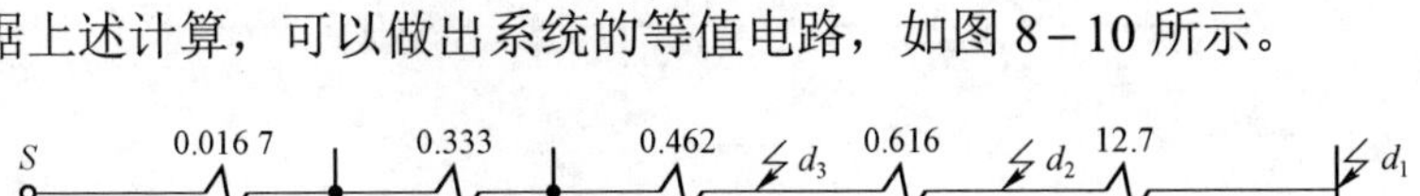

S　0.016 7　0.333　0.462　d_3　0.616　d_2　12.7　d_1

图 8-10　等值电路图

（3）计算电源到各短路点的（短路回路）总电抗。

d_1 点：$X_{d1^*} = 0.016\ 7 + 0.333 + 0.462 + 0.616 + 12.7 = 14.127\ 7$；

d_2 点：$X_{d2^*} = 0.016\ 7 + 0.333 + 0.462 + 0.616 = 1.427\ 7$；

d_3 点：$X_{d3^*} = 0.016\ 7 + 0.333 + 0.462 = 0.811\ 7$。

（4）求各短路点的三相短路电流。当求得各短路点到电源间的总电抗后，就可以求得各短路点的短路电流。

d_1 点

$$I_{d1}=\frac{1}{14.127\ 7}\times\frac{100}{\sqrt{3}\times0.4}\approx10.22\ (\text{kA})$$

$$I_{c1}=1.09\times10.22\approx11.14\ (\text{kA})$$

$$i_{c1}=1.84\times10.22\approx18.8\ (\text{kA})$$

$$S_{d1}=\frac{100}{14.127\ 7}\approx7.08\ (\text{MVA})$$

d_2 点

$$I_{d2}=\frac{1}{1.412\ 77}\times\frac{100}{\sqrt{3}\times10.5}\approx3.85\ (\text{kA})$$

$$I_{c2}=1.52\times3.85\approx5.85\ (\text{kA})$$

$$i_{c2}=2.55\times3.85\approx9.82\ (\text{kA})$$

$$S_{d2}=\frac{100}{1.427\ 7}\approx70.04\ (\text{MVA})$$

d_3 点

$$I_{d3}=\frac{1}{0.811\ 7}\times\frac{100}{\sqrt{3}\times10.5}\approx6.78\ (\text{kA})$$

$$I_{c2}=1.51\times6.87\approx10.2\ (\text{kA})$$

$$i_{c3}=2.55\times6.87\approx17.79\ (\text{kA})$$

$$S_{d3}=\frac{100}{0.811\ 7}\approx123.20\ (\text{MVA})$$

【例 8－4】某农村配电网如图 8－11 所示，110kV 系统短路容量为 4000MVA，110kV 变压器容量为 31 500kVA，阻抗电压百分数为$U_{d12}\%=10.5$，$U_{d13}\%=17$，$U_{d23}\%=6$；35kV 采用 LGJ－185 导线建设，线路长度为 18km；35kV 变压器容量为 6300kVA，$U_d\%=7.5$。计算 d_1、d_2、d_3 点短路时的三相短路电流。

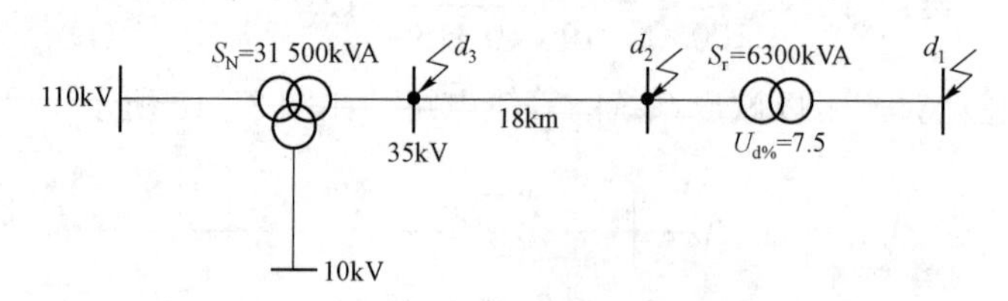

图 8－11　某农村配电网接线示意图

解：（1）计算参数并作等值电路图。取基准容量为 100MVA，基准电压取各段平均额定电压，各元件参数标幺值计算如下。

110kV 系统

$$X_{S^*}=\frac{S_B}{S_d}=\frac{100}{4000}=0.025$$

110kV 三绕组变压器

$$U_{d1}\% = \frac{1}{2}\times(10.5+17-6)=10.75$$

$$U_{d2}\% = \frac{1}{2}\times(10.5++6-17)=-0.25$$

$$U_{d3}\% = \frac{1}{2}\times(17+6-10.5)=6.25$$

对应的三个绕组电抗分别为

$$X_{1^*} = \frac{10.75}{100}\times\frac{100}{31.5}\approx 0.341$$

$$X_{2^*} = \frac{-0.25}{100}\times\frac{100}{31.5}\approx 0$$

$$X_{3^*} = \frac{6.25}{100}\times\frac{100}{31.5}\approx 0.198$$

35kV 变压器

$$X_{b^*} = \frac{U_d\%\times S_{\mathrm{B}}}{100\times S_{\mathrm{N}}} = \frac{7.5\times100}{100\times6.3}\approx 1.19$$

35kV 线路

$$X_{l^*} = 18\times0.028\ 3\approx 0.509$$

系统的等值电路如图 8－12 所示。

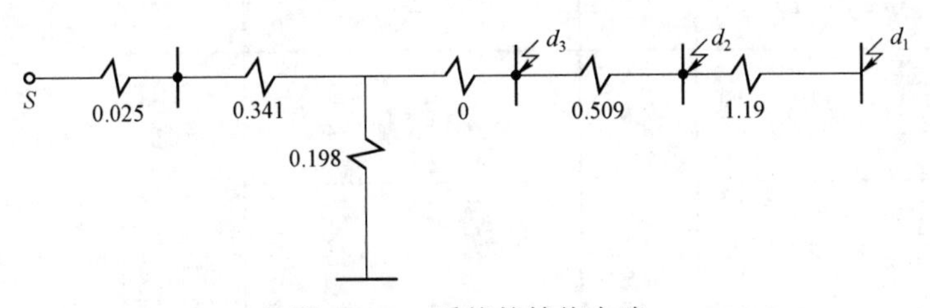

图 8－12　系统的等值电路

（2）计算短路点到电源间的总电抗。

d_1 点：$X_{d1^*} = 0.025+0.341+0+0.509+1.19=2.065$；

d_2 点：$X_{d2^*} = 0.025+0.341+0+0.509=0.875$；

d_3 点：$X_{d3^*} = 0.025+0.341+0=0.366$。

（3）计算短路电流。

短路电流量可通过前述计算公式计算出各短路电流分量。

d_1 点

$$I_{d1}=0.66\,(\mathrm{kA}),\ I_{c1}=4.04\,(\mathrm{kA})$$

$$i_{c1}=6.78\,(\mathrm{kA}),\ S_{d1}=48.43\,(\mathrm{MVA})$$

d_2 点

$$I_{d2}=1.78\,(\mathrm{kA}),\ I_{c1}=2.71\,(\mathrm{kA})$$

$$i_{c1}=4.54\,(\mathrm{kA}),\ S_{d2}=114.29\,(\mathrm{MVA})$$

d_3 点

$$I_{d3}=4.26\ (\text{kA}),\ \ I_{c3}=6.48\ (\text{kA})$$

$$i_{c3}=10.86\ (\text{kA}),\ \ S_{d3}=273.22\ (\text{MVA})$$

3. 不对称短路电流计算

当系统发生三相短路或三相接地短路以后，系统中的电流、电压仍然是对称的，称为对称短路。当发生单相接地、两相短路或两相接地短路故障时，系统的对称性就被破坏了。

不对称短路电流通常借助于对称分量法进行计算。

（1）对称分量法。三相网络中任一组不对称相量（电流、电压等）都可以分解为三组对称分量，即正序分量、负序分量和零序分量。由于三相对称网络中各对称分量的独立性，正序电动势只产生正序电流和正序电压降，负序和零序亦然。因此，可利用叠加原理分别计算三相对称分量，然后从对称分量中求出实际的短路电流和电压值。对称分量的基本关系如表 8－19 所示。

表 8－19　　对称分量的基本关系

电流 I 的对称分量		电压 U 的对称分量		算子 a 的性质
相量	$\dot{I}_a=\dot{I}_{a1}+\dot{I}_{a2}+\dot{I}_{a0}$	电压降	$\Delta\dot{U}_1=\dot{I}_1\text{j}X_1$	$a=\text{e}^{\text{j}120^\circ}=-\frac{1}{2}+\text{j}\frac{\sqrt{3}}{2}$
	$\dot{I}_b=a^2\dot{I}_{a1}+a\dot{I}_{a2}+\dot{I}_{a0}$		$\Delta\dot{U}_2=\dot{I}_2\text{j}X_2$	$a^2=\text{e}^{\text{j}240^\circ}=\text{e}^{-\text{j}120^\circ}=-\frac{1}{2}-\text{j}\frac{\sqrt{3}}{2}$
	$\dot{I}_c=a\dot{I}_{a1}+a^2\dot{I}_{a2}+\dot{I}_{a0}$		$\Delta\dot{U}_0=\dot{I}_0\text{j}X_0$	$a^3=\text{e}^{\text{j}360^\circ}=1$
序量	$\dot{I}_{a0}=\frac{1}{3}(\dot{I}_a+\dot{I}_b+\dot{I}_c)$	短路处电压分量	$\dot{U}_{d1}=\dot{E}-\dot{I}_{d1}\text{j}X_{1\Sigma}$	$a^2+a+1=0$ $a^2-a=-\text{j}\sqrt{3}$
	$\dot{I}_{a1}=\frac{1}{3}(\dot{I}_a+a\dot{I}_b+a^2\dot{I}_c)$		$\dot{U}_{d2}=-\dot{I}_{d2}\text{j}X_{2\Sigma}$	$a-a^2=\text{j}\sqrt{3}$ $1-a=\sqrt{3}\left(\frac{\sqrt{3}}{2}-\text{j}\frac{1}{2}\right)$
	$\dot{I}_{a2}=\frac{1}{3}(\dot{I}_a+a^2\dot{I}_b+a\dot{I}_c)$		$\dot{U}_{d0}=-\dot{I}_{d0}\text{j}X_{0\Sigma}$	$1-a^2=\sqrt{3}\left(\frac{\sqrt{3}}{2}+\text{j}\frac{1}{2}\right)$

（2）不对称短路的复合序网和正序等效定则。根据各种不对称短路的边界条件，可以把正、负、零序 3 个序网连成一个复合序网。该复合序网既反映了 3 个序网的回路方程，又能满足该不对称短路的边界条件。根据复合序网可以直观地求得短路电流和短路电压的各序分量。

正序等效定则：从不对称短路的复合序网中可以很方便地列出短路点的正序电流表示式，具体如下。

1）单相接地短路

$$I_{a1}=\frac{E_a}{X_{1\Sigma}+X_{2\Sigma}+X_{0\Sigma}} \tag{8-43}$$

2）两相短路

$$I_{a1}=\frac{E_a}{X_{1\Sigma}+X_{2\Sigma}} \tag{8-44}$$

3）两相接地短路

$$I_{a1}=\frac{E_a}{X_{1\Sigma}+\dfrac{X_{2\Sigma}X_{0\Sigma}}{X_{2\Sigma}+X_{0\Sigma}}} \tag{8-45}$$

式中　$X_{1\Sigma}$——系统正序电抗；

$X_{2\Sigma}$——系统负序电抗；

$X_{0\Sigma}$——系统零序电抗。

$X_{\Delta}^{(n)}$为附加阻抗，与短路类型有关，上角符号（n）表示短路电流类型。各种短路时的$X_{\Delta}^{(n)}$值如下：

单相接地短路

$$X_{\Delta}^{(1)}=X_{2\Sigma}+X_{0\Sigma}$$

两相短路

$$X_{\Delta}^{(2)}=X_{2\Sigma}$$

两相接地短路

$$X_{\Delta}^{(1,1)}=\frac{X_{2\Sigma}X_{0\Sigma}}{X_{2\Sigma}+X_{0\Sigma}}$$

三相短路

$$X_{\Delta}^{(3)}=0$$

五、低压配电网短路电流计算

（一）低压配电网短路电流的计算特点

一般用户的低压用电网络为中性点直接接地的，电压为380/220V的三相四线制系统。高压配电网短路电流计算的基本假设同样适用于低压用电网络，但低压用电网络的短路电流计算还有以下特点。

（1）计算时可以把配电变压器的一次侧（即电源）当作无限大容量电源系统。

（2）低压电路电阻值较大，电抗值较小，各元件的电阻都要计入。当$X>R/3$时才计算X的影响，因为$X=R/3$时，用R代替Z，误差为5.4%，在工程允许范围内。

（3）低压电路阻抗多以mΩ计，用有名值计算比较方便，这时电压单位用V，容量单位用kVA，电流用kA。

（4）非周期分量衰减很快，一般可以不考虑，仅在配电变压器低压母线附近短路时，才考虑非周期分量。短路电流冲击系数K_c在1～1.3范围内。K_c可通过求X_{Σ}/R_{Σ}比值后按下式直接计算

$$K_c=1+e^{\frac{-3.14R_{\Sigma}}{X_{\Sigma}}} \tag{8-46}$$

（二）低压配电网各元件的阻抗

（1）电源的阻抗配电变压器高压侧系统短路容量为已知时，可求出系统的内电抗，否

则按电源系统内电抗为零考虑。电源系统的内电阻一般均认为等于零。

（2）变压器的阻抗。变压器的阻抗按下式计算。

电阻

$$R_{\mathrm{b}}=\frac{\Delta P_{\mathrm{dN}}U_{\mathrm{2N}}^{2}}{S_{\mathrm{Nb}}^{2}}$$

阻抗

$$Z_{\mathrm{b}}=\frac{U_{\mathrm{d}}(\%)}{100}\times\frac{U_{\mathrm{2N}}^{2}}{S_{\mathrm{Nb}}}$$

电抗

$$X_{\mathrm{b}}=\sqrt{Z_{\mathrm{b}}^{2}-R_{\mathrm{b}}^{2}}$$

式中 ΔP_{dN} ——变压器额定负载下的短路损耗，kW；

U_{2N} ——变压器二次侧额定电压，V；

S_{Nb} ——变压器的额定容量，kVA；

$U_{\mathrm{d}}(\%)$ ——变压器的短路电压百分值。

架空线路和电缆线路的阻抗在低压电线短路电流中，线路与电缆的长度以 m 计算。在计算低压电路短路电流时，母线、开关电器、电流互感器的阻抗可不考虑。

（三）低压配电网短路计算的等值电路

在计算低压短路电流时，由于电阻相对较大，同时各元件的阻抗角又不同，因此用复数计算比较复杂。在实际计算中，一般先分别求出总电阻 R_{Σ} 和总电抗 X_{Σ} 后，再求总阻抗 Z_{Σ}。求总电阻 R_{Σ} 时，将电路中的各元件的电抗短路；求总电抗 X_{Σ} 时，将电路中各元件的电阻短路。

（四）三相短路电流计算

在低压电路中，三相短路电流周期分量的有效值可按下式计算。

$$I_{\mathrm{d}}^{(3)}=\frac{U_{\mathrm{B}}}{\sqrt{3}\times Z_{\Sigma}}=\frac{U_{\mathrm{B}}}{\sqrt{3}\times\sqrt{R_{\Sigma}^{2}+X_{\Sigma}^{2}}} \tag{8-47}$$

【例 8-5】某低压供电电路如图 8-13 所示，已知变压器高压侧短路容量为 80MVA，变压器为 SL7-500/10 型，变压比为 10/0.4kV，短路电压 4%，短路损耗 6.9kW。电缆为 VLV2-3×50+1×16 型，长 20m。计算：变压器低压侧出线配电盘母线 $d_1^{(3)}$ 点的三相短电流和负载侧电缆 $d_2^{(3)}$ 处的三相短路电流。

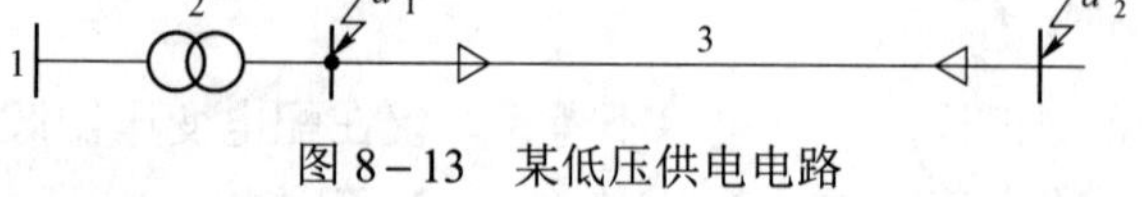

图 8-13 某低压供电电路

解：（1）计算短路电路中各元件阻抗。

高压配电系统的内电抗

$$X_{1}=\frac{U_{\mathrm{2N}}^{2}}{S_{\mathrm{d}}}=\frac{400^{2}}{80\times10^{6}}=2\,(\mathrm{m\Omega})$$

变压器的电阻

$$R_b = \frac{6.9 \times 400^2}{80 \times 10^6} = 4.42\ (\mathrm{m\Omega})$$

阻抗

$$Z_b = \frac{4 \times 400^2}{100 \times 500} = 12.8\ (\mathrm{m\Omega})$$

电抗

$$X_b = \sqrt{12.8^2 - 4.42^2} \approx 12\ (\mathrm{m\Omega})$$

电缆的阻抗

$$R_3 = R_0 L = 0.754 \times 20 \approx 15.1\ (\mathrm{m\Omega})$$

$$X_3 = X_0 L = 0.079 \times 20 \approx 1.58\ (\mathrm{m\Omega})$$

（2）作等值电路图如图 8－14 所示。

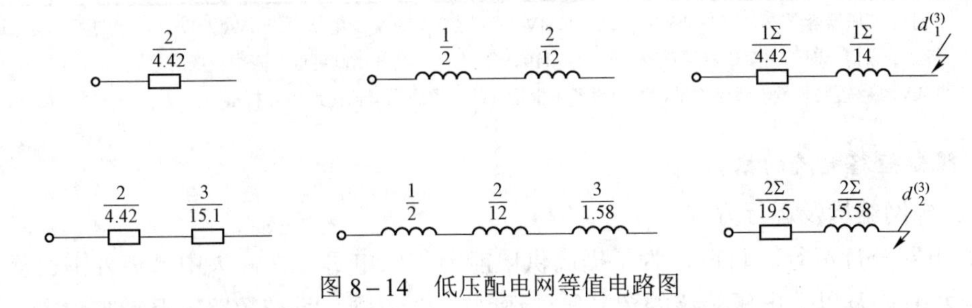

图 8－14　低压配电网等值电路图

（3）d_1 点的短路电流

$$R_{1\Sigma} = 4.42\ (\mathrm{m\Omega})$$

$$X_{1\Sigma} = X_1 + X_2 = 2 + 12 = 14\ (\mathrm{m\Omega})$$

$$Z_{1\Sigma} = \sqrt{R_{1\Sigma}^2 + X_{1\Sigma}^2} = \sqrt{4.42^2 + 14^2} \approx 14.7\ (\mathrm{m\Omega})$$

$$I_{d1}^{(3)} = \frac{U_B}{\sqrt{3} \times Z_{1\Sigma}} = \frac{400}{\sqrt{3} \times 14.7} \approx 15.7\ (\mathrm{kA})$$

$$K_{C1} = 1 + \mathrm{e}^{\frac{-3.14 R_{1\Sigma}}{X_{1\Sigma}}} = 1 + \mathrm{e}^{\frac{-3.14 \times 4.42}{14}} \approx 1.37$$

$$i_{c1} = K_{c1} \sqrt{2} I_{d1}^{(3)} = 1.37 \times 1.414 \times 15.7 \approx 30.4\ (\mathrm{kA})$$

（4）d_2 点的短路电流

$$R_{2\Sigma} = R_b + R_3 = 4.42 + 15.1 = 19.52\ (\mathrm{m\Omega})$$

$$X_{2\Sigma} = X_1 + X_b + X_3 = 2 + 12 + 1.58 = 15.58\ (\mathrm{m\Omega})$$

$$Z_{2\Sigma} = \sqrt{R_{2\Sigma}^2 + X_{2\Sigma}^2} = \sqrt{19.52^2 + 15.58^2} \approx 24.97\ (\mathrm{m\Omega})$$

$$I_{d2}^{(3)} = \frac{U_B}{\sqrt{3} \times Z_{2\Sigma}} = \frac{400}{\sqrt{3} \times 24.97} \approx 9.25\ (\mathrm{kA})$$

$$K_{c2} = 1 + \mathrm{e}^{\frac{-3.14 R_{2\Sigma}}{X_{2\Sigma}}} = 1 + \mathrm{e}^{\frac{-3.14 \times 19.52}{15.58}} \approx 1.02$$

$$i_{c2} = K_{c2} \sqrt{2} I_{d2}^{(3)} = 1.02 \times 1.414 \times 9.25 \approx 13.3\ (\mathrm{kA})$$

（五）限制短路电流措施

1. 短路电流限定要求

由于城乡电网的发展，各级电网的短路容量不断增大，不少城网短路容量超过《城市电力网规划设计导则》中短路容量限值，甚至超过了断路器的开断容量。为使各级电网的开断电流与设备的动、热稳定电流得以配合，并满足目前我国的设备制造水平，城乡各级电压电网的短路电流不应超过表 8－20 所列数值。

表 8－20　　各电压等级短路电流限定值

电压等级/kV	短路电流限定值/kA	电压等级/kV	短路电流限定值/kA
110	31.5、40	35	25、31.5
66	31.5	10	16、20、25

注　1. 对于主变压器容量较大的 110kV 变电站（40MVA 及以上）、35kV 变电站（20MVA 及以上），其低压侧可选取表中较高的数值；对于主变压器容量较小的 35～110kV 变电站，其低压侧可选取表中较低的数值。
2. 10kV 线路短路容量沿线路递减，配电设备可根据安装位置适当降低短路容量标准。

2. 限制短路电流的措施

（1）电网结构及运行方式。

1）电网分片运行。目前，为了提高供电能力和供电可靠性，大中城市外围已基本上建成了 220kV 及以上电压等级的超高压外环网或 C 形网，系统短路容量越来越大。不从网络的结构上采取措施，仅靠串联电抗器等措施限制短路电流已很难满足要求，且经济上也不合理。因此，可以将原来的 110（66）kV 电网分片运行。

分片运行时，片区内高压配电网电源从城市外围超高压枢纽变电站经 110（66）kV 高压配电网直接送至市区负荷中心。这样既可有效地降低短路容量，又避免了高低压电磁环网。

分片运行时，首先应保证供电可靠性，必须符合 $N-1$ 安全准则，这就要求在高压配电网的设计上采取必要的措施，如采用双电源、环网等供电方式；其次还应使各供电片区的负荷基本平衡，供电范围不宜过大，以保证良好的电压质量。

2）环形接线开环运行。高中压电网采用环形接线方式的主要目的是提高供电可靠性。但随着变电容量的不断扩大，短路容量也不断增大，可能超过开关设备的额定开断能力。因此，对于环形接线，在正常运行时应将环打开，故障时闭环运行。同理，对于双电源供电的高中压配电网，正常运行时两侧电源不并列，只有在失去一个电源时，才将联络开关投入，从而起到有效降低短路电流的目的。

3）简化接线及母线分段运行。简化接线就是使变电站的接线尽可能简单、可靠。例如，110kV 变电站高压侧采用桥式接线或线路变压器组接线方式等，10kV 中压侧采用单母线分段接线方式等。中压开关站一般采用单母线分段，两回进线配多回出线。配电站采用环网单元接线方式。这样既能降低短路容量，又能节省建设投资。

母线分段是将某些大容量变电站低压侧母线分段，两段母线间也可不设分段开关，对负荷采用辐射式供电方式，有效地降低短路电流水平。

（2）变压器选择。

1）选择合适的变压器容量。变电站中变压器台数及容量是影响城乡电网结构、可靠性和经济性的一个重要因素，同时对电网的短路水平也有很大的影响。在变电站供电范围及最大供电负荷确定之后，变电站中变压器容量及台数的确定目前在国内尚无明确的标准。从国内外情况看，变电站中使用变压器的台数大多为 2 台，极少 4 台以上。以变电站装设两台主变压器来看，若变压器取高负荷率时，$K_{fz}=65\%$，这意味着变压器容量可适当地选小一些。当一台变压器故障时，另一台变压器按 1.3 倍负荷倍数承受短时（2h）过负荷，这样选择的主要优点是经济性好，提高设备利用率，变压器容量相对较小，短路容量小；当变压器取低负荷率时，$K_{fz}=50\%$，这样，当一台变压器故障时，另一台变压器承担全部负荷而不是过负荷，因此不必在相邻两变电站间建立联络线，负荷转供切换均在本站内进行。

2）选用高阻抗变压器。在现在的配电网中，随着电网的联系不断紧密和变电容量的增大，变电站各侧短路容量都较大。除将电网分片及开环运行外，还可选用阻抗较大的变压器限制短路电流。这时变压器正常运行时的功率损耗则降为次要位置。

3）采用分裂变压器。分裂变压器正常工作时，两个低压分裂绕组各流过相同的电流（$I/2$），不计励磁损耗时，高压绕组电流为 I。高压绕组到低压绕组的穿越电抗为

$$X_{1-2}=X_1+\frac{X_{2'}}{2}=X_1+\frac{1}{4}X_{2'-2'} \tag{8-48}$$

式中　X_{1-2}——分裂变压器穿越电抗；

$X_{2'-2'}$——分裂变压器的分裂电抗。

分裂变压器正常工作时，电抗较小，而一个分裂绕组短路时，来自高压侧的短路电流将受到半穿越电抗 $X_{1-2'}$ 的限制，其值近似为正常工作电抗（穿越电抗 X_{1-2}）的 1.9 倍，很好地限制了短路电流。

（3）采用限流电抗器。限流电抗器限制短路电流，按安装位置不同可分为变压器低压侧串联电抗器、用线分段装电抗器及出线装电抗器等几种。

1）低压侧串联电抗器。变压器低压侧串联电抗器，可明显增加短路回路电抗，降低低压侧短路容量。

2）母线分段装电抗器。母线分段上装设电抗器，母线上发生短路故障或出线上发生短路故障时，来自高压侧的短路电流都受到限制，所以分段电抗器的优点是限制短路电流的范围大。

3）出线装电抗器。出线上装设电抗器，对本线路的限流作用较母线分段装电抗器要大得多。尤其是以电缆为引出线的城网，出线装电抗器可有效地起到限制短路电流的目的。

限流电抗器按结构可分为普通限流电抗器和分裂电抗器。分裂电抗器与普通电抗器的不同点是在线圈中心有一个抽头作为公共端。它的主要优点是正常工作时压降小，短路时电抗大，限流作用强等；其缺点是一侧短路，另一侧没有电源而仅有负荷时，会引起感应过电压，另外一侧负荷变动大时，也会引起另一侧电压波动。

六、风电元件对短路电流的影响

随着特高压大电网的快速发展和全国联网的不断加强，短路电流超标问题及应对策略已成为大电网运行控制及合理规划的关键问题。早期由于风电并网规模较小且主要呈分散

形式开发，普遍认为风电提供给并网点的短路电流远小于并网点自身短路电流，风电场对系统提供的短路电流可以忽略不计，故而风电的研究工作主要集中在其并网后的电压、频率、小干扰稳定、备用容量等方向，而对风电并网后系统的短路电流问题关注较少。但随着集中并网风电规模的增大，风电对系统短路电流的影响已成为当前电力规划和运行部门的重要关注点。

（一）风电机组短路暂态模型

电气计算中短路电流由两部分组成，分别为周期分量和非周期分量，电力规划和调度部门对风电接入后系统短路电流的关注点集中体现在当系统侧短路时各类风电机组是否提供短路电流、短路电流的幅值及持续时间。下面给出 3 种不同类型风电机组短路电流的计算公式。

1. 定速风机短路暂态模型

定速风机出口处发生短路后，发电机转子失去励磁控制，机端电流快速衰减至 0。定速风机 A 相短路电流表达式为

$$i_a(t)=U_{\mathrm{m}}\mathrm{e}^{\frac{1}{T_{\mathrm{a}}}}(A\sin\gamma_0-B\sin\gamma_0)-U_{\mathrm{m}}\left(\frac{1}{X'}-\frac{1}{X}\right)\mathrm{e}^{-\frac{1}{T'}}\cos\beta\sin(\omega t+\gamma_0-\beta) \quad (8-49)$$

其中

$$\tan\beta=sT',\ \frac{1}{X(-\mathrm{j}\omega)}=A-\mathrm{j}B$$

式中 U_{m}——机端稳态电压；

T_{a}——非周期分量时间常数；

T'——周期分量时间常数；

γ_0——电流初相角；

X——电机稳态电抗；

X'——电机暂态电抗；

ω——角频率；

s——转差率。

2. 双馈风机短路暂态模型

在系统发生短路故障瞬间，双馈风机转子绕组的电流和电压将大幅上升，在超过设定的电流、电压门槛值及持续时间后，将触发转子短路器动作，转子侧变频器被旁路掉，此时风机转子将完全失去励磁控制。若短路故障一直存在，则双馈风机转子励磁电流及定子磁通将逐步衰减至 0。在风机所提供的短路电流中，其周期分量和非周期分量也将逐渐衰减。故障后双馈风机 A 相短路电流表达式为

$$i_{\mathrm{a}}(t)=\frac{1}{(X_{\mathrm{r}}X_{\mathrm{t}})^2}\left\{K_{\mathrm{sd}}\cos(\gamma_0+\omega t)-K_{\mathrm{sq}}\sin(\gamma_0+\omega t)+\frac{\mathrm{e}^{\frac{-1}{T_{\mathrm{s}}}}}{2}\left[\left(E_{\mathrm{sd}}-\frac{\psi_{\mathrm{sq}}}{\omega}+\frac{E_{\mathrm{sq}}}{\omega T_{\mathrm{s}}}\right)\cos\gamma_0+\left(\frac{E_{\mathrm{sd}}}{\omega T_{\mathrm{s}}}-\frac{\psi_{\mathrm{sd}}}{\omega}-E_{\mathrm{sq}}\right)\sin\gamma_0\right]\right\} \quad (8-50)$$

其中：

$$X_t = X_s - \frac{X_m^2}{X_r}, T_s = \frac{X_t}{r_s}$$

式中　X_r——转子电抗；

X_s——定子电抗；

X_m——励磁电抗；

K_{sd}——定子直轴电流化简系数；

K_{sq}——定子交轴电流化简系数；

E_{sd}——定子直轴电动势；

E_{sq}——定子交轴电动势；

r_s——定子电阻；

T_s——定子时间常数。

3. 直驱风机短路暂态模型

直驱风机出口处发生短路后，其 A 相短路电流表达式为

$$i_a(t) = \sqrt{2}U_m\left[\left(\frac{1}{X''} - \frac{1}{X'_d}\right)e^{\frac{-1}{T''_d}} + \frac{1}{X_d} + e^{\frac{-1}{T'_d}}\left(\frac{1}{X'_d} - \frac{1}{X_d}\right)\right] \cos(\gamma_0 + \omega t) - \frac{\sqrt{2}U_m}{X''_d}\gamma_0 e^{\frac{1}{T_a}} \tag{8-51}$$

式中　X_d——直轴电抗；

X'_d——直轴暂态电抗；

X''_d——直轴次暂态电抗；

T'_d——暂态时间常数；

T''_d——次暂态时间常数。

（二）风电机组短路的影响及建议

（1）对于并网点母线三相短路电流水平而言，在相同装机容量下，常规火电机组所贡献的短路电流最大，定速风机次之，双馈风机更小，而直驱风机最小。故从限制系统短路电流水平角度来说，在选择风机类型时，在运行、经济等条件相同的情况下，建议可适当优先考虑直驱类型风电机组。

（2）在风电并网规模较小时，可忽略对其接入方式的要求，但在风电规模较大时，建议尽量采取若干风电场先串接后再并网的接入方式，以降低系统并网点的短路电流水平。

（3）风电集中并网方式下，其装机容量增加时，并网点母线短路电流随之增加；且随着风电装机规模的增大，并网点母线短路电流增加幅值逐步减小，短路电流随装机容量的变化曲线形状趋于平缓，风电装机规模对短路电流的影响趋于饱和。

（4）风电场以 110kV 及以上电压等级集中并网时，不同风电装机规模对并网点短路电流的贡献值：① 并网电压 110kV，装机规模为 100、300MW，并网点短路电流增幅分别为 0.5、1.0kA；② 并网电压 220kV，装机规模为 100、300、600MW，并网点短路电流增幅分别为 0.3、0.8、1.4kA；③ 并网电压 330kV，装机规模为 100、300、600MW，并网点短路电流增幅分别为 0.2、0.6、1.0kA。计算结果可为电力系统规划和调度部门量化大规模风电对并网点短路电流的贡献值提供指导和参考。

第九章

配电网智能化规划

第一节　规划原则及规划要求

一、规划原则

（一）符合国家能源发展战略的原则

电网智能化规划必须以国家整体能源发展战略为基础，以适应并促进风能、太阳能等清洁能源的开发利用为基本目标之一，为清洁能源的开发利用提供坚强的电网支撑；提升电网运行效率，促进电网节能减排潜力的发挥，同时提高用户需求侧的电能使用效率、促进节能减排、实现电力及清洁工业的可持续发展。

（二）遵循统筹兼顾、协调发展的原则

电网智能化规划必须以实体电网为基础，与公司输电网规划、配电网规划、通信规划、科技规划、营销规划、信息规划、技改规划等公司规划和专项规划协调统一；坚持上级规划指导下级规划，以国家电网总体规划为指导，实现电网的协调发展。

（三）坚持技术领先原则

电网智能化规划应以掌握智能电网的核心技术为目标，吸收和消化国外先进技术，坚持自主创新，实现新材料、新设备的国产化，带动相关产业的发展。

（四）坚持经济合理的原则

电网智能化规划充分利用已有的电网发展成果，以需求为导向，适度超前，实现技术先进性和经济性的统一，避免产能过剩和重复建设。

（五）坚持因地制宜规划原则

必须在各地电网设施建设具体情况的基础上，根据不同地区的资源、技术及市场特点，深入分析电力供给和消费的实际需求，形成能够适应当地经济社会发展的电网智能化规划。

二、规划要求

（一）分析电网智能化现状

研究电网智能化建设现状，包括智能变电站建设、配电网自动化建设、调度技术支持系统建设、用电服务平台建设等方面，分析电网智能化建设方面面临的主要问题。

（二）研究规划目标

根据输电网、配电网、通信、科技、营销、信息、技改等规划情况，在充分满足业务

发展的前提下，提出分年度电网智能化规划目标。

（三）确定电网智能化建设重点与项目

根据智能电网承载的要求，配合输电网、配电网、通信网规划，以及其他专项规划（信息、营销、科技、调度自动化等），提出项目建设规模和建设时序。

（四）制定调度自动化和配网自动化的独立二次项目清册

提出自动化独立二次项目规模、投资及建设时序。

（五）投资估算

对智能化规划建设的总投资进行统计和分析，并按照基建投资、独立二次投资、技改及其他专项投资等进行分类的细化分析。

第二节　配电自动化规划

配电自动化系统主要由主站、子站（可选）、配电终端和通信网络组成，通过信息交换总线实现与其他相关应用系统互连，实现数据共享和功能扩展。配电自动化系统包括配电网数据采集和监控 SCASA 系统、馈线自动化和配电变压器巡检 FA 系统、地理信息系统（AM/FM/GIS）、负荷监控及管理和远方抄表机计费自动化（LCM & AMR）系统及配电应用分析系统。

规划的总体原则如下：

（1）配电自动化系统规划设计应在配电网络规划的基础上，根据当地的实际供电条件、供电水平、电网结构和用户性质，因地制宜地选择方案及其设备类型。

（2）重要用户多、负荷密度高、线路走廊资源十分紧张、用户对供电可靠性较为敏感的区域是首期实施自动化的区域。在实施前应该经过电网改造，使供电半径趋于合理，网架和设备得到加强，线路间的相互连接具备条件。

（3）对于负荷密度小、虽经改造但网架结构薄弱、线路间不具备互连条件但具有发展潜力的区域，应按自动化目标规划，视条件分步实施。

（4）对于以辐射网络供电为主且未具备互连条件的区域，为提高供电可靠性，可按就地智能化目标来规划并组织实施。

（5）配电自动化系统的建设必须首先满足配电自动化基本功能，在条件具备时可以考虑增加管理功能。

（6）配电自动化系统主站原则上应该考虑与调度自动化系统进行一体化设计。调度自动化系统尚未建设的地区，不应先行建设配电自动化系统。新建调度自动化系统应综合考虑配网自动化需求。电网规模较大，基础条件成熟，可以统一规划、分步建设。

（7）配电自动化通信建设应该与调度自动化通信、集中抄表系统通信等结合起来，并考虑今后发展的容量。可根据系统的要求，并结合自身的实际情况，选择适用的通信方式和通信速率。通信系统的功能、质量、协议应满足有关规定。应对通道的运行情况进行监视，重要的通信通路宜采用独立的双通道，并可手动或自动切换。

（8）主站系统规划设计的原则是，应遵循各项国家和行业标准，具有安全性、可靠性、实用性、可扩展性、开放性、容错性，满足电力系统实时性的要求，具有较高的性能价格比。

（9）严格执行“五制”规范招投标程序，重视对系统和设备安装及投运的监理，加强合同管理。对系统和设备要认真进行性能价格比分析，不能盲目追求功能齐全、设备先进，也不能盲目追求价格低廉。

一、主站规划

依据规划技术原则的要求，给出配电主站规划，包括架构方式、系统配置、主站功能及建设规模等。若确需配置子站，应给出配电子站的布点等规划。主站规划可按照近期和远期分步实施，并明确过渡方案；给出分年度实施计划与项目安排。

配电自动化系统主站主要由计算机硬件、操作系统、支撑平台和配电网应用软件组成。其中，支撑平台包括系统数据总线和平台基本服务，配电网应用软件包括配电 SCADA 等基本功能及网络分析应用等扩展功能，支持通过信息交换总线实现与其他相关系统的信息交互。配电自动化系统主站功能组成结构如图 9－1 所示。

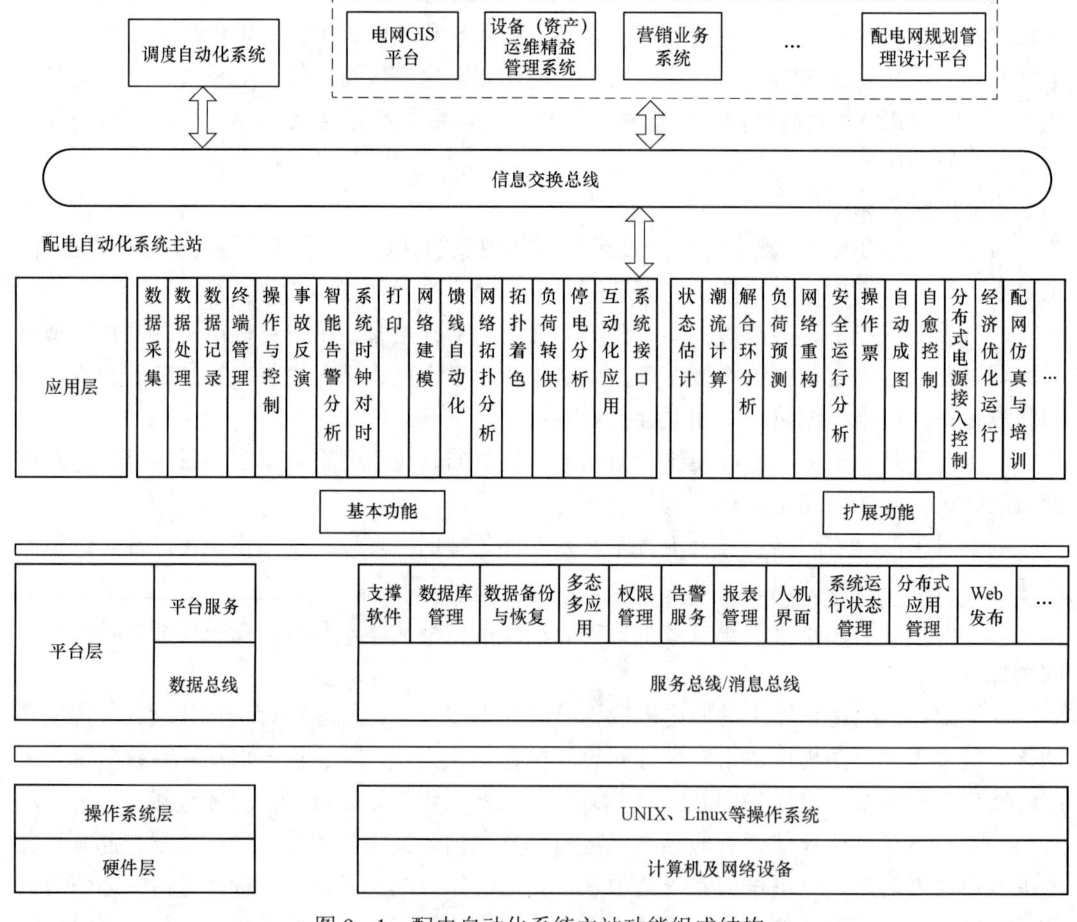

图 9－1　配电自动化系统主站功能组成结构

配电自动化系统主站应采用标准通用的软硬件平台，宜按照“地县一体化”构架进行设计，根据各地区（城市）的配电网规模、可靠性要求、配电自动化应用基础等情况，合理选择和配置软硬件。

配电主站是配电自动化系统的核心部分，主要实现配电网数据采集与监控等基本功能和扩展功能。主站系统基本功能和扩展功能的应用模块如表 9－1 所示。

表 9－1　　主站系统基本功能和扩展功能的应用模块

主站功能	功能应用	功能模块	备注
基本功能	配电 SCADA	数据采集、状态监视、远方控制、人机交互、防误闭锁、图形显示、事件告警、事件顺序记录、事故追忆、数据统计、报表打印、配电终端在线管理和配电通信网络工况监视等	
	模型/图形管理	网络建模、模型校验、支持设备异动管理等	
	馈线故障处理	与配电终端配合，实现故障的识别、定位、隔离和非故障区域自动恢复供电	
	拓扑分析应用	网络拓扑分析、拓扑着色、负荷转供、停电分析等	
	系统交互应用	系统接口、交互应用等	
扩展功能	电网分析应用	状态估计、潮流计算、解合环分析、负荷预测、网络重构、安全运行分析、操作票、自动成图等	配电网络结构稳定、模型参数完备、量测数据采集较齐全的区域建议选配
	智能化功能	自愈控制、分布式电源接入与控制、经济优化运行、配网仿真与培训等	配电自动化建设完善、成熟运用各种配网分析应用软件、积累了丰富配网运行管理经验的地区建议选配

二、终端规划

依据规划技术原则的要求，给出配电终端的规划，包括各类供电区域的三遥与二遥终端配置规模与布点，以及规划期内的过渡方式；给出分年度实施计划与项目安排；对于不满足终端建设要求的设备，给出相应的一次设备改造方案与规模。

配电终端应用对象主要有开关站、配电室、环网柜、箱式变电站、柱上开关、配电变压器、配电线路等。根据应用的对象，配电终端可分为馈线终端（FTU）、站所终端（DTU）、配变终端（TTU）和具备通信功能的故障指示器等；根据应用功能，配电终端分为“三遥”终端（可实现遥测、遥信、遥控功能）、“二遥”终端（可实现遥测、遥信功能）、“一遥”终端（具备通信功能的故障指示器）。

配电终端按照如下原则进行配置。

（1）高负荷密度（超过 30MW/km^2）地区，采用双电源供电和备自投减少因故障修复或检修造成的用户停电，宜采用“三遥”终端快速隔离故障或恢复健全区供电。

（2）城市负荷密度较高的地区，适当配置“三遥”“二遥”终端。

（3）城市市区、发达县城区域宜以“二遥”终端为主，联络开关和特别重要的分段开关也可配置“三遥”终端。

（4）农村地区宜采用“二遥”、“一遥”终端。如确有必要，经论证后可采用少量“三遥”终端。

（5）农牧区和偏远地区可采用“一遥”终端。

第三节 配电通信网规划

配电通信网的总体要求如下。

（1）配电通信网规划设计应对业务需求、技术体制、运行维护及投资合理性进行充分论证。配电通信网应遵循数据采集可靠性、安全性、实时性的原则，在满足配电自动化业务需求的前提下，充分考虑综合业务应用需求和通信技术发展趋势，做到统筹兼顾、分步实施、适度超前。

（2）配电通信网所采用的光缆应与配电网一次网架同步规划、同步建设，或预留相应位置和管道，满足配电自动化中期、长期建设和业务发展需求。

（3）配电通信网建设可选用光纤专网、无线公网、无线专网、电力线载波等多种通信方式，在规划设计过程中应结合配电自动化业务分类，综合考虑配电通信网实际业务需求、建设周期、投资成本、运行维护等因素，选择技术成熟、多厂商支持的通信技术和设备，保证通信网的安全性、可靠性、可扩展性。

（4）配电通信网通信设备应采用统一管理的方式，在设备网管的基础上充分利用通信管理系统（TMS），实现对配电通信网中各类设备的统一管理。

（5）配电通信网应满足二次安全防护要求，采用可靠的安全隔离和认证措施。

（6）配电通信设备电源应与配电终端电源一体化配置。

一、组网方式

配电网通信系统旨在满足配网管理系统数据传输的要求，同时受环境和经济条件的约束。通信系统由通信设备及传输介质组成，组网通常考虑技术选择、网络结构规划和产品选型 3 个要求，采用整体规划、分布实施原则，根据配网的规模及业务发展的情况采取不同的结构和网络技术。

（1）有线组网宜采用光纤通信介质，以有源光网络或无源光网络方式组成网络。有源光网络优先采用工业以太网交换机，组网宜采用环形拓扑结构；无源光网络优先采用 EPON 系统，组网宜采用星形拓扑结构和链形拓扑结构。

（2）无线组网可采用无线公网和无线专网方式。在采用无线公网通信方式时，应采取专线 APN 或 VPN 访问控制、认证加密等安全措施；在采用无线专网通信方式时，应采用国家无线电管理部门授权的无线频率进行组网，并采取双向鉴权认证、安全性激活等安全措施。

二、通信方式的选择

（一）光纤通信

光纤通信具有传输速度快、信道容量大的优势，因此依赖通信实现故障自动隔离的馈线自动化区域宜采用光纤专网通信方式，满足实时响应需要，配电网骨干通信网也应优先采用光纤传输网络。光纤通信组网包含 EPON 技术、GPON 技术、工业以太网技术。

光纤通信的优点：通信容量大、传输距离远；信号串扰小、保密性能好；抗电磁干扰、传输质量佳，电通信不能解决各种电磁干扰问题，唯有光纤通信不受各种电磁干扰；光纤尺寸小、质量轻，便于敷设和运输；无辐射，难于窃听；适应性强，寿命长。

光纤通信的缺点：质地脆，机械强度差；分路、耦合不灵活；光纤光缆的弯曲半径不能过小。

（二）无线通信

无线通信是利用电磁波在空间进行无线信息传输的方式，分为无线专网通信和无线公网通信。对于部署电力无线专网通信系统的地区，一般在变电站或主站位置建设有无线网络的中心站，部署有高性能、高安全、带热备份的中心电台或基站。在电力无线专网覆盖区域，可将配电网通信、自动化等信息接入系统，形成通信通道。在无电力无线专网覆盖区域，配电终端信息在满足调度要求时也可采用无线公网通信方式，但应加密，满足安全性要求。

无线通信的优点：成本低廉；建设工程周期短；适应性好，几乎不受地理环境的限制；可扩展性好；设备维护容易实现。

无线通信的缺点：只能在吸纳范围内建立链，通信距离受限，天气影响链路可靠性。

（三）电力线载波

电力线载波是电力系统特有的通信方式，利用现有的电力传输线路，通过高频载波的方式将模拟或数字信号在线路上传输，接收端采用电容耦合方式获取高频信号并解码得到信息。电力线载波可用于架空线路或电缆线路，应用于电缆线路时可选择电缆屏蔽层载波等技术。

电力线载波通信易受短路及断线故障的影响，不宜传输保护信息。

电力线载波的优点：投资小。

电力线载波的缺点：配电变压器对电力载波信号有阻隔作用，所以电力载波信号只能在一个配电变压器区域范围内传送；三相电力线间有很大的信号损失，通信距离很短时，不同相间可能会收到信号；电力线本身存在脉冲干扰；电力线对载波信号造成高削减。

配置有遥控功能的配电自动化区域应优先采用光纤专网通信方式。依赖通信实现故障自动隔离的馈线自动化区域宜采用光纤专网通信方式，满足实时响应需要。负荷密度较低的城乡电网宜采用光纤与无线相结合的通信方式，农村电网以无线、载波通信方式为主。

三、安全防护

（1）在生产控制大区与管理信息大区之间应部署正向、反向电力系统专用网络安全隔离装置进行电力系统专用网络安全隔离。

（2）在管理信息大区Ⅲ、Ⅳ区之间应安装硬件防火墙实施安全隔离。硬件防火墙应符合安全防护规定，并通过相关测试认证。

（3）配电自动化系统应支持基于非对称密钥技术的单向认证功能，主站下发的遥控命令应带有基于调度证书的数字签名。现场终端侧应能够鉴别主站的数字签名。

（4）对于采用公网作为通信信道的前置机，与主站之间应采用正向、反向网络安全隔离装置实现物理隔离。

（5）具有控制要求的终端设备应配置软件安全模块，对来源于主站系统的控制命令和参数设置指令应采取安全鉴别和数据完整性验证措施，以防范冒充主站对现场终端进行攻击，恶意操作电气设备。

第四节 综合能源服务

综合能源服务是一种满足终端客户多元化能源需求的新能源服务方式，在传统综合供能（电、燃气、热、冷）基础上，整合可再生能源、氢能、储能设施及电气化交通等，通过天然气冷热电联供、分布式能源和能源智能微网等方式，结合大数据、云计算、物联网等技术，实现多能协同供应和能源综合梯级利用，从而提高能源系统效率，降低用能成本。

综合能源服务是将能源销售服务、分布式能源服务、节能减排及需求响应服务三大类组合在一起的能源服务模式。

一、能源服务的类型

按照关联的紧密程度和业务发展模式的相似程度，能源服务归纳为三类。

第一类是能源销售服务，包括售电、售气、售热冷、售油等基础服务，以及用户侧管网运维、绿色能源采购、利用低谷能源价格的智慧用能管理（如在低谷时段蓄热、给电动汽车充电）、信贷金融服务等深度服务。

第二类是分布式能源服务，包括设计和建设运行分布式光伏、天然气三联供、生物质锅炉、储能、热泵等基础服务，以及运维、运营多能互补区域热站、融资租赁、资产证券化等深度服务。

第三类是节能减排服务及需求响应服务，包括改造用能设备、建设余热回收、建设监控平台、代理签订需求响应协议等基础服务，以及运维、设备租赁、调控空调、电动汽车、蓄热电锅炉等柔性负荷参与容量市场、辅助服务市场、可中断负荷项目等深度服务。

综合能源服务是指将不同种类的能源服务（即能源销售服务、分布式能源服务、节能减排及需求响应服务三大类）组合在一起的能源服务模式。综合能源服务是在国内刚开始发展、有广阔前景的新业态，它意味着能源行业从产业链纵向延伸走向横向互联，从以产品为中心的服务模式转向以客户为中心的服务模式，成为实现国家能源革命的新兴市场力量。

二、能源服务的新模式

传统能源服务，多是从产业链上游向下游纵向延伸的合纵模式，而综合能源服务则是围绕客户需求提供一站式服务的连横模式。新模式相对于传统模式的变化主要体现为以下两个方面。

（1）从以产品为中心的服务模式，变为以客户为中心的服务模式。传统能源服务多是上游企业的附属业务，往往围绕上游企业的产品营销开展服务，服务模式是以产品为中心。而综合能源服务是以能源服务为主营业务，围绕客户的综合需求开展服务，服务模式是以客户为中心。为了提高客户满意度、增强客户黏性，综合能源服务企业不仅仅提供能源服务，还可以针对客户使用能源背后的最终需求，考虑客户对成本、安全、舒适、便捷、速度等方面的要求，提供物业管理、垃圾处理、碳金融、智慧生活、大气治理、水处理、固废处理等相关服务。

（2）从基于事物的弱互动服务模式，变为基于关系的强互动服务模式。过去纵向延伸的能源服务模式的重点在于围绕事物开展营销，与事物无关的方面不开展营销，企业与客户的互动比较有限。而横向一站式的综合能源服务的重点在于围绕关系开展营销，致力于建立、保持并稳固与客户之间紧密的、长期的互动关系，充分开展能量流、信息流、业务流的互动，吸引客户的高频次访问，赢得客户对企业的强烈认同甚至偏爱。

第十章

用户及电源接入

第一节　分布式电源接入

一、接入系统技术要求

（1）并网点的确定原则为电源并入电网后能有效输送电力并且能确保电网的安全稳定运行。

（2）当公共连接点处并入一个以上的电源时，应总体考虑它们的影响。分布式电源总容量原则上不宜超过上一级变压器供电区域内最大负荷的25%。

（3）分布式电源并网点的短路电流与分布式电源额定电流之比不宜低于10。

（4）分布式电源接入电压等级宜按照：200kW 及以下分布式电源接入 380V 电压等级电网；200kW 以上分布式电源接入 10（6）kV 及以上电压等级电网。经过技术经济比较，分布式电源采用低一电压等级接入优于高一电压等级接入时，可采用低一电压等级接入。

二、接入系统设计内容

（一）接入电压等级及接入点

对于单个并网点，接入的电压等级应按照安全性、灵活性、经济性的原则，根据分布式电源容量、发电特性、导线载流量、上级变压器及线路可接纳能力、所在地区配电网情况、周边分布式电源规划情况，经过综合比选后确定，具体可参考表10－1。

表10－1　分布式电源接入电压等级建议表

单个并网点容量	并网电压等级
8kW 以下	220V
8kW～400kW	380V
400kW～6MW	10kV
6MW～20MW	35kV

注　最终并网电压等级应根据电网条件，通过技术经济比选论证确定。若高低两级电压均具备接入条件，则优先采用低电压等级接入。

分布式电源可接入公共电网或用户电网，接入点选择应根据其电压等级及周边电网情况确定，具体见表10－2。

表 10-2　　分布式电源接入点选择推荐表

电压等级	接入点
35kV	变电站、开关站 35kV 母线
10kV	变电站、开关站、配电室、箱式变压器、环网箱（室）的 10kV 母线；10kV 线路（架空线路）
380/220V	配电箱/线路；配电室、箱式变压器或柱上变压器低压母线

（二）潮流计算

分布式电源接入系统潮流计算应遵循以下原则。

（1）潮流计算无须对分布式电源送出线路进行 $N-1$ 校核，但应分析电源典型功率变化引起的线路功率和节点电压的变化。

（2）分布式电源接入配电网设计时，应对设计水平年有代表性的电源功率和不同负荷组合的运行方式、检修运行方式及事故运行方式进行分析，还应计算光伏发电等最大功率主要出现时段的运行方式，必要时进行潮流计算以校核该地区潮流分布情况及上级电网输送能力，分析电压、谐波等存在的问题。

（3）必要时应考虑本项目投运后 5～10 年相关地区预计投运的其他分布式电源项目，并纳入潮流计算。相关地区指本项目公共连接点上级变电站所有低压侧出线覆盖地区。

（4）针对变电站主变压器跳闸后的状态，应对分布式电源接入侧相关主变压器/配电室高压侧母线残压进行计算校核，对低压侧母线母联自投时的非同期合环电流进行计算校核。

（三）短路电流计算

分布式电源接入系统短路电流计算原则如下：

应针对分布式电源最大运行方式，对分布式电源并网点及相关节点进行三相及单相短路电流计算。

短路电流计算为现有保护装置的整定、更换及设备选型提供依据。当已有设备短路电流开断能力不满足短路计算结果时，应提出限流措施或解决方案。

变流器型分布式电源提供的短路电流按 1.5 倍额定电流计算；分布式同步电机及感应电机型发电系统提供的短路电流按下式计算

$$I_{\mathrm{G}}=\frac{U_{\mathrm{b}}}{\sqrt{3}X_{\mathrm{d}}''}$$

式中　I_{G}——分布式电源提供的短路电流；

U_{b}——同步电机及感应电机型发电系统出口基准电压；

X_{d}''——同步电机或感应电机的直轴次暂态阻抗。

（四）稳定计算

同步电机类型的分布式电源接入 35/10kV 配电网时应进行稳定计算。其他类型的发电系统及接入 380/220V 系统的分布式电源，可省略稳定计算。稳定计算分析应符合《电力系统安全稳定导则》（DL 755—2001）的要求，当分布式电源存在失步风险时应能够实现解列功能。

（五）设备选择

1. 一般原则

分布式电源接入配电网工程设备选择应遵循以下原则。

（1）分布式电源接入系统工程应选用参数、性能满足电网及分布式电源安全可靠运行的设备。

（2）分布式电源的接地方式应与配电网侧接地方式相配合，并应满足人身、设备安全和保护配合的要求。采用 10kV 及以上电压等级直接并网的同步发电机中性点应经避雷器接地。

（3）变流器型分布式电源接入容量超过本台区配电变压器额定容量 25%时，配电变压器低压侧刀熔总开关应改造为低压总开关，并在配电变压器低压母线处装设反孤岛装置；低压总开关应与反孤岛装置间具备操作闭锁功能，母线间有联络时，联络开关也应与反孤岛装置间具备操作闭锁功能。

2. 主接线选择

分布式电源升压站或输出汇总点的电气主接线方式，应根据分布式电源规划容量、分期建设情况、供电范围、当地负荷情况、接入电压等级和出线回路数等条件，通过技术经济分析比较后确定，可采用如下主接线方式。

（1）220V：采用单元或单母线接线。

（2）380V：采用单元或单母线接线。

（3）10kV：采用线变组或单母线接线。

（4）35kV：采用线变组或单母线接线。

（5）接有分布式电源的配电台区，不得与其他台区建立低压联络（配电室、箱式变压器低压母线间联络除外）。

3. 电气设备参数

用于分布式电源接入配电网工程的电气设备参数应符合下列要求。

（1）分布式电源升压变压器参数应包括台数、额定电压、容量、阻抗、调压方式、调压范围、联结组别、分接头及中性点接地方式，应符合电力变压器能效限定值及能效等级（GB 24790—2009）、油浸式电力变压器技术参数和要求（GB/T 6451—2015）、电力变压器选用导则（GB/T 17468—2008）的有关规定。变压器容量可根据实际情况选择。

（2）分布式电源送出线路导线截面选择应遵循以下原则。

送出线路导线截面应根据所需送出的容量、并网电压等级选取，并考虑分布式电源发电效率等因素，一般按持续极限输送容量选择；当接入公共电网时，应结合本地配电网规划与建设情况选择适合的导线。

分布式电源接入系统工程断路器选择应遵循以下原则。

（1）380/220V：分布式电源并网时，应设置明显开断点，并网点应安装易操作、具有明显开断指示、具备开断故障电流能力的断路器。断路器可选用微型、塑壳式或万能断路器，根据短路电流水平选择设备开断能力，并应留有一定裕度，应具备电源端与负荷端反接能力。其中，变流器型分布式电源并网点应安装低压并网专用开关，专用开关应具备失电压跳闸及低电压闭锁合闸功能，失电压跳闸定值宜整定为 20%U_N、10s，检有压定值宜整定为大于 85%U_N。

（2）35/10kV：分布式电源并网点应安装易操作、可闭锁、具有明显开断点、具备接地条件、可开断故障电流的断路器。

（3）当分布式电源并网公共连接点为负荷开关时，宜改造为断路器；并根据短路电流水平选择设备开断能力，留有一定裕度。

4. 无功配置

分布式电源接入系统工程设计的无功配置应满足以下要求。

（1）分布式电源的无功功率和电压调节能力应满足电力系统无功补偿配置技术原则（Q/GDW 212—2008）、光伏发电系统接入配电网技术规定（GB/T 29319—2012）的有关规定，应通过技术经济比较，提出合理的无功补偿措施，包括无功补偿装置的容量、类型和安装位置。

（2）分布式电源系统无功补偿容量的计算应依据变流器功率因数、汇集线路、变压器和送出线路的无功损耗等因素。

（3）分布式电源接入用户配电系统，用户应根据运行情况配置无功补偿装置或采取措施保障用户功率因数达到考核要求。

（4）对于同步电机类型分布式发电系统，可省略无功计算。

（5）分布式发电系统配置的无功补偿装置类型、容量及安装位置应结合分布式发电系统实际接入情况、统筹电能质量考核结果确定，还应考虑分布式电源的无功调节能力，必要时安装动态无功补偿装置。

分布式电源接入配电网的并网点功率因数应满足分布式电源接入电网技术规定（Q/GDW 1480—2015）的要求，并宜在设计中实现以下功能。

（1）35/10kV 电压等级接入的同步发电机型分布式电源参与并网点的电压调节。

（2）35/10kV 电压等级接入的异步发电机型分布式电源通过调整功率因数稳定电压水平。

（3）35/10kV 电压等级接入的变流器型分布式电源在其无功输出范围内，根据并网点电压水平调节无功输出，参与电网电压调节。

三、接入系统方案

分布式电源接入系统设计方案应符合 GB/T 29319—2012、城市电力网规划设计导则（Q/GDW 156—2006）、Q/GDW 1480—2015、Q/GDW 738—2012 等标准的要求。

接入系统方案包括提出分布式电源接入系统的电压等级和方式，包括接入系统电压等级、单点接入或多点接入、接入点、回路数、导线截面及线路长度。

接入系统方案电气计算应包括以下几个方面。

（1）潮流计算。为避免出现线路功率或节点电压越限，应分析分布式电源功率变化引起的线路功率和节点电压的波动，如分布式电源并网运行引起电压或同步问题应提出解决方案。

（2）无功补偿。计算并确定分布式电源无功补偿配置方案。

（3）稳定计算。以 10kV 及以上电压等级接入的同步电机型分布式电源应进行稳定计算。

（4）短路电流水平计算。通过短路电流，对相关断路器的开断能力进行校核，当不满足要求时应提出解决方案。

（5）根据需要，为了保证系统公共连接点处电能质量满足要求，对分布式电源并网运行引起的频率偏差、闪变、谐波等电能质量进行分析。

分布式电源接入系统设计一次系统方案应满足以下要求。

（1）根据分布式电源规划容量、分期建设情况、供电范围、负荷情况、接入电压等级和出线回路数、电网安全运行对分布式电源的要求，通过技术经济分析比较，确定分布式电源的主接线。

（2）依据相关标准选择电气设备。分布式电源接入系统设计一次部分投资估算包括列出接入系统一次设备及投资清单。

（3）分布式电源侧系统一次设备投资单独列出。

第二节　用　户　接　入

一、接入系统原则

客户的供电电压等级应根据当地电网条件、客户分级、用电最大需量或受电设备总容量，经过技术经济比较后确定。除有特殊需要，供电电压等级一般可参照表 10－3 确定。

表 10－3　　客户供电电压等级的确定

供电电压等级	用电设备容量	受电变压器总容量
220V	10kW 及以下单相设备	
380V	100kW 及以下 50kVA 及以下	
10kV		50kVA～10MVA
35kV		5MVA～40MVA
66kV		15MVA～40MVA
110kV		20MVA～100MVA
220kV		100MVA 及以上

注　1. 无 35kV 电压等级的，10kV 电压等级受电变压器总容量为 50kVA～15MVA。
2. 供电半径超过本级电压规定时，可按高一级电压供电。

（一）低压供电

客户单相用电设备总容量在 10kW 及以下时可采用低压 220V 供电，在经济发达地区用电设备容量可扩大到 16kW。

客户用电设备总容量在 100kW 及以下或受电变压器容量在 50kVA 及以下者，可采用低压 380V 供电。在用电负荷密度较高的地区，经过技术经济比较，采用低压供电的技术经济性明显优于高压供电时，低压供电的容量可适当提高。

农村地区低压供电容量，应根据当地农村电网综合配电小容量、多布点的配置特点确定。

（二）高压供电

客户受电变压器总容量在 50kVA～10MVA 时（含 10MVA），宜采用 10kV 供电。无 35kV 电压等级的地区，10kV 电压等级的供电容量可扩大到 15MVA。

客户受电变压器总容量在 5MVA～40MVA 时，宜采用 35kV 供电。

客户受电变压器总容量在 20MVA～100MVA 时，宜采用 110kV 及以上电压等级供电。

客户受电变压器总容量在 100MVA 及以上，宜采用 220kV 及以上电压等级供电。

10kV 及以上电压等级供电的客户，当单回路电源线路容量不满足负荷需求且附近无上一级电压等级供电时，可合理增加供电回路数，采用多回路供电。

二、接入系统流程

以国网新疆电力有限公司为例，接入系统流程如图 10－1 所示。

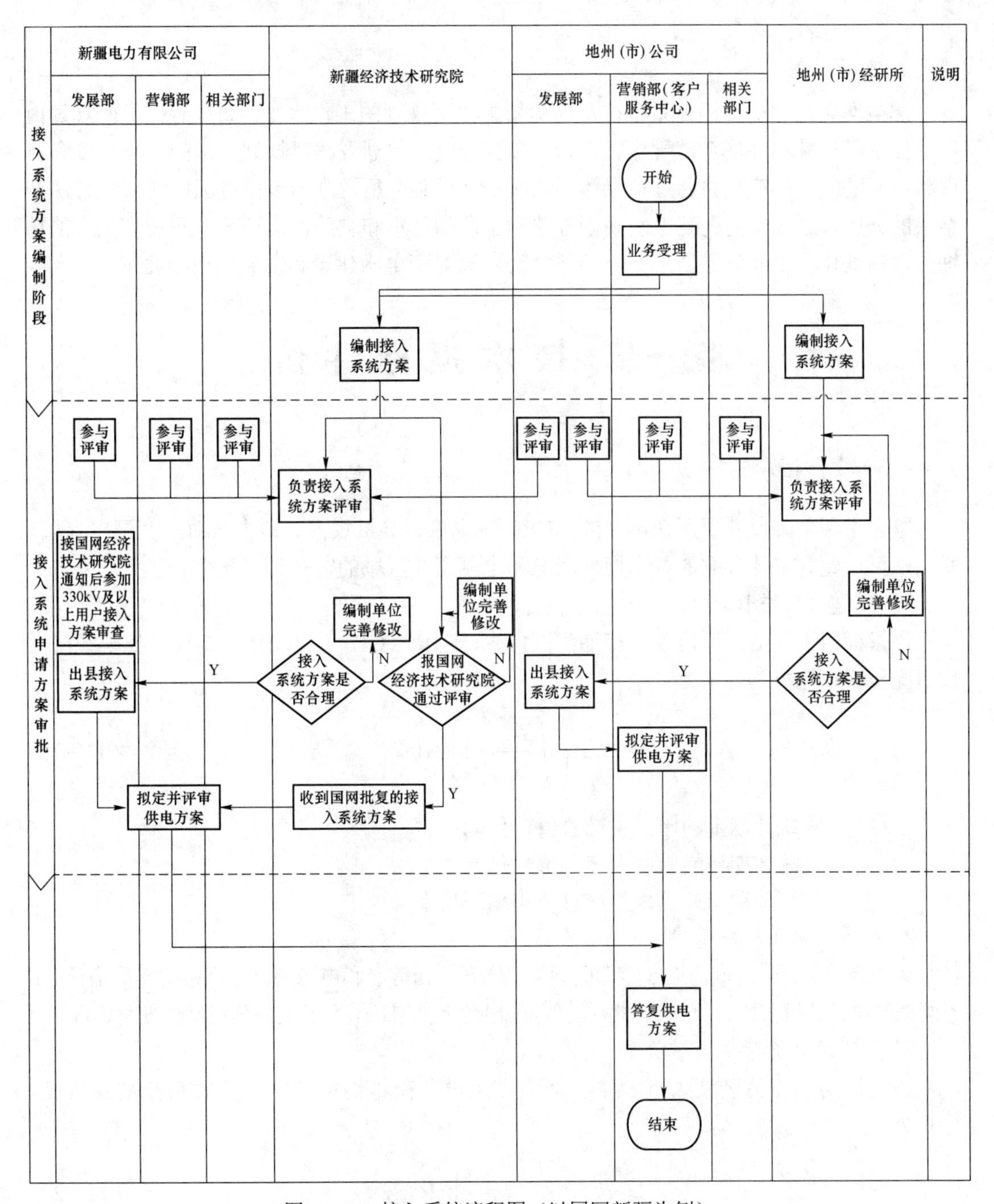

图 10－1　接入系统流程图（以国网新疆为例）

第十一章

配电网规划评价指标体系

配电网规划评价指标体系旨在全面衡量配电网规划的工作水平，通过对配电网规划内容的技术可行性和经济合理性进行评价，掌握配电网规划方案对规划目标的满足程度和对现状电网的改善程度，并通过指标体系的实施及结果分析，进一步促进配电网规划方法和结果的分析，进一步促进配电网规划方法和手段的创新和实践，推动配电网规划工作的精细化、精准化，不断满足新形势下经济社会发展对配电网建设和发展提出的要求。

第一节　技术指标评价

一、综合指标

综合指标主要反映了所在电网的GDP、用电量、装机规模、最大负荷、变配电容量、变电站可扩建容量等方面的基本规模情况和电网所在区域的客观边界条件。

1. GDP年均增长率

该指标用于评估区域内近5年期间国内生产总值（GDP）年均增长情况，反映经济增长情况和增长趋势。公式为

$$\beta_1 = \left(\sqrt[5]{\frac{G_{i+5}}{G_i}} - 1\right) \times 100\% \qquad (11-1)$$

式中　G_{i+5}——统计期末的国内生产总值，亿元；

G_i——统计期初的国内生产总值，亿元；

β_1——统计期间的国内生产总值年均增长率。

2. 电源装机年均增长率

该指标用于评估区域内近5年期间逐年接入各电压等级和电源装机总规模的年均增长率；不同类型电源装机占比，反映该地区统计期间电源装机增长情况及电源装机结构变化情况。

3. 最高用电负荷年均增长率

该指标用于评估区域内近5年期间最高用电负荷年均增长率，反映负荷增长情况。公式为

$$\beta_3 = \left(\sqrt[5]{\frac{P_{i+5}}{P_i}} - 1\right) \times 100\% \qquad (11-2)$$

式中 P_{i+5}——统计期末的年最高用电负荷，MW；

P_i——统计期初的年最高用电负荷，MW；

β_3——统计期间的最高用电负荷年均增长率。

4. 全社会用电量年均增长率

该指标用于评估区域内近5年期间全社会用电量年均增长率，反映电量需求增长情况。公式为

$$\beta_4=\left(\sqrt[5]{\frac{E_{i+5}}{E_i}}-1\right)\times 100\% \tag{11-3}$$

式中 E_{i+5}——统计期末的年全社会用电量，亿kWh；

E_i——统计期初的年全社会用电量，亿kWh；

β_4——统计期间的全社会用电量年均增长率。

5. 售电量年均增长率

该指标用于评估区域内近5年期间售电量年均增长率，反映售电量需求增长情况。公式为

$$\beta_5=\left(\sqrt[5]{\frac{S_{i+5}}{S_i}}-1\right)\times 100\% \tag{11-4}$$

式中 S_{i+5}——统计期末的年售电量，亿kWh；

S_i——统计期初的年售电量，亿kWh；

β_5——统计期间的售电量年均增长率。

6. 变配（电）容量年均增长率

该指标用于评估区域内近5年期间各电压等级（变电和配电）容量总规模的年均增长率，反映该地区统计期间内变（配）电容量的增长速度。

7. 110（66）kV平均单条线路长度

110（66）kV平均单条线路长度（km/条）=110（66）kV线路长度合计（km）/110（66）kV线路条数（条）出口。

该指标反映110（66）kV线路的供电半径。

8. 10kV平均供电半径

10kV 供电半径通常指从变电站（配电变压器）低压侧出线到其供电的最远负荷点之间的线路长度。

9. 容载比

容载比一般分电压等级计算，指某一供电区域、同一电压等级电网的公用变电设备总容量与对应的总负荷（网供负荷）的比值。

容载比的确定要考虑负荷分散系数、平均功率因数、变压器负载率、储备系数、负荷增长率等主要因素的影响。公式为

$$R_S=\frac{\sum S_{ei}}{P_{max}} \tag{11-5}$$

式中 R_S——平均容载比，kVA/kW；

P_{max}——该电压等级最大负荷日最大负荷，万kW；

$\sum S_{ei}$ ——该电压等级年最大负荷日投入运行的变电站的总容量，万kV。

10. 现有变电站可扩建容量及占比

该指标表示某一电压等级变电站规划最终规模与目前投产规模的差值，分电压等级统计。该指标适用于220、110kV电压等级。公式为

某一电压等级现有变电站可扩建容量（万kVA）=

$$\sum(\text{某变电站规划最终主变压器容量}-\text{目前已投运的主变容量})\ (\text{万kVA})$$

某一电压等级现有变电站可扩建容量占比=现有变电站预留容量（万kVA）/该电压等级现有变电站总投运容量（万kVA）

11. 户均配电变压器容量

该指标体现了配电网基础建设和供电能力。

户均配电变压器容量=居民供电的配电容量/居民用户数

二、安全可靠性指标

安全可靠性指标主要反映我国电网的安全稳定运行情况和可靠性情况。具体包括：

1. 110（66）kV $N-1$ 通过率

指标内容：统计内容包含变压器和线路两类。

110（66）kV电网 $N-1$ 通过率（%）=满足 $N-1$ 的元件数量（个）/总元件数量（个）

2. $N-2$ 通过率

110（66）kV电网 $N-2$ 通过率（%）=满足 $N-2$ 的元件数量（个）/总元件数量（个）

3. 10kV电网互联率

10（20）kV电网互联率（%）=满足互联结构的10（20）kV线路条数（条）/10（20）kV线路总条数（条）

该指标反映10（20）kV线路满足互联结构的线路比例。

4. 10kV最长供电距离分布

指标内容：按照10（20）kV线路最长供电距离长度在3km以下、3～5km、5～15km、15km以上分别统计线路条数占比。该指标反映10（20）kV线路的供电半径分布情况。

5. 用户平均停电频率

用户平均停电频率表示在统计期内为供电用户平均停电的次数。公式为

$$\text{用户平均停电频率（次/户）}=\frac{\sum\text{每次停电用户数}}{\text{总户数}} \tag{11-6}$$

6. 用户平均停电时间

用户平均停电时间表示供电用户在统计期内的平均停电小时数。公式为

$$\text{用户平均停电时间（h/户）}=\frac{\sum(\text{每次停电持续时间}\times\text{每次停电用户数})}{\text{总用户数}} \tag{11-7}$$

7. 供电可靠率（RS-3）

RS-3反映不计及因系统电源不足而需限电的情况。公式为

$$\text{RS}-3=\left(1-\frac{\text{用户平均停电时间}-\text{用户平均限电停电时间}}{\text{统计期间时间}}\right)\times100\% \tag{11-8}$$

8. 综合电压合格率

电压合格率按照监测点的电压偏差进行统计，电网电压监测分为A、B、C、D四类监测点。A类监测点为地区供电负荷的变电站和发电厂的10（20）kV母线电压；B类监测点为20、35、66kV专线供电的和110kV及以上供电电压；C类监测点为20、35、66kV非专线供电的和110kV供电电压，每10MW负荷至少应设一个电压监测点；D类监测点为380/220V低压网络供电电压，每百台配电变压器至少设2个电压监测点，且监测点应设在有代表性的低压配电网首末两端和部分重要电力用户处。

电压合格率是指实际运行电压偏差在限制范围内累计运行时间与对应的总运行统计时间的百分比，统计的时间单位为min。通常每次以月（或周、季、年）的时间为电压监测的总时间，供电电压偏差超限的时间累计之和为电压超限时间。监测点电压合格率计算公式为

$$\gamma_0=\left(1-\frac{T_u}{T_s}\right)\times 100\% \tag{11-9}$$

式中 γ_0——电压合格率，%；

T_u——电压超限时间，min；

T_s——总运行统计时间，min。

电网年度综合电压合格率计算公式为

$$\gamma=0.5\gamma_A+0.5\times\left(\frac{\gamma_B+\gamma_C+\gamma_D}{3}\right) \tag{11-10}$$

式中 γ_A——A类监测点年度电压合格率，%；

γ_B——B类监测点年度电压合格率，%；

γ_C——C类监测点年度电压合格率，%；

γ_D——D类监测点年度电压合格率，%。

各类监测点年度电压合格率的计算公式为

$$\gamma_x=\frac{\sum_1^m \frac{\sum_i^n \gamma_0}{n}}{m} \tag{11-11}$$

式中 γ_0——该类监测点电压合格率，%；

n——该类监测点得电压监测点个数；

m——年度电压合格率统计月数。

9. 110（66）kV变压器可用系数

该指标反映110（66）kV变压器的可用小时数占比。公式为

变压器可用系数=变压器可用小时/8760

10. 110（66）kV架空线路可用系数

该指标反映110（66）kV架空线路的可用小时数占比。公式为

架空线路可用系数=架空线路可用小时/8760

11. 110（66）kV变压器强迫停运率

该指标反映110（66）kV变压器的强迫停运次数。公式为

变压器强迫停运率=变压器强迫停运次数/统计台年数

12. 110（66）kV 架空线路强迫停运率

该指标反映 110（66）kV 架空线路的强迫停运次数。公式为

架空线路强迫停运率=架空线路强迫停运次数/统计千米年数

13. 35～110kV 配电网结构标准化率

35～110kV 配电网结构标准化率=满足供电区域电网结构标准要求的 35～110kV 线路条数/35～110kV 线路总条数×100%

14. 10（20）kV 配电网结构标准化率

10（20）kV 配电网结构标准化率=满足供电区域电网结构标准要求的 10（20）kV 线路条数/10（20）kV 线路总条数×100%

15. 10（20）kV 架空线路大分支比例

10（20）kV 架空线路大分支比例=含有大分支线的 10（20）kV 架空线路/10（20）kV 架空线路总条数×100%

10（20）kV 架空线路大分支是指装接容量大于 4000kVA 的分支线。

16. 变电站全停全转率

变电站全停全转率=满足全停全转的变电站数量/变电站总数×100%

全停全转是指变电站全站停役后，其 10（20）kV 公用线路所带负荷可以通过 10（20）kV 线路全部转移至其他变电站。

17. 满足全停全转的全停全转率

10（20）kV 母线全停全转率=满足全停全转的 10（20）kV 母线的数量/10（20）kV 母线总数量×100%

母线全停全转是指变电站一条母线故障或停役后，其公用线路所带负荷通过配电线路全部转移至其他母线所带线路。

18. 10（20）kV 馈线间隔利用率

10（20）kV 馈线间隔利用率=已使用的 10（20）kV 馈线间隔数/10（20）kV 馈线间隔总数×100%

19. 10（20）kV 线路故障停电率

该指标反映在统计期间内，供电系统每 100km 线路（包括架空线路及电缆线路）故障停电次数。公式为

10（20）kV 线路故障停电率=线路故障停电次数/系统线路（100km·年）

20. 配电网故障平均恢复时间

配电网故障平均回复时间=（$\sum$用户单次故障恢复供电时间）/$\sum$故障次数

21. 成功转负荷概率

通过计算各个设备故障后的重构方案，可得到成功转负荷的故障分组和转负荷后网络出现过负荷的故障分组。

成功转负荷概率=成功转负荷的故障数/总的设备故障数×100%

三、效益指标

该指标主要反映地市电网的运行效率、经济效益和社会效益。具体包括以下几个方面。

1.（110）66kV 主变压器最大负荷率分布

该指标表示各电压等级主变压器年最大负荷率的分布情况。按照 30%以下、30%～60%和 60%以上三档分别统计线路条数占比。

2. 110（66）～10kV 线路最大负载率

110（66）～10kV 线路最大负载率（%）=线路最大工作电流（A）/线路长期允许载流量（A）

3. 110（66）～10kV 线路最大负载率分布

按 80%以上、40%～80%、20%～40%和 20%以下四档统计线路条数占比。

4. 110（66）～10kV 主变压器年最大负荷率

主变压器年最大负荷率（%）=主变压器年最大负荷（万 kW）/主变压器容量（万 kVA）

5. 110（66）～10kV 主变压器年最大负荷率分布

该指标表示各电压等级主变压器年最大负荷率的分布情况。110（66）kV 及以下按照 30%以下、30%～60%和 60%以上三档分别统计主变压器台（组）数占比。

6. 110（66）～10kV 主变压器年平均负荷率

主变压器年平均负荷率（%）=年供电量/8760×主变压器容量

7. 110（66）～10kV 主变压器年平均负荷率分布

该指标表示各电压等级主变压器年平均负荷率的分布情况。110（66）kV 及以下按照 30%以下、30%～60%和 60%以上三档分别统计主变压器台（组）数占比。

8. 线损率

该指标是反映电网经营管理水平的一项综合型技术经济指标。公式为

$$\text{线损率（\%）}=\frac{\text{线损电量（kWh）}}{\text{供电量（kWh）}}\times 100\% \tag{11-12}$$

9. 新设备增售电量

该指标指单位电网投资对应的增售电量，主要反映电网投资的经济效益。

新设备增售电量比例（kWh/元）=（新设备当年售电量（万 kWh）－原设备售电减少量（万 kWh））/当年电网增售电量（万元）

10. 单位输配电成本

单位输配电成本是指电网公司一定时期内输配电成本与供电量的比值。输配电成本核算一般包括折旧费、福利费、材料费、修理维护费及其他费用。

单位输配电成本=电网运营成本/总输电量

11. 单位电量电网投资

单位电量电网投资指电网给社会每增送一度电，电网需要付出的边际投资成本。它既反映电网建设的效益，又反映电网建设的难度。

单位电量电网投资（元/kWh）=年度电网投资/年度用电量增加值

12. 单位收益电网投资

单位收益电网投资指电网公司每赚一分钱需要付出的边际投资成本，反映电网投资空间和能力。

单位收益电网投资=年度电网投资/息税前利润。其中，息税前利润=利润总额十利息支出

13. 输电资产回报率

输电资产回报率指输电网企业年度盈利占总资产值的百分比，也称投资回报率。公式为

资产回报率=息税前利润/平均资产总额×100%

其中，平均资产总额=（期初资产总额+期末资产总额）/2。

14. 单位线路长度造价

该指标反映线路设备的平均造价水平为

$$\text{单位线路长度造价（元/km）}=\frac{\text{线路设备静态投资（元）}}{\text{线路长度（km）}} \tag{11-13}$$

15. 单位变电容量造价

该指标反映变（配）电设备造价的平均水平。公式为

$$\text{单位变电容量造价（元/kVA）}=\frac{\text{变（配）电设备静态投资（元）}}{\text{变电容量（kVA）}} \tag{11-14}$$

四、设备指标

1. 设备运行年限及分布

该指标表示设备自投运年至统计年的运行时间。设备主要包括变压器和线路。变压器按照台数占比统计（不包括电厂升压变压器和用户变压器），线路按长度占比统计。该指标说明电网的主要设备资产年限。

该指标按 10 年以下、10～20 年和 20 年以上 3 个区段分别统计，适用于 110～10（20）kV 电压等级。

2. 输变电资产退役设备平均寿命

输变电资产退役设备平均寿命=$\sum$某一电压等级当年单台设备退役时寿命/当年退役设备数量

该指标统计 110kV 电压等级，包括变压器、断路器、隔离开关和全封闭组合电器（GIS）。

3. GIS 变电站座数比例

GIS 变电站座数比例（%）=装配 GIS 设备的变电站座数（座）/变电站座数（台）×100%

4. 变电站组合化率

变电站组合化率（%）=装配组合电器设备的变电站间隔数（个）/变电站总间隔数（个）×100%

5. 110kV 变电站无人值班率

变电站无人值班率（%）=具备无人值班条件变电站（座）/变电站总座数（座）×100%

6. 10kV S7（S8）及以下高损耗配电变压器台数比例

S7（S8）及以下高损耗配电变压器台数比例（%）=S7（S8）及以下配电变压器数量（台）/配电变压器总数量（台）×100%

该指标指 10（20）kV 公用配电变压器中，S7（S8）及以下型号配电变压器台数分别占总公用配电变压器台数的比例。

统计口径：10（20）kV 电压等级。

7. 变电站综合自动化率

变电站综合自动化率（%）=（综合自动化变电站座数/变电站总座数）×100%

统计口径：110kV 及以上电压等级。

8. 配电终端覆盖率

配电终端覆盖率（%）=具有“二遥”及以上功能开关（含环网柜）台数（台）/配电开关总台数（台）×100%

该指标反映该地区 10（20）kV“二遥”以上功能配电自动化开关台数比例。

统计口径：10（20）kV 电压等级（公用电网）。

9. 架空线绝缘化率

架空线绝缘化率=采用绝缘线架设的架空线路长度（km）/架空线路长度（km）×100%

统计口径：10（20）kV 电压等级（公用电网）。

10. 电缆化率

电缆化率=电缆线路长度/线路总长度×100%

统计口径：10（20）kV 电压等级（公用电网）。

11. 配电自动化覆盖率

该指标反映区域内配置终端的中压线路条数占该区域中压线路条数的比例。公式为

$$\text{配电自动化覆盖率}=\frac{\text{区域内配置终端的中压线路条数}}{\text{区域内中压线路总条数}}\times 100\% \tag{11-15}$$

若考虑线路的终端配置要求，则定义为配电自动化的有效覆盖率。公式为

$$\text{配电自动化有效覆盖率}=\frac{\text{区域内符合终端配置要求的中压线路条数}}{\text{区域终端线路总条数}}\times 100\% \tag{11-16}$$

12. 智能电能表覆盖率

智能电能表覆盖率=使用智能电能表数/总电能表数×100%

13. 新建住宅小区供电配套工程费

该指标指政府部门发布的专门用于新建住宅小区供电配套工程建设收取的工程费（元/m^2）。

电网建设以电网规划为指导，要经历一个较长的建设时期，才能逐步达到完善；在规划执行的初期，由于缺少时间和数据的积累，因而无法对规划的执行情况给出满意的评估。经过长期的建设阶段后，对于专业规划制定得是否合理、电网建设的执行情况如何、今后规划的改进方向等问题都需要有一套全面客观的评价标准。在实际的电网综合评价指标应用过程中，为了能使各个指标具有可比性，经常会定义下列综合指标的概念。

$$I=\alpha_1\times\text{基础指标}+\alpha_2\times\text{安全可靠性指标}+\alpha_3\times\text{效率效益指标}+\alpha_4\times\text{设备指标}$$

式中　α_1、α_2、α_3、α_4——分别为各个指标体系的权重系数，可以根据电网的实际情况确定。

第二节　配电网规划的经济性分析

一、经济性分析概述

（一）经济分析的意义

随着企业市场化运营，各电力集团、电力公司、电网公司都在强化科学管理、转换经营机制、积极拓宽销售市场，根据市场经济的要求、经济发展的客观规律，寻求企业发展之路。经济问题与技术问题相比，其重要性毫不逊色，因为它是争取企业发展、取得良好经济效益、减少损耗、节约开支、杜绝浪费的必要手段。作为电网规划的专业人员，在技术上应该是内行，应改变传统计划经济体制下的思维方式和工作方法，学会在市场经济体制下的战略和策略，提高对市场经济变化的洞察力，以适应经济增长方式从粗放型向集约型转变的新形势，使电网规划工作逐步做到规范、科学、合理。

经济比较是工程设计中项目或方案经济分析的一个组成部分，而且往往是通过经济比较对方案进行筛选后，将其优选方案再进行国民经济评价、财务评价及不确定性分析。在电网规划经济分析中应用得最为广泛的方案是经济比较。

电网规划设计的成果是电力发展决策部门批准电力建设方案的依据和重要参考资料。为确定某一规划设计方案或一个电力建设工程项目，除了分析该方案或工程项目是否在技术上先进、可靠和适用外，还要分析该方案或工程项目在经济上是否合理。只有技术和经济两个方面都合理后，该方案或工程项目才能实施。所以，电网规划设计方案的经济比较（或经济评价）是电力建设项目决策科学化、民主化，减少和避免决策失误，提高电力建设经济效益的重要手段。电网规划设计必须重视经济分析工作。

（二）经济分析的原则

目前，电力企业的大型送变电新建工程和改造工程的资金来源主要由国家财政的专项拨款、银行贷款、地方政府投资和其他各方面的投资、工程项目法人资金及其发放的债券、外商投资等渠道组成。资金如何投放、如何降低工程造价、竣工后采取什么方式回收投资最好、折旧费怎样提取最佳、劳务费和劳动工资上涨给工程带来什么样的影响等，是每个电力企业在经济分析中应该注重的问题。

对电网规划设计进行经济分析的原则如下：

（1）技术上可行；

（2）从国家整体利益出发，不带主观偏见，不迁就、照顾人情；

（3）符合我国能源和电力建设方针政策；

（4）按社会主义市场经济规律办事，符合改革开放政策；

（5）符合集资办电、统一规划、统一调度、以省为主体的电力管理体制精神。

（三）经济分析的注意事项

经济分析的注意事项如下：

（1）电网规划设计工作需要进行经济比较评价的内容多种多样，经济比较或评价的方法也有多种，应从实际需要出发，选用合适的经济比较方法或评价方法。

（2）在做方案比较时，方案应有可比性，如生产能力或产量不同的方案或项目，应设法将方案不同部分等同后再比较。

（3）一般应考虑时间因素，采用动态法比较分析，以静态指标进行辅助分析。对于工期较短或较小型的项目，也可采用静态法比较分析。

（4）电力建设的投资渠道多，贷款利率各不相间，当涉及投资渠道和贷款利率均比较明确的电力建设工程方案比较时，应考虑建设期投资贷款利息和生产期流动资金贷款利息对方案的经济影响。

（5）经济比较或评价的内容应完整，不漏项。

（6）采用的基础资料和数据正确无误。

（7）各方案需用基于同一时间的价格指标。

（8）当方案涉及相关的煤炭、水利或交通运输部门的费用和效益时，应分析其影响。

（9）某些方案涉及社会效益而又难以用经济指标表达时，宜将社会效益作为经济比较的辅助材料同时列出。

（10）要对可变因素加以分析。

（11）方案比较时，一般可按现价格进行，但当某些材料（如煤炭等）在项目费用中所占比例较大，而价格又明显不合理，可能影响方案确定时，应采用其影子价格。

（12）经济比较或评价方法只是经济分析的一种科学手段，不能代替设计人员的分析和判断，所以要求设计者应多做方案，多调查研究，对计算所采用的参变数要慎重研究，对具体项目必须作具体分析。

二、资金时间价值的等值变换

（一）资金按时间序列的分类

1. 资金的时间价值

资金的时间价值是经济评价的基础，电力企业的决策人员和从事配电网规划的专业人员在市场经济分析中应建立一个重要的概念，即货币具有时间价值。所谓货币的时间价值，就是货币在流通过程中所产生的新的价值。现在的 1 笔资金与 1 年后、5 年后的等量资金在经济价值上是不等的；同样，工程项目在不同时刻投入的资金及获得的效益，其价值也是不同的。

资金的时间价值的具体表现是利润和利息。利润是相对投资过程而言的，利息是相对借贷而言的。例如，因新建工程或改造工程，年初从银行贷款 100 万元，年利率为 10%，明年初应偿还 110 万元，后年初就应偿还 121 万元。如此，10 万元和 21 万元就是 100 万元资金的一年和两年的时间价值。为了在经济上正确评价工程项目，或在方案经济比较时能全面、科学地反映方案间的差别，就必须考虑资金的时间价值，把不同时刻的资金额折算为相同时刻的资金额，将它们在同一时间基础上具有可比性地进行分析或比较。因此，电力企业如利用银行贷款来兴建或改造某项工程，在计算利润时必须把付给银行的利息考虑在内。

在经济分析中，资金按时间序列可以有下列 4 种表示方式。

（1）现在值 P（Present Worth）：现在值属于一次性支付的金额，一般来说，现在值即当前的金额，但在广义上也可以是以后某一规定时间的金额。

（2）将来值 F（Future）：将来值是今后某一规定时间的金额，资金的将来值也叫终值。将来值和现在值一样，是一次性支付的金额。

其实，现在值和将来值是时间序列上的相对概念。例如，现在、5 年后和 10 年后 3 个时刻的资金，从时间的相对意义讲，“5 年后”的资金，对“现在”来说，它是将来值，而对“10 年后”来说，它则是现在值。

（3）等年值 A（Annuity）：等年值属于分次等额支付的资金，通常每期金额的间隔周期为一年，故称等年值。等年值应满足：各期支付额度 A 相等，支付期数中各期的间隔周期相等。

（4）递增年值 G（Uniform Gradients）：递增年值也属于分次支付的金额，与等年值 A 不同的是，它每期资金等额递增。

以上 4 种类型的资金在时间坐标上的关系如图 11－1 和图 11－2 所示。由于一年不是时间上的一点而是一段时间，所以对于资金的支出和收入，应说明是一年中的某时刻。一般规定，现在值 P 发生在年初，将来值 F 发生在年末，等年值 A 和递增年值 G 均发生在年末（或年度终点）。

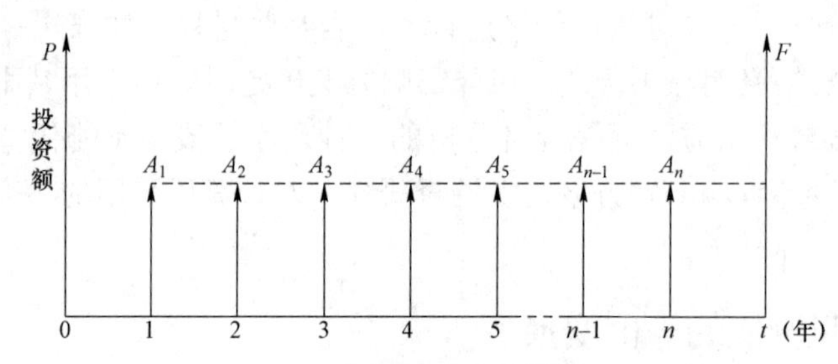

图 11－1　资金的现在值、将来值和等年值

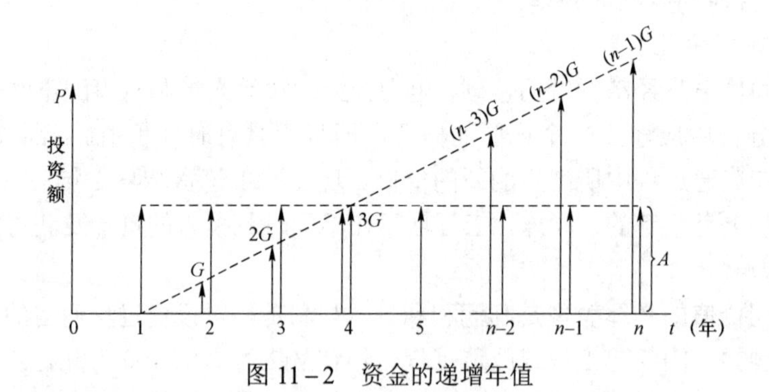

图 11－2　资金的递增年值

任何形式的资金在时间上均可归纳为上述 4 种，费用（支出）和效益（收入）在时间坐标上可以分别用正、负表示。

2. 利息和利率

（1）利息。利息是借款人支付给贷款人的报酬。当电力企业向国家银行取得贷款时，利息是企业支付给银行的一部分纯收入，以有利于节约使用资金，促进资金周转，加强经济核算和增加积累；而企业向银行存款时，银行对电力企业也支付一定的利息，其目的在于鼓励节约，使闲置资金用于国家建设。

利息分单利和复利两种。单利只按本金计算利息，累计起来的利息不再计息。例如，借款 100 元，借期 3 年，每年按 10%标准还利，则第 3 年末应付本利和为 100+100×0.1×3=130（元）。复利不仅本金要逐期还息，每期累计起来的利息也要计算在内，则第三年末按复利计算应还的本利和如下。

第一年末：$100+100\times0.1=110$（元）；

第二年末：$100+110\times0.1=121$（元）；

第三年末：$121+121\times0.1=133.1$（元）。

这比用单利法多计息 3.1 元。在计算货币的时间价值时均采用复利法。

（2）利率。利率是指一定时期内利息总额与贷出金额的比率，即

$$利率=\frac{单位时间增加的利息}{原金额}\times100\% \tag{11-17}$$

利率有年利率、月利率和日利率之分，是根据国家客观经济条件有计划规定的。在送、配电线路工程中，建设期贷款的利息则按月计算。

（3）名义利率。名义利率是挂名的非有效利率，是以 1 年为基础，每年只计息 1 次的利率，用 r 表示。名义利率=周期利率×每年复利周期数。

例如，存款 100 元，计息周期为 3 个月，每个利息期的利率为 3%，则年利率为 12%。此处，12%为名义利率，而 3%为周期利率，即 $r=3\%\times4=12\%$。

（4）周期利率。

周期利率是将名义利率按同等标准分 n 次计息的，即

$$周期率=\frac{r}{n} \tag{11-18}$$

（5）实际利率。

实际利率是按每年计息所得的利率，是有效利率。也就是说，若以周期利率计算年利率，并考虑资金的时间价值，这时的年利率便是实际利率。

通常所说的年利率都是指名义利率，如不对计息时间加以说明，则表示 1 年计息 1 次，这时名义利率等于实际利率。例如，名义利率为 6%，每年计息 1 次，实际利率也是 6%。若计息时间短于 1 年，如按半年、季、月、周计息，则每年计息次数为 2、4、12、52 次。计息次数越多，实际利率比名义利率越高。就前例而言则有

$$本利和=100\times(1+0.03)^4\approx112.55（元）$$

$$利息=112.55-100=12.55（元）$$

$$实际利率=\frac{12.55}{100}\times100\%=12.55\%$$

因此，实际利率为 12.55%，大于名义利率 12%。

由此可以得出：① 名义利率对资金的时间价值反映得不够完全；② 实际利率反映资金的时间价值；③ 计息周期越短，实际利率与名义利率的差值越大。

如设 t 为实际利率，r 为名义利率，n 为计息期数，P 为年初投资现值，F 为本利和，则有

$$F=P\left(1+\frac{r}{n}\right)^n \tag{11-19}$$

本利和 F 与现金 P 之差为利息，即

$$F-P=P\left(1+\frac{r}{n}\right)^n-P \tag{11-20}$$

故实际利率为

$$i=\frac{P\left(1+\frac{r}{n}\right)^n-P}{P}\times 100\%=\left[\left(1+\frac{r}{n}\right)-1\right]\times 100\% \tag{11-21}$$

（二）资金时间价值的等值交换

在时间因素作用下，不同的时间上绝对不等的资金可能具有相等的价值。如 100 元，利率为 6%（年利率），一年后为 106 元，数量上不等，但两者是等值的；或者说一年后的 106 元，在目前是 100 元，两者也是等值的。影响资金等值的因素有金额、发生的时间和利率（亦称为折现率或贴现率，其中进行资金等值计算中使用的反映资金时间价值的参数称为折现率）。

利用等值的概念，可以把在一个时间的资金金额换算成另一时间的等值金额，这一过程称为资金等值计算。把将来某一时间的资金金额换算成现在时间的等值金额称为“折现”或“贴现”。把将来时点上的资金金额折现后的资金金额称为“现值”。与现值等价的将来某时间的资金金额称为“终值”或“将来值”。

为了分析电网建设与改造工程项目投资的经济效果，必须对项目寿命期内不同时间发生的全部费用和全部收益进行计算和分析。在考虑资金时间价值的情况下，不同时间发生的收入或支出的数值不能直接相加或相减，只能通过资金等值计算将它们换算到同一时间点上进行分析。

1. 一次支付类型

一次支付又称整付，是指所分析系统的现金流量，无论是流入还是流出，均在一个时间点上一次发生。

（1）一次支付终值公式

$$F=P(1+i)^n \tag{11-22}$$

式中 P ——现值；

F ——终值；

i ——折现率；

n ——时间周期；

$(1+i)^n$ ——一次支付终值系数，也可用符号 $[P\to F]_n^i$ 表示。

（2）一次支付现值公式

$$P=F\frac{1}{(1+i)^n} \tag{11-23}$$

式中 $\frac{1}{(1+i)^n}$ ——一次性支付现值系数，也可记为 $[F\to P]_n^i$。

【例 11-1】如果银行利率为 6%，要在 5 年后获得 10 000 元款项，现在应存入银行多少？**解**：由式（11-23）可得出

$$P = F(1+i)^{-n} = 10\ 000 \times (1+0.06)^{-5} \approx 7473 \text{（元）}$$

2. 等额分付类型

等额分付是多次支付形式的一种。多次支付是指现金流入和流出在多个时间上发生，现金流大小可以是不等的，也可以是相等的。现金流序列是连续的且数额相等，则称这种现金流为等额系列现金流。

（1）等额分付终值公式。从第 1 年末至第 n 年末有一等额的现金流序列，每年的金额均为 A，称为等额年值。设等额年值序列的终值为 F，则等额分付终值公式为

$$F = A\left[\frac{(1+i)^n - 1}{i}\right] \tag{11-24}$$

式中 $\frac{(1+i)^n - 1}{i}$——等额分付终值系数，也可记为 $[A \to F]_n^i$。

【例 11－2】 某供电公司为积累电网改造资金，每年年末存入银行 200 万元，如存款利率为 10%，第 5 年末可得资金多少？

解： 由式（11－24）可得

$$F = A\left[\frac{(1+i)^n - 1}{i}\right] = 200 \times \left[\frac{(1+0.1)^5 - 1}{0.1}\right] \approx 1221 \text{（万元）}$$

（2）等额分付偿债基金公式。等额分付偿债基金公式是等额分付终值公式的逆运算，即已知终值 F，求与之等价的等值年值 A。由式（11－24）可直接导出

$$A = F\left[\frac{i}{(1+i)^n - 1}\right] \tag{11-25}$$

式中 $\frac{i}{(1+i)^n - 1}$——等额分付偿债基金系数，也可用符号记为 $[F \to A]_n^i$。

【例 11－3】 某供电公司欲积累一笔资金新建一座变电站，此项工程投资为 600 万元，银行利率为 12%。如果 3 年后建造此座变电站，则每年年末至少要存款多少？

解： 由式（11－25）可得出

$$A = F\left[\frac{i}{(1+i)^n - 1}\right] = 600 \times \left[\frac{0.12}{(1+0.12)^3 - 1}\right] \approx 177.82 \text{（万元）}$$

（3）等额分付现值公式。在考虑资金时间价值的条件下，n 年内系统的总现金流出等于总现金流入，则第 1 年初的现金流出 P 应与第 1 年到第 n 年的等额现金流出序列等值，P 相当于等额年值序列的现值。

将式（11－24）两边各乘以 $\frac{i}{(1+i)^n}$，可得到等额分付现值公式，即

$$P = A\left[\frac{(1+i)^n - 1}{i(1+i)^n}\right] \tag{11-26}$$

式中 $\frac{(1+i)^n - 1}{i(1+i)^n}$——等额分付现值系数，也可记为 $[A \to P]_n^i$。

【例 11－4】 某供电公司的某项工程有两种方案，两种方案的生产能力相同。甲方案的

自动化程度较低，现在只投资 100 万元，但运行人员多，材料消费定额高，从而每年年末需附加投资 38 万元。乙方案的自动化程度较高，现在需投资 200 万元，但需工作人员少，材料消费总额较低，每年年末的附加投资为 10 万元。投资回收年限为 5 年，年利润 $i=10\%$，应选择哪一种方案？

解： 因为两种方案的资本回收年限相同，故把两种方案的费用都折合成现在价值进行比较。

甲方案折合现在价值为

$$P=A\left[\frac{(1+i)^n-1}{i(1+i)^n}\right]=38\times\frac{(1+0.1)^5-1}{0.1\times(1+0.1)^5}\approx 144.05\ （万元）$$

故方案甲的总投资为

$$P_1=100+144.05=244.05\ （万元）$$

乙方案折合现在价值为

$$P=A\left[\frac{(1+i)^n-1}{i(1+i)^n}\right]=10\times\frac{(1+0.1)^5-1}{0.1\times(1+0.1)^5}\approx 37.91\ （万元）$$

故乙方案总投资的现在价值为

$$P_2=200+37.91=237.91\ （万元）$$

比较 P_1 和 P_2 可知，乙方案比甲方案节省现在价值为 6.14 万元，因此决定取用方案乙。

（4）等额分付资本回收公式。等额分付资本回收公式是等额分付现值公式的逆运算，即已知现值，求与之等价的等额年值 A，即

$$A=P\left[\frac{i(1+i)^n}{(1+i)^n-1}\right] \tag{11-27}$$

式中　$\dfrac{i(1+i)^n}{(1+i)^n-1}$——等额分付资本回收系数，也可记为 $[P\to A]_n^i$。

对配电网改造项目进行技术经济分析时，它表示在考虑资金时间价值的条件下在项目寿命期对应于单位投资每年至少应该回收的金额。如果单位投资的实际回收金额小于这个值，在项目寿命期内就不能将全部投资收回。

【例 11-5】 设现在资金为 100 万元，年利率 $i=10\%$，如果资本的回收年限为 5 年，则每年年末的资金回收应为多少？又如，资本的回收年限为 25 年，资金的回收年金为多少？

解： $n=5$ 时，资金回收年金为

$$A=p\left[\frac{i(1+i)^n}{(1+i)^n-1}\right]=100\times\frac{0.1\times(1+0.1)^5}{(1+0.1)^5-1}\approx 26.38\ （万元）$$

$n=25$ 时，资金回收年金为

$$A=p\left[\frac{i(1+i)^n}{(1+i)^n-1}\right]=100\times\frac{0.1\times(1+0.1)^{25}}{(1+0.1)^{25}-1}\approx 11.017\ （万元）$$

固定资产的折旧显然是一种资本回收。可见，如果折旧年限为 5 年，则 100 万元的固

定资产每年应折旧 26.38 万元。如果折旧年限为 25 年，每年也应折旧 11.017 万元，而不是一般计算的 4 万元。

将以上 6 个等值公式汇总于表 11－1 中。

表 11－1　　6 个常用资金等值公式表

类别		已知	求解	公式	系数名称及符号
一次支付	终值公式	现值 P	终值 F	$F=P(1+i)^n$	一次支付终值系数 $[P\to F]_n^i$
	现值公式	终值 F	现值 P	$P=F\dfrac{1}{(1+i)^n}$	一次支付现值系数 $[F\to P]_n^i$
等额分付	终值公式	年值 A	终值 F	$F=A\left[\dfrac{(1+i)^n-1}{i}\right]$	等额分付终值系数 $[A\to F]_n^i$
	偿债基金公式	终值 F	年值 A	$A=F\left[\dfrac{i}{(1+i)^n-1}\right]$	等额分付偿债基金系数 $[F\to A]_n^i$
	现值公式	年值 A	现值 P	$P=A\left[\dfrac{(1+i)^n-1}{i(1+i)^n}\right]$	等额分付现值系数 $[A\to P]_n^i$
	资本回收公式	现值 P	年值 A	$A=P\left[\dfrac{i(1+i)^n}{(1+i)^n-1}\right]$	等额分付资本回收系数 $[P\to A]_n^i$

三、经济评价方法

（一）净现值法

工程投资项目的净现值（简写 NPV）是该项目在使用寿命内总收益（收入）和总费用（支出）的现值之差。显然，一个工程投资方案的净现值越大，其经济效益越高。设有 m 个互斥的投资方案 $(j=1,2,3,\cdots,m)$，在其他条件可比的情况下，应推荐净现值最大的方案，其表达式为

$$\max \mathrm{NPV}_j=\sum_{t=0}^{n}[B_{jt}(P/F,i,t)]-\sum_{t=0}^{n}[(C_{jt}+K_{jt})(P/F,i,t)] \tag{11-28}$$

式中　i——利率或贴现率；

B_{jt}——方案 j 在第 t 年的收益；

C_{jt}——方案 j 在第 t 年的年运行费用；

K_{jt}——方案 j 在第 t 年的投资；

n——方案 j 的经济使用寿命或使用年限。

式（11－28）也可以表示为

$$\max=\mathrm{NPV}_j=\sum_{t=0}^{n}[(B_{jt}-C_{jt}-K_{jt})(P/F,i,n)] \tag{11-29}$$

式（11－29）表明，方案的净现值也可以表示为使用年限内逐年净收益（收入与支出之差）现值的总和。

用净现值对一个工程投资方案进行经济评价时，若 $\mathrm{NPV}\geqslant 0$，则认为该方案在经济上是可取的，反之则不可取。

【例 11－6】 某工程投资为5000万元，适用寿命50年，年运行费用为100万元，若每年的综合效益为700万元，贴现率为10%，试计算其净现值。

使用寿命50年内总效益的现值（BPV）为

$$\text{BPV}=700\times(P/A,10\%,50)=700\times\frac{(1+0.1)^{50}-1}{0.1\times(1+0.1)^{50}}\approx700\times9.915=6940.5\ （万元）$$

使用寿命50年内总费用现值（CPV）为

$$\text{CPV}=5000+100\times(P/A,10\%,50)=5000+100\times9.915=5991.5\ （万元）$$

故该项目的净现值（NPV）为

$$\text{NPV}=\text{BPV}-\text{CPV}=6940.5-5991.5=949\ （万元）$$

因此，该工程的建设在经济上是可取的。

现在分析一下当贴现率取不同值时，该工程净现值的变化情况。用同样的方法，可以得到：

$i=5\%$ 时，NPV=5953.6（万元）

$i=13\%$ 时，NPV=－394.83（万元）

$i=18\%$ 时，NPV=－1667.5（万元）

由这些数据可以绘制出该工程资金的净现值NPV随着贴现率 i 变化的曲线，如图11－3所示。

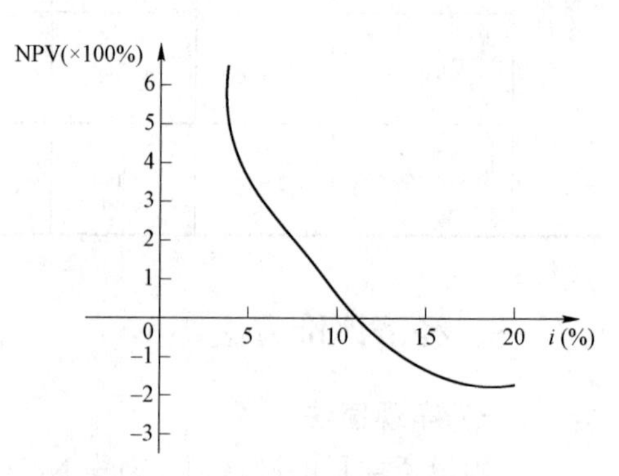

图11－3　净现值的函数曲线

（二）内部收益率法

内部收益率法又称投资回收法，由图11－3可以看出，一个工程方案的净现值与所取用的贴现率有密切关系，净现值随贴现率增大而减小。内部收益率就是要求出一个投资方案净现值为零的贴现率，该贴现率 i_j^* 可以从下式求出

$$\text{NPV}=\sum_{t=0}^{n}[(B_{jt}-C_{jt}-K_{jt})(P/F,i_j^*,t)]=0 \tag{11－30}$$

由式（11－30）可见，计算内部收益率 i_j^* 时，一般需要采用逐步逼近的方法迭代求解。对例11－6，从图11－3看出，当 $i_j^*\approx11.5\%$ 时，方案的净现值为零，则此值为该工程的内部收益率。

因此，在对某一工程进行经济评价时，当工程的内部收益率 i_j^* 大于国家、企业或企业规定的贴现率 i_0 时，即

$$i^*>i_0 \tag{11－31}$$

则认为该工程方案在经济上是可取的，反之则该方案不可取。

在进行多个工程方案比较时，不需要事先知道规定的贴现率 i_0 是多少，只需根据计算得到的各方案的内部收益率 i_j^* 直接进行比较即可。显然，内部收益率越高的方案，其经济性越好。

（三）费用现值法

在进行某些工程项目的经济评价时，特别是在方案比较时，往往会遇到收益难以计算的情况。因此，若用净现值法或内部收益率法进行经济评价时就会遇到一定困难。在这种

情况下往往只进行工程项目费用的比较，这样就引出了最小费用法。最小费用法隐含了一个假定——各方案都满足规定的功能，认为收益是等同的。这对于电力系统方案比较显然是成立的，因为拟定的各个方案事先就设定必须对等可比，完成同一功能，产生相同效能，具有相同的收益。因此，最小费用法就是求解费用现值（PVC）最小的方案，即

$$\min \mathrm{PVC}_j = \sum_{t=0}^{n}[(C_{jt}+K_{jt})(P/F,i,t)] \tag{11-32}$$

式（11－32）中的符号与式（11－30）相同。

当采用上述方法进行多方案比较时，应注意各工程项目的使用寿命问题，因为在各工程项目使用寿命不同的情况下，即使净现值或现值费用相等，其实际效益也不相同。

为了使方案比较有一个共同的基础，使各方案在经济上对等可比，处理使用寿命不同的问题可以用最小公倍数法和另外设定计算周期法两种方法。

最小公倍数法以不同方案使用寿命的最小公倍数为计算周期，在次计算期内，各方案分别按各自规模和频次重复投资，使到达计算期末使用寿命同时完毕，从而使各方案考虑了使用寿命这一因素后也可等价对比。

但由于有些问题，方案较多或使用寿命相差较大，且有分歧投入资金情况，用最小公倍数法比较复杂。在这种情况下，可另设定计算周期，一般将方案中最大的使用寿命设定为计算周期，使用寿命短的方案，在计算期内考虑重复投资，在计算期末可将剩余使用寿命的折余价值视为残值扣除，下面举例说明。

【例 11－7】某工程项目表有表 11－2 所示的两个方案，使用寿命不同，贴现率为 7%，哪个方案比较经济？

表 11－2　　方案的费用和寿命

项目	方案 1	方案 2
投资/万元	3000	5000
年运行费用/（万元/年）	1600	1150
使用寿命/年	6	8

方案 1 的费用现值为

$$\mathrm{PVC}_1 = 3000 + 1600\times(P/A,7\%,6) = 3000 + 1600\times 4.766\ 5 = 10\ 626.4\ （万元）$$

（换算系数直接从附录 A 查得，下面计算同。）

方案 2 的费用现值为

$$\mathrm{PVC}_2 = 5000 + 1150\times(P/A,7\%,8) = 5000 + 1150\times 5.971\ 3 \approx 11\ 867\ （万元）$$

由此，方案 1 在经济上优于方案 2，但是这个结论是错误的，因为两个方案经折换后虽然考虑了资金的时间因素，但没有考虑使用寿命不等的因素。

正确的计算应如下：

两个方案使用寿命的最小公倍数为 24 年，故计算期取 24 年。

方案 1 重复 3 次投资，共投资 4 次，其费用现值为

$$\begin{aligned}\mathrm{PVC}_1 &= 3000 + 3000\times[(P/F,7\%,6)+(P/F,7\%,12)+(P/F,7\%,18)] + 1600\times(P/A,7\%,24)\\ &= 25\ 570.6（万元）\end{aligned}$$

方案 2 重复 2 次投资，共投资 3 次，其费用的现值为

$$PVC_2 = 5000 + 5000 \times [(P/F,7\%,8) + (P/F,7\%,16)] + 1150 \times (P/A,7\%,24) = 22\ 793.5 \text{（万元）}$$

这样，方案 2 在经济上优于方案 1，与上述结论相反。

正确的计算也可如下：设定计算期内为方案 2 的寿命期 8 年，然后把方案 2 的资金折换至现值；把方案 1 的工程重置一次，但须扣除计算期外资金折余值。

方案 2 费用现值为

$$PVC_2 = 5000 + 1150 \times (P/A,7\%,8) = 5000 + 1150 \times 5.971\ 3 \approx 11\ 866.9 \text{（万元）}$$

方案 1 现值为

$$\begin{aligned} PVC_1 &= 3000 + [3000 \times [(A/P,7\%,6) \times (P/A,7\%,2)] + 1600 \times (P/A,7\%,8) \\ &= 3000 + (3000 \times 0.209\ 6 \times 1.808\ 0 \times 0.666\ 3) + 1600 \times 5.971\ 3 \approx 13\ 311.6 \text{（万元）} \end{aligned}$$

与最小公倍数法的结论一致，方案 2 在经济上优于方案 1。

（四）等年值法

等年值法把工程项目使用期内的费用折换成每一年等额的费用——等年值，然后用等年值进行各方案的比较。这是方案经济评价常用的一种方法。利用式（11－30）可立刻得到等年值的计算式为

$$\min AC_j = PVC_j(A/P,i,n) = \left[\sum_{t=0}^{n}(C_{jt} + K_{jt})(P/F,i,t)\right](A/P,i,n) \quad (11-33)$$

式中　AC_j——方案 j 总费用的等年值。

当使用期内每年的运行费用不变时，即 $C_{jt} = C_j\ (t = 1, 2, 3, \cdots, n)$ 且投资只发生在第一年年初时

$$t = 0 \text{时，} K_{jt} = K_{j0}$$

$$t > 0 \text{时，} K_{jt} = 0$$

经过简单代数运算，可把式（11－33）简化为

$$\min AC_j = K_{jo}(A/P,i,n) + C_j \quad (11-34)$$

在对较为简单的使用寿命不同的方案进行经济比较时，利用等年值法具有明显的优越性。无论各方案的使用寿命是否相同，只要将各方案现金流换成等年值，就可以用各自寿命期内的等年值费用（年费用）直接进行比较即可。

【例 11－8】利用等年值法对例 11－7 的两个方案进行比较。

方案 1 等年值为

$$AC_1 = 3000 \times (A/P, 7\%, 6) + 1600 = 3000 \times 0.209 + 1600 = 2227 \text{（万元/年）}$$

方案 2 等年值为

$$AC_2 = 5000 \times (A/P, 7\%, 8) + 1150 = 5000 \times 0.1675 + 1150 = 1987.5 \text{（万元/年）}$$

方案 2 在经济上优于方案 1，与上述用最小费用法计算结论一致。

值得注意的是，与例 11－7 的计算结果对照，方案 1 的费用现值与等年值之比正好与方案 2 的相等，即

$$25\ 570.6 / 2227 \approx 22\ 793.5 / 1987.5$$

而 11.47 正好等于等年值的现值系数，即

$$(P/A,7\%,24)=11.47$$

因此，等年值法和最小费用法是完全等效的，但等年值法计算要简单得多，这正是等年值法的优点。

第三节　配电网规划指标评价

一、配电网规划经济评价实例

电力项目与其他建设项目一样，方案经济比较是选择项目、评价项目的重要内容。一般而言，参与比较的方案之间存在着 3 种关系：互斥关系、独立关系、相关关系。互斥关系是指各方案之间存在互不相容、互相排斥的关系，在各个备选方案中只能选择一个，其余必须放弃，不能同时存在。独立关系是指各方案的资金流量是独立的，不具有相关性，其中一个方案的采用与否，只与其自身的可行性有关，而与其他方案是否采用无关。相关关系是指各个方案之间某一个方案的采用与否，对其他方案的资金流量会带来一定的影响，进而影响其他方案的采用或拒绝。电力系统方案经济比较属于互斥关系类型，故本节介绍的是互斥关系的经济比较。

根据电力系统规划论证的推荐方案，在输变电工程可行性研究阶段或其他需要深化的工作中，再用净现值或内部收益率法进行财务分析或国民经济评价，从而完成电力工程项目全过程的经济评价。

在电力系统方案经济比较中，不论是电源方案优化或比较，还是电网方案比较，各方案的费用都是按设计年度计列而参与经济比较的，而设计年度有时只需要设定 1 个，对应一期工程即可，有时则需要设定 2 个及以上，对应两期或以上工程，甚至需要列入某一时段逐年投建工程的费用，这是根据方案比较的具体特点和工作需要而定的。任何一个方案的任一期工程费用包括投资和年运行费。投资和年运行费都从某一个设计年度开始计列，并规定：对于投资，集中在设计年度初一次性发生完毕，忽略工程建设期内投资的分期投入和资金的时间价值；对于年运行费，从工程投运年度开始并且寿命期内的逐年年末（或年度中点）发生，同样不计工程建设期内逐年的运行费和资金的时期价值。

（一）只有一个年度的经济比较

在这种比较方案中，各方案只进行一期工程的费用比较，这是最简单也是比较常用的比较方案，投资只在设计年度一次发生，而运行费则在其后的工程全寿命中逐年发生。

（1）每个方案的等年值费用可用下式计算

$$\mathrm{AC}_j=P_j\times(A/P,i,n)+C_j \tag{11-35}$$

式中　AC_j ——方案 j 的等年值费用，万元/年；

P_j ——方案 j 的投资，万元；

C_j ——方案 j 的年运行费，万元/年；

i ——贴现率；

n ——工程经济使用寿命，电网工程一般取25年。

（2）每个方案用现值表达时，其方案的费用现值可用下式计算

$$\mathrm{PVC}_j = P_j + C_j \times (P/A, i, n) \tag{11-36}$$

式中　PVC_j ——方案 j 的费用现值。

【例11-9】某电厂接入系统方案有两个，方案的费用和寿命见表11-3，贴现率为8%，方案中所有送变电工程经济寿命为25年。试对这两个方案进行经济比较。

表11-3　　方案的费用和寿命

费用类别	方案1	方案2
一、投资/万元	8000	10 000
二、年运行费/（万元/年）	330	270

（1）用等年度值法比较如下。

方案1的年费用

$$\begin{aligned} AC_1 &= P_1 \times (A/P, i, n) + C_1 \\ &= 8000 \times (A/P, 8\%, 25) + 330 \\ &= 8000 \times 0.093\,7 + 330 = 1079.6\ (\text{万元/年}) \end{aligned}$$

方案2的年费用

$$\begin{aligned} AC_2 &= P_2 \times (A/P, i, n) + C_2 \\ &= 10\,000 \times (A/P, 8\%, 25) + 270 \\ &= 10\,000 \times 0.093\,7 + 270 = 1207\ (\text{万元/年}) \end{aligned}$$

所以，方案1比方案2经济。

（2）用费用现值法比较如下。

方案1的现值

$$\begin{aligned} \mathrm{PVC}_1 &= P_1 + C_1 \times (P/A, i, n) \\ &= 8000 + 330 \times (P/A, 8\%, 25) \\ &= 8000 + 330 \times 10.674\,8 \approx 11\,522.7\ (\text{万元}) \end{aligned}$$

方案2的现值

$$\begin{aligned} \mathrm{PVC}_2 &= P_2 + C_2 \times (P/A, i, n) \\ &= 10\,000 + 270 \times (P/A, 8\%, 25) \\ &= 10\,000 + 270 \times 10.674\,8 \\ &\approx 12\,882.2\ (\text{万元}) \end{aligned}$$

与年费用法计算结论相同，方案1在经济上好于方案2，并且不难理解，计算如下

$$\mathrm{PVC}_1 / \mathrm{AC}_1 = \mathrm{PVC}_2 / \mathrm{AC}_2 = 10.673 = (P/A, 8\%, 25)$$

（二）有两个年度（或以上）方案比较

在这种方案比较中，在拟定的方案中有部分或全部方案的工程分两期（或以上）建成，它在电力系统方案经济比较中也常会用到。此时的方案比较相对复杂，首先要认识这种分两期工程建设的资金流。

若某工程分两期建设，每期工程经济使用寿命都为 25 年，两期工程的时间间隔为 5 年，即认为第 1 年一期工程投运，则二期工程投运时间为第 6 年。据此可绘制出该工程建设的费用资金流，如图 11－4 所示。

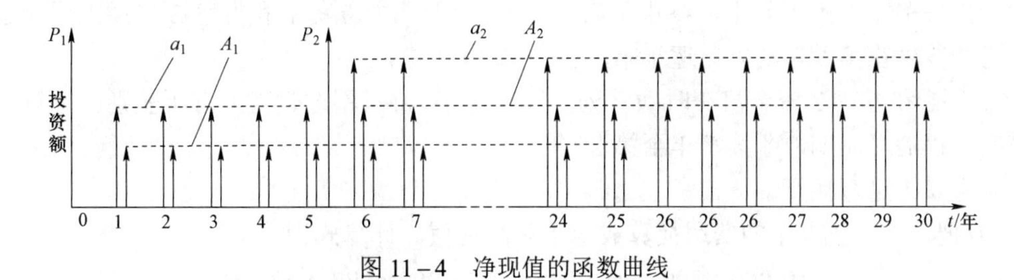

图 11－4 净现值的函数曲线

在图 11－4 中，P_1、P_2 分别为第 1 年年初和第 6 年年初发生的投资；A_1、A_2 分别为一、二期工程投运后相应 25 个等额资金，其中 A_1 为第 1 年年末开始至第 25 年年末终止的等额费用，A_2 是第 6 年年末开始至第 30 年年末终止的等额费用；a_1、a_2 为一、二期工程投运后相应逐年发生的电能损失费，认为分别都是等额资金，其中 a_1 为第 1 年年末开始至第 5 年年末终止的等额费用，a_2 是第 6 年年末开始第 30 年年末的等额费用。

由图 11－4 可以看出，由于出现了分期投资，以及一期工程年运行费中的电能损失费、维修费不在同一时段内发生等因素，如采用最小公倍数法设定计算期就比较困难，因此采用另外设定计算期的处理方法：将一期工程投运年至其寿命结束年定为计算期（第 1 年至第 25 年）。这样，一期工程费用中的投资和年运行费，不论将其换算成该工程投运年的现值还是其寿命期的等年值，都十分容易；二期工程，应把计算期内的费用换算成与一期工程等价可比的费用，但必须注意在计算期末（即第 25 年）将剩余寿命的残值扣除。

在分析两期工程投资资金流的基础上，下面以 11－10 为例来说明具有两个年度方案经济比较的换算过程。

【例 11－10】某地区电网规划拟定了两个方案，每个方案有两期工程，之间相隔 5 年，费用如表 11－4 所示，两个方案的工程使用寿命都为 25 年，贴现率为 8%，试比较两个方案经济上的差别。

表 11－4　　某地区电网规划方案费用

类别	费用	
	方案 1	方案 2
一、一期工程投资/万元	10 000	18 000
二、一期工程投运后的年运行费/（万元/年）	500	690
（一）维修费	300	540
（二）电能损失费	200	150
三、二期工程投资/万元	20 000	10 000
四、二期工程投运后的年运行费/（万元/年）	750	550
（一）维修费	500	250
（二）电能损失费	250	300

在表 11－4 中，一期工程投资发生在第 1 年初，到第 25 年工程结束寿命；二期工程投资发生在第 6 年初，到第 30 年工程寿命结束。“二、（一）”中方案 1 和方案 2 一期工程的维修费始于第 1 年末，终止于第 25 年末；“二、（二）”中方案 1 和方案 2 一期工程投运后的电能损失费始于第 1 年末，终止于第 5 年末。“四”中方案 1 和方案 2 二期工程投运后的年运费发生在第 6 年及以后逐年末，止于第 30 年末。

方案 1 和方案 2 资金流在时间序列上同图 11－4，只不过数值上有所差别。计算期设为一期工程的寿命期，即第 1 年至第 25 年。

对方案 1 进行换算：

1）把一期工程发生的费用换算成第 1 年的现值。计算式为

$$\begin{aligned}&10\ 000+300\times(P/A,8\%,25)+200\times(P/A,8\%,5)\\&=10\ 000+300\times10.674\ 8+200\times3.392\ 7\\&=10\ 000+3202.44+678.54\\&\approx13\ 881.0\text{（万元）}\end{aligned}$$

2）把二期工程发生的费用换算成第 1 年的现值。在换算时，应把第 6 年的投资在计算期末（第 25 年）的残值扣除，其计算式如下

$$\begin{aligned}&20\ 000\times(P/F,8\%,5)-[20\ 000\times(A/P,8\%,25)\times(P/A,8\%,5)\\&\times(P/F,8\%,25)]+[750\times(P/A,8\%,20)\times(P/F,8\%,5)]=17\ 534\text{（万元）}\end{aligned}$$

这一计算也可以换种角度来考虑问题，把二期工程（第 6 年投资）寿命期中最后 5 年的等年值在换算费用时直接剔除，因而产生了下面的计算式

$$\begin{aligned}&20\ 000\times(A/P,8\%,25)\times(P/A,8\%,20)\times(P/F,8\%,5)+\\&[750\times(P/A,8\%,20)]\times(P/F,8\%,5)=17\ 534\text{（万元）}\end{aligned}$$

上述后一种方法的计算结果与前一种的计算结果是一样的，但稍微简单一些。

3）把一期和二期换算至第 1 年的现值并相加，即 $13\ 881+17\ 534=31\ 415$（万元），如果要把此值折算成第 1 年至第 25 年等值费用，则为

$$31\ 415\times(A/P,8\%,25)=31\ 415\times0.093\ 7\approx2943.6\text{（万元/年）}$$

对方案 2 进行换算。如同上面的计算，可得方案 2 换算至第 1 年的现值为 34 209.7 万元。

所以，方案 1 在经济上优于方案 2。

在多方案的电力系统经济比较中，有时不但分期多，而且各期工程寿命也不等，但根据上述换算过程，很容易推广，得到换算此类问题费用的一般计算公式为

$$\mathrm{PVC}_j=\sum_{t=1}^{T}(\bar{P}_{jt}\bar{S}_{jt}-\bar{U}_{jt}) \tag{11-37}$$

式中 PVC_j ——方案 j 总费用的现值；

$\bar{P}_{jt}$ ——方案 j 在第 t 年的投资；

$\bar{U}_{jt}$ ——方案 j 在第 t 年的运行费；

$\bar{S}_{jt}$ ——方案 j 在第 t 年的残值；

“—”——表示将方案 j 的费用按给定的贴现率换算为某一年的现值；

T ——计算期的总年数。

显然，在经济上最优方案应为总费用现值 PVC 最小的方案。工程多期逐年建设的费用

资金流如图 11－5 所示，Z 为第 1 年至第 T 年投资的残值之和。

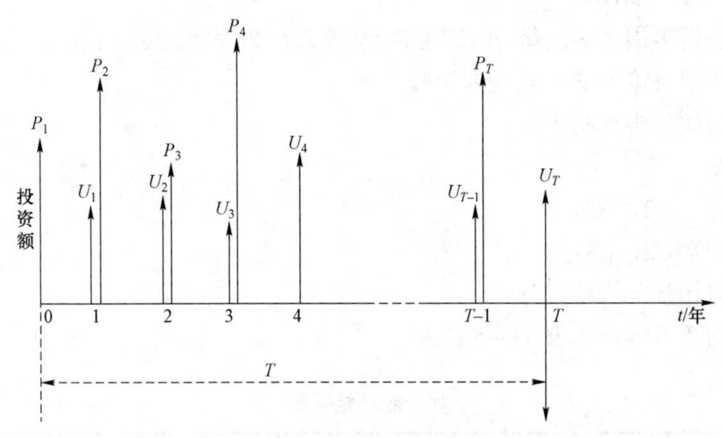

图 11－5　工程多期逐年建设的费用资金流

式（11－37）多用于优化电源方案时的费用换算。随着系统负荷的不断增长，逐年都该投入必需的电源容量，因而逐年都有投资和年运行费用发生，而且各年的数值往往互不相同。对于电网方案比较，当涉及两期乃至逐年有投资且年运行费用逐年又不相等时，换算方案的总费用现值也应用此式。

综上可以看出，电力系统方案经济比较采用等年值法和最小费用法不仅是科学的，而且是可操作的。但是，对于电力系统方案经济比较，特别是对于两期及以上投资的方案比较，等年值法似失去了它的优点，而且从比较结果（即费用的表达）上，等年值不如现值概念直接、清楚，更易被理解。

二、配电网评价指标体系研究

（一）配电网评价目标及应用范围

配电网评价指标体系旨在全面衡量公司配电网状况，通过对配电网供电质量、网架合理性、供电能力、装备水平、社会经济性进行评价，掌握配电网现状情况，并通过指标体系评价及结果的分析，进一步促进配电网规划方法和手段的创新和实践，推进配电网规划工作的精细化、精准化，不断满足新形势下经济社会发展对配电网建设和发展提出的新要求。

配电网评价指标体系主要针对 110、35、10kV 配电网，并适度反映 0.4kV 低压配电网；应用于对省、地市、县各级配电网的评价。

（二）主要评价方法

目前流行的主要综合评价方法大体分为以下四大类。

（1）专家评价方法，如专家打分综合法；

（2）运筹学和其他数学方法，如层次分析法、数据包络分析方法、模糊综合评价评判法；

（3）新型评价方法，如人工神经网络法、灰色综合评价法；

（4）混合方法，这是几种方法混合使用的情况，如 AHP+模糊综合评判、模糊神经网络评价法。

1. *层次分析法*（AHP）

层次分析法是美国著名运筹学家T.L.Satty等人在20世纪70年代提出的一种定性与定量相结合的多准则决策方法。其主要步骤如下。

（1）构造层次分析结构。

目标层、A

准则层、B1，B2，B3，…

方案层、C1，C2，C3，…

每一层中的元素一般超过9个。

（2）构造判断矩阵，如表11－5所示。

表11－5　　判断矩阵

Bk	C_1	C_2	…	C_n
C_1	C_{11}	C_{12}	…	C_{1n}
C_2	C_{21}	C_{22}	…	C_{2n}
…	…	…		…
C_n	C_{n1}	C_{n2}	…	C_{nn}

显然矩阵$\boldsymbol{C}$具有如下性质：

$C_{ij}>0$;

$C_{ij}=1/C_{ji}$（i不等于j）;

$C_{ii}=1$（i，j=1，2，…，n）。

我们把这类矩阵$\boldsymbol{C}$称为正反矩阵，对正反矩阵$\boldsymbol{C}$，若对于任意i、j、k均有$C_{ij}=\cdots=C_{jk}=C_{ik}$，此时该矩阵称为一致矩阵。

判断矩阵标度及其含义如表11－6所示。

表11－6　　判断矩阵标度及其含义

序号	重要性等级	C_{ij}赋值
1	i、j两元素同等重要	1
2	i元素比j元素稍重要	3
3	i元素比j元素明显重要	5
4	i元素比j元素强烈重要	7
5	i元素比j元素极端重要	9
6	i元素比j元素稍不重要	1/3
7	i元素比j元素明显不重要	1/5
8	i元素比j元素强烈不重要	1/7
9	i元素比j元素极端不重要	1/9

注　C_{ij}赋值=（2，4，6，8，1/2，1/4，1/6，1/8）表示重要性等级介于C_{ij}赋值=（1，3，5，7，9，1/3，1/5，1/7，1/9）。

（3）判断矩阵一致性检验。判断思维的一致性是指专家在判断指标重要性时，各判断之间的协调一致，不致出现相互矛盾的现象和结果。

根据矩阵理论可以得到这样的结论，即如果 λ_1，λ_2，…，λ_n 是满足式 $Ax=\lambda x$ 的数，也就是矩阵的 $\boldsymbol{A}$ 的特征根，并且对于所有的 $a_{ii}=1$，有

$$\sum_{i=1}^{n}\lambda_i = n$$

显然矩阵具有完全一致性时，$\lambda_1=\lambda_{\max}=n$，其余特征值为零，而当矩阵 $\boldsymbol{A}$ 不具有完全一致性时，则有 $\lambda_1=\lambda_{\max}>n$，其余特征根 λ_2，λ_3，…，λ_n 有如下关系：

$$\sum_{i=1}^{n}\lambda_i = n-\lambda_{\max}$$

上述结论告诉我们，当判断矩阵不能保证具有完全一致性时，相应判断矩阵的特征根也将发生变化，这样就可以通过判断矩阵特征根的变化来检验判断的一致性程度。因此，在层次分析法中引入判断矩阵最大特征根以外的其余特征根的负平均值，作为度量判断矩阵偏离一致性的指标，即用 $CI=(\lambda_{\max}-n)/(n-1)$ 检验决策者判断思维的一致性。

显然，当判断矩阵具有完全一致性时，CI=0，反之亦然，从而有 CI=0，$\lambda_1=\lambda_{\max}=n$，判断矩阵具有完全一致性。

另外，当矩阵 $\boldsymbol{A}$ 具有满意一致性时，$\lambda_{\max}$ 稍大于 n，其余特征根也接近于零，不过这种说法不够严密，我们必须对于满意一致性给出一个度量指标。衡量不同阶段矩阵是否具有满意一致性，我们还需要引入判断矩阵的平均随机一致性指标——RI，如表 11－7 所示。

表 11－7　　RI 值

1	2	3	4	5	6	7	8	9
0.00	0.00	0.58	0.90	1.12	1.24	1.32	1.41	1.45

在这里，对于 1、2 阶判断矩阵，RI 只是形式上的，因为 1、2 阶判断矩阵总是具有完全一致性。当阶数大于 2 时，判断矩阵的一致性指标 CI 与同阶平均随机一致性指标 RI 之比称为随机一致性比率，即 CR。当 $CR=\dfrac{CI}{RI}<0.10$ 时，具有满意一致性，否则调整。

（4）层次单排序。这是一种简单的计算矩阵的最大特征根及其对应的特征向量方根法。

1）计算判断矩阵的每一行元素的乘积为

$$M_i=\prod_{j=1}^{n}a_{ij}\quad i=1，2，3，\cdots，n$$

2）计算 M_i 的 n 次方根为

$$\boldsymbol{W}_i=\sqrt[n]{M_i}$$

3）对向量 $\boldsymbol{W}=[\boldsymbol{W}_1,\boldsymbol{W}_2,\cdots,\boldsymbol{W}_n]^{\mathrm{T}}$ 正规化处理，即

$$\boldsymbol{W}_i=\frac{\boldsymbol{W}_i}{\sum_{j=1}^{n}\boldsymbol{W}_j}$$

4）计算判断矩阵的最大特征值 λ_{max} 为

$$\lambda_{max}=\sum_{i=1}^{n}\frac{(\boldsymbol{AW})_i}{n\boldsymbol{W}_i}$$

式中　$(\boldsymbol{AW})_i$ 表示 $\boldsymbol{AW}$ 的第 i 个元素。

这是一种简便易行的方法，在精度要求不高的情况下使用，除了根法，还有和法、特征根法、最小二乘法等。

（5）层次总排序。依次沿递阶层次结构由上而下逐层计算，即可计算出最底层因素相对于最高层（总目标）的相对重要性或相对优劣的排序值，即层次总排序。层次总排序要进行一致性检验，检验是从高层到低层进行的，但也有说法是在 AHP 中不必检验层次总排序的一致性，通常可以省略。

（6）决策。通过数学运算计算出最底层因素对最高层总目标相对优劣的排序权值，从而进行决策。

2. 模糊综合评价法

客观世界中存在许多不确定的现象，这种不确定性主要表现在两个方面：一是随机性事件是否发生的不确定性，二是模糊性事件本身状态的不确定性。模糊性是指某些事物或者概念的边界不清楚，这种边界不清楚，不是由人的主观认识达不到客观实际所造成的，而是事物的一种客观属性，是事物的差异之间存在着中间过渡过程的结果。

模糊综合评价法是借助模糊数学的一些概念，对实际的综合评价问题提供一些评价的方法，具体地说，模糊综合评价法就是以模糊数学为基础，引用模糊关系合成的原理，将一些边界不清、不一定量的因素定量化，从多因素对被评价事物隶属等级状况进行综合性评价的一种方法。模糊综合评价法作为模糊数学的一种具体的应用方法，最早是由我国学者汪培庄提出的。主要分为两步：先按每个因素单独评价，再按所有因素综合评价。模糊综合评价法的特点在于，评价逐对进行，对被评对象有唯一的评价值，不受被评价对象所处对象集合的影响。这种模型应用广泛，在许多方面，采用模糊综合评判实用模型取得了很好的经济效益和社会效益。其主要步骤如下。

（1）确定评价因素和评价等级。设 $\boldsymbol{U}=\{u_1，u_2，\cdots，u_m\}$ 为评价对象的 m 种因素（评价指标）；m 由具体的指标体系决定，为评价指标的个数。

$\boldsymbol{V}=\{v_1，v_2，\cdots，v_n\}$ 为刻画每一种因素所处状态的 n 种决断（评价等级），n 为评语个数，一般划分为 3～5 个等级。

（2）构造评价矩阵和确定权重。首先对着眼于因素集中的单因素 u_i（i=1，2，3，…，n）做单因素评判，从因素 u_i 着眼该事物对抉择等级 v_j 的隶属度为 r_{ij}，这样就得出第 i 个因素 u_i 的单因素评判集 r_i=（r_{i1}，r_{i2}，…，r_{im}）。这样着眼于因素的评判集就构造出一个总的评价矩阵 $\boldsymbol{R}$，即每一个被评价对象确定了从 $\boldsymbol{U}$ 到 $\boldsymbol{V}$ 的模糊关系 $\boldsymbol{R}$，它是一个矩阵，即

$$\boldsymbol{R}=(r_{ij})\,m\times n=\begin{bmatrix} r_{11} & r_{12} & \cdots & r_{1n} \\ r_{21} & r_{22} & \cdots & r_{2n} \\ \vdots & \vdots & & \vdots \\ r_{m1} & r_{m2} & \cdots & r_{mn} \end{bmatrix}，(i=1，2，\cdots，m；j=1，2，\cdots，n)$$

其中 r_{ij} 表示从因素 u_i 着眼，该评判队形能被评为 v_j 的隶属度。具体地说，r_{ij} 表示第 i

个因素 u_i 在第 j 个评语 v_j 上的频率分布，一般将其归一化使之满足 $\sum r_{ij}=1$。这样，**R** 本身就是没有量纲的，不需做专门处理。

一般来说，用等级比重法确定隶属度矩阵的方法，可以满足模糊综合评判的要求。用等级比重法确定隶属度时，为了保证可靠性，一般要注意两个问题：① 评价者的人数不能太少，因为只有这样，等级比重才能趋向于隶属度；② 评价者必须对被评事物相当了解，特别是一些设计专业方面的评价，更应该如此。

得到这样的模糊关系矩阵，尚不足以对事物作出评价。评价因素集中的各个因素在“评价目标”中有不同的地位和作用，即各评价对象在综合评价中占有不同的比例。拟引入 **U** 上的一个模糊子集 **A**（称权重和权数分配集），**A**=(a_1, a_2, …, a_m)，其中 $a_i \gg 0$，且 $\sum a_i=1$。它反映对诸因素的一种权衡。

这样就存在两种模糊集，以主观赋权为例，一类是标志因素集 **U** 中各元素在人们心目中的重要程度的量，表现为 $m \times n$ 模糊矩阵 **R**。这两类模糊集都是人们价值观念或者偏好结构的反映。

（3）进行模糊合成和作出决策。

R 中不同的行反映了某个被评价事物从不同的单因素来看对各等级模糊子集的隶属度程度，用模糊权向量 **A** 对不同的行进行综合，就可以得到该被评价对象从总体上看对各等级模糊子集的隶属程度，即模糊综合评价结果向量。

引入 **V** 上的一个模糊子集 **B**（称模糊评价集，又称决策集）。**B**=（b_1，b_2，…，b_n）。一般地，令 **B**=**A***__R__（*为算子符号），称之为模糊变换。

这个模型看起来很简单，但实际上较为复杂。不同的模糊算子对应不同的评价模型。如果评价结果 $\sum bj \neq 1$，则应归一化。

B_j 表示被评价对象具有评语 V_j 的程度。各个评价指标具体反映了评价对象在所评价特征方面的分布状态，使评价者对评价对象有更深入的了解，并能作各种灵活的处理，如果要选择一个决策，则可选择最大的 b_j 所对应的等级 V_j 作为综合评价的结果。

B 是对每个被评价对象综合状况分等级的程度描述，不能直接用于被评价对象间的排序评优，必须要进行更进一步的分析处理，待分析处理之后才能应用。通常采用最大隶属度法则对其进行处理，得到最终评价结果。此时，我们只利用了 b_j（j=1，2，…，n）中最大者，没有充分利用 **B** 的信息。为了充分利用 **B** 的信息，可把各种等级的评级参数和评价结果 **B** 进行综合考虑，使得评价结果更加符合实际。

设相对于各等级 V_j 规定的参数列向量为 **C**=（c_1，c_2，…，c_n）^{T}，则得出等级参数评价结果为 **B***__C__=p，p 为一个实数，反映了由等级模糊子集 **B** 和等级参数向量 **C** 所带来的综合信息。在许多实际应用中，它是十分有用的综合参数。实际应用中，经常采用的具体模型有几种，人们常常根据实际情况采用“与”“或”算子，或者将两种类型的算子搭配使用。最简单的就是普通的矩阵乘法（加权平均法），这种模型要让每个因素都为综合评价有所贡献，比较客观地反映了评价对象的全貌。这是一个很容易理解、很容易接受的合成方法。在实际问题中，我们不应仅限于已知的算子对，应该根据具体的情形，采用合适的算子对，可以大胆试验，大胆创新。只要采用的算子抓住实际问题的本质，获得满意的效果，保证满足 $0 \ll b_j \ll 1$ 即可。

3. 人工神经网络评价法

人工神经网络是模仿生物神经网络功能的一种经验模型，输入和输出之间的变换关系一般是非线性的。首先根据输入的信息建立神经元，通过学习规则或自组织等过程建立相应的非线性数学模型，并不断进行修正，使输出结果与实际值之间的差距不断缩小。人工神经网络通过样本的“学习和培训”，可记忆客观事物在空间、时间方面比较复杂的关系。由于人工神经网络本身具有非线性的特点，且在应用中只需对神经网络进行专门问题的样本训练，它能够把问题的特征反映在神经元之间相互关系的权中，所以，输入实际问题特征参数后，神经网络输出端就能给出解决问题的结果。

神经网络的特点是，神经网络将信息或知识分布储存在大量的神经元或整个系统中。神经网络具有全息联想的特征，具有高速运算的能力，具有很强的适应能力，具有自学习、自组织的潜力；能根据历史数据通过学习和训练找出输入和输出之间的内在联系，从而得出问题的解；有较强的容错能力，能够处理那些噪声数据或不完全数据；部分节点不参与运算，也不会对整个系统的性能造成太大的影响。

神经网络的处理单元可以分为 3 种类型：输入单元、输出单元和隐含单元。输入单元用于从外界环境接受信息，输出单元用于给出神经网络系统对外界环境的作用，这两种处理单元与外界都有直接的联系。隐含单元则处于神经网络之中，不与外界产生直接的联系。它从网络内不接受输入信息，产生的输出则能够用于神经网络系统中的其他处理单元。隐含单元在神经网络中起着极为重要的作用。

BP 网络是一种具有 3 层或者 3 层以上的层次结构网络，相邻上、下层之间各神经元实现全连接，即下层的每个神经元与上层的每个神经元都实现全连接，而每层各神经元之间无连接。换个角度看，BP 神经网络不仅具有输入层节点、输出层节点，而且可以有一个或者多个隐含层节点。对于输入信号，要先向前传播到隐含层节点，经作用函数后，再把隐含层的输出信号传播到输出节点，最后给出输出结果。在 BP 算法中，节点作用的机理函数通常选取 S 函数。

对于 BP 模型的输入层神经元，其输出与输入相同，中间隐含层和输出层的神经元的操作规则如下

$$Y_{kj}=f\left(\sum_{i=1}^{n}W_{k-1i,kj}Y_{k-1i}\right)$$

式中 Y_{k-1i} ——$k-1$ 层的第 i 个神经元的输出，也是第 k 层神经元的输入；

$W_{k-1i,kj}$ ——$k-1$ 层第 i 个元素与 k 层第 j 个元素的连接权值；

Y_{kj} ——第 j 个神经元的输出，也是第 k+1 层神经元的输出；

f ——Sigmoid 函数，$f(u)=1/(1+e^{-u})$。

增加层数可以进一步降低误差，提高精度，但同时会使网络复杂化，从而增加网络权值的训练时间。

假设 BP 网络每层有 N 个处理单元，训练集包含 M 个样本模式对。对第 p 个学习样本（p=1，2，…，M），节点 j 的输入总和记为 net_{pj}，输出记为 O_{pj}，则 $net_{pj}=\sum_{i}W_{ji}O_{pj}=f(net_{pj})$。

如果任意设置网络初始权值，那么对每个输入样本 p，网络输出与期望输出（d_{pj}）间

的误差为 $E=\sum_{p}E_p=(\sum_{j}(d_{pj}-O_{pj})^2P)/2$，式中，$d_{pj}$ 表示对第 p 个输入样本。输出单元的误差计算是不同的。

在 BP 网络学习过程中，输出层单元与隐含层单元的误差计算是不同的。BP 网络的权值修正公式为 $W_{ji}=W_{ji}(t)+\eta\delta_{pj}O_{pj}$

$$\delta_{pj}=\begin{cases}f'(\mathrm{net}_{pj})(d_{pj}-O_{pj}), \text{对于输出节点}\\ f'(\mathrm{net}_{pj})\sum_{k}\delta_{pj}W_{kj}, \text{对于输入节点}\end{cases}$$

上式中引入学习速率 η，是为了加快网络的收敛速度，但有时可能产生振荡。

通常权值修正公式中还需加一个惯性参数 a，从而有

$$W_{ji}=W_{ji}(t)+\eta\delta_{pj}O_{pj}+a(W_{ji}(t)-W_{ji}(t-1))$$

式中　a——常数项，称为势态因子，决定上一次权值对本次权值更新的影响程度。

根据映射定理即可构造一个包括输入层、隐含层和输出层的 3 层 BP 网络，其中：输入层节点数为 m，即评价指标的个数；输出层节点数 n 为 1，即评价结果；隐含层节点数 $L=$（mn）/2。

隐含层没有统一的规则，根据具体对象而定。隐含层的输出函数为 Sigmoid 变换函数，输入层函数和输出层函数为线性函数。

基于人工神经网络的综合评价方法的步骤可概括如下。

（1）确定评价指标集，指标个数为 BP 网络中输入节点的个数。

（2）确定网络的层数，一般采用具有 1 个输入层、1 个隐含层、1 个输出层的 3 层网络模型结构。

（3）明确评价结果，输出层的节点数为 1。

（4）对指标值进行标准化处理。

（5）用随机数（一般为 0～1 之间的数）初始化网络节点的权值和网络阈值。

（6）将标准化后的指标样本值输入网络，并给出相应的期望输出。

（7）正向传播，计算各节点的输出。

（8）计算各层节点的误差。

（9）反向传播，修正权值。

（10）计算误差。当误差小于给定的拟合误差时，网络训练结束；否则转向（7），继续训练。

（11）训练所得网络权重用于正式评价。

4. 灰色综合评价法

灰色系统理论于 1982 年提出，研究对象是“部分信息已知，部分信息未知”的“贫信息”不确定性系统通过对部分已知信息的生成、开发实现对现实世界的确切描述和认识。换句话说，灰色系统理论主要利用已知信息来确定系统的未知信息，使系统由“灰”变“白”。其最大的特点是对样本量没有严格的要求，不要求服从任何分布。

从目前来看，灰色系统理论主要研究下列几个方面：灰色因素的关联度分析、灰色建模、灰色预测、灰色决策、灰色系统分析、灰色系统控制、灰色系统优化等。

社会系统、经济系统、农业系统、生态系统等抽象系统包含多种因素，这些因素之间哪些是主要的，哪些是次要的，哪些影响大，哪些影响小，哪些需要发展，哪些需要抑制，

这些都是因素分析的内容。

回归分析虽然是一种较通用的方法，但大多只用于少因素的、线性的，对于多因素的、非线性的则难以处理，灰色理论提出一种新的分析方法及系统的关联度分析方法，这是根据因素之间发展态势的相似或相异程度来衡量因素间关联程度的方法。

由于关联度分析方法是按发展趋势分析的，因此其对样本量的多少没有要求，也不需要有典型的分布规律，计算量小，即使对 10 个以上变量（序列）的情况也可以手算，且不至于出现关联度的量化结果与定性分析不一致的情况。进行关联度分析，首先要找准数据序列，即用什么数据才能反映系统的行为特征。当有了系统行为的数据列（即各时刻的数据）后，根据关联度计算公式便可算出关联程度。关联度反映各评价对象对理想（标准）对象的接近次序及评价对象的优劣次序，其中灰色关联度最大的评价对象最佳。灰色关联度分析结果不仅可以作为优势分析的基础，而且是进行科学决策的依据。关联度分析方法的最大优点是它对数据量没有太高的要求，即数据多与少都可以分析。这种数学方法是非统计方法，在系统数据资料较少和条件不满足统计要求的情况下，更具有实用性。

灰色理论是应用最广泛的关联度分析方法。关联度分析方法是分析系统中各元素之间的关联程度或相似程度的方法，其基本思想是依据关联度对系统排序。其步骤如下。

（1）确定比较数列（评价对象）和参考数列（评价标准）。设评价对象为 m 个，评价指标为 n 个，比较数列为 $X_i=\{X_i(k)|k=1, 2, \cdots, n\}$，$(i=1, 2, \cdots, m)$，参考数列为 $X_0=\{X_0(k)|k=1, 2, \cdots, n\}$。

（2）确定各指标值对应的权重。可利用层次分析法等确定各指标对应的权重：$W=\{X_k|k=1, 2, \cdots, n\}$，其中，$W_k$ 为第 k 个评价指标对应的权重。

（3）计算灰色关联度系数 $\xi_i(k)$

$$\xi_i(k)=\frac{\min\limits_i \min\limits_k |x_0(k)-x_i(k)|+\xi \max\limits_i \max\limits_k |x_0(k)-x_i(k)|}{|x_0(k)-x_i(k)|+\xi \max\limits_i \max\limits_k |x_0(k)-x_i(k)|}$$

式中 $\xi_i(k)$——比较数列 X_i 与参考数列 X_0 在第 k 个评价指标上的相对差值。

（4）计算灰色加权关联度，建立灰色关联度。灰色加权关联度的计算公式为

$$r_i=\frac{1}{n}\sum_{k=1}^{n} W_k \xi_i(k)$$

式中 r_i——第 i 个评价对象对理想对象的灰色加权关联度。

（5）评价分析。根据灰色加权关联度的大小，对各评价对象进行排序，即建立评价对象的关联序。关联度越大，其评价结果越好。

通过对适用范围、指标选取难度、评价内容等的综合比选，最终确定选取层次分析法（AHP）作为配电网评价的主要方法。

三、评价指标体系建立原则

（一）评价指标体系建立

评价指标体系拟采用世界银行及国家政府部门普遍采用的评价指标体系设计准则——SMART 准则构建评价指标体系。SMART 是 5 个单词的首字母的简写，这 5 个单词是特定

的（Specific）、可测量的（Measurable）、可得到的（Attainable）、相关的（Relevant）、可跟踪的（Trackable）。

1. 特定的（Specific）

指标体系是对评价对象的本质特征、组成结构及其构成要素的客观描述，并为某个特定的评价活动服务。针对评价工作的目的，指标体系应具有特定性和专门性。

2. 可测量的（Measurable）

评价指标的可测量性是指对指标进行评定应当有相应的标准，以相同的标准作为统一的尺度来衡量被评价对象的表现。对于定性指标的测量，只要建立详细的评价标准，也认为是可测量的。

3. 可得到的（Attainable）

指标体系的设计应考虑到验证所需数据获得的可能性。如果用于一项指标评价的数据在现实中不可能获取或者获取难度很大，那么这项指标的可操作性就值得置疑。这些评价数据的取得方式和渠道应当在指标体系设计时予以考虑。

4. 相关的（Relevant）

评价指标体系的各个指标应该是相关的，指标体系不是许多指标的堆砌，而是由一组相互间具有有机联系的指标所构成的，指标之间具有一定的内在逻辑关系。

5. 可跟踪的（Trackable）

评价的目的是监督。一般评价活动可分为事前评价、事中评价和事后评价，无论哪种评价都需要在一定阶段以后对评价的效果进行跟踪和再评价，因此，在设计评价指标时，应当考虑相应指标是否便于跟踪监测和控制。

（二）评价指标选取原则

配电网处于整个电网的最底层，与用户紧密相连，具有点多、面广、线路长的特点。建立配电网评价指标体系，必须充分考虑配电网的上述特点，确保指标体系的实用性和可操作性。在评价指标选择方面，应准确、规范、可比；在评价指标数据来源方面，应真实、可靠；在评价结果方面，应客观、全面。具体地讲，根据SMART设计准则，结合配电网的特点，提出选取配电网评价指标的4项原则。

（1）全面性。评价指标应尽可能地反映智能电网试点项目的特点和内涵。

（2）客观性。评价指标应能够真实地揭示智能电网试点项目的实际情况。

（3）实用性。评价指标应以方便计算为基础，所需数据应能和电网目前的统计指标相衔接。

（4）典型性。评价指标应突出重点，把握问题主要方面。

（三）评价指标分级原则

为了进一步掌握各类试点项目选择的关键因素，充分把握不同评价指标对试点项目的影响程度，有必要对评价指标进行分级。

对配电网评价指标进行分级、分类，构建递阶层次结构指标体系，如图11－6所示。

在上述分级、分类结构的指标体系中，每类都有若干个指标，同类指标具有某种共性，不同类的指标对总目标所产生的影响不相同，因而不能同等对待。在目标与指标层之间加入一个指标分类层，指标体系的层次结构可以更加清楚，更有利于对问题的分析。

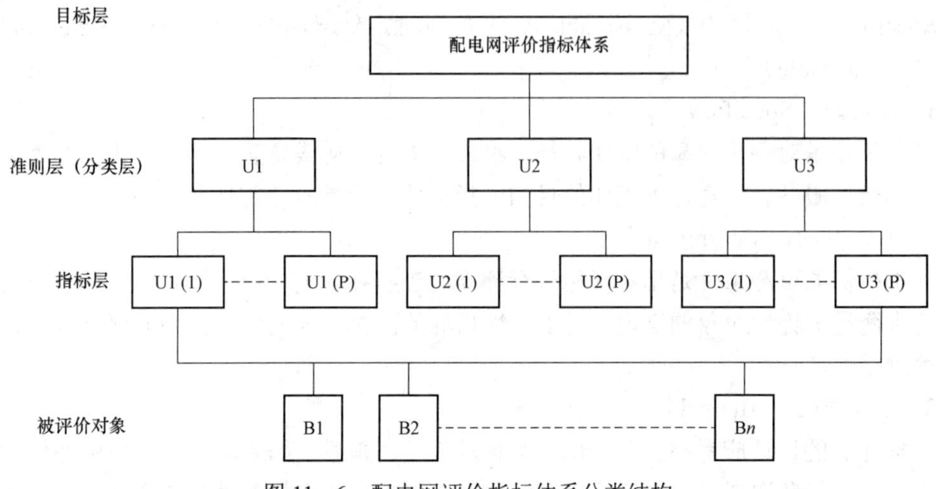

图 11－6　配电网评价指标体系分类结构

（四）评价指标参考依据

根据配电网评价指标的选取原则，结合目前配电网管理现状和统计手段，配电网评价指标主要从以下资料中提取，或在此基础上进一步演绎总结得到。

（1）《国家电网公司创一流同业对标指标体系（2009 年版）》；

（2）《电网发展水平评估指标体系》（国家电网发展〔2010〕196 号）；

（3）《国家电网公司资产全寿命周期管理评估指标体系》（安监质量〔2010〕10 号）；

（4）《智能电网试点项目评价指标体系与评价方法》（智能综〔2010〕24 号）；

（5）有关规程、规范和规定，包括《供电系统供电可靠性评价规程》（DL/T 836—2016）、《输变电设施可靠性评价规程》（DL/T 837—2012）、《城市电力网规划设计导则》（Q/GDW 156—2006）、《城市配电网技术导则》（国家电网科〔2009〕1194 号）等。

（6）其他相关资料。

（五）配电网评价指标的选取

配电网评价是一个多目标、全过程、多维度的复杂系统工程，因此，配电网评价指标体系是一个多层次的指标体系。参照层次分析法的基本理论，配电网指标体系总体框架设计由 3 个层级构成。其中，最低层为措施层，对应配电网的具体评价指标；最高层为目标层，用于表达配电网建设所追求实现的终极目标；中间层由准则层构成，决定着指标体系的整体构架。根据配电网规划的作用和要求，围绕用户、负荷、设备、效益等影响配电网发展的内外在因素，从全系统角度考虑，配电网评价指标体系的中间准则层可由 5 类指标构成。其中，供电质量指标用来评估配电网安全可靠性水平；网架合理性指标用来评估配电网网架发展水平；供电能力指标用来评估配电网实际运行中负载率分布情况等；装备水平指标从设备健康度等方面来评估设备总体质量与配电网技术先进性水平；社会经济性指标用来评估配电网运营效益。考虑到同一时期不同地区的配电网在供电面积、电力需求水平及电网规模等方面可能差别很大，为便于进一步反映上述情况对配电网规划技术方案复杂性的影响，配电网评价指标体系中还增加了配电网基本情况的相关信息。

1. 供电质量

满足供电可靠性和电压质量要求是配电网建设的主要任务之一。配电网供电可靠性是指在满足电网供电安全性准则的前提下，对用户连续供电的可靠程度。相关评价指标包括用户平均停电频率、用户平均停电时间、供电可靠率、高压设备可用系数等。电压质量是反映供电企业管理水平的重要标志，主要通过电压水平来衡量。相关评价指标包括高压配电网电压合格率、中低压配电网电压合格率及综合电压合格率等。

2. 网架合理性

配电网发展合理性是保证配电网建设方案具备可持续能力的基本要求。配电网负荷的波动性及负荷预测的不准确性，要求配电网能够对未来负荷具有一定的“弹性”，对负荷增长的预期保持一定的适应性。配电网发展适应性评价指标包括主变压器 $N-1$ 通过率、线路 $N-1$ 通过率等。考虑到电网本身也是一个有机的整体，为体现电网天然的网络特征，配电网的建设和发展还应保持输配电网之间及配电网各层级之间的相互协调。配电网发展合理性评价指标包括 $N-1$ 通过率、线路平均长度、单放射线路长度等。

3. 设备运行指标

配电网设备运行指标是反映配电网资产情况的重要属性，是配电网整体运行效率的重要体现，是配电资产寿命期内自身价值得以充分发挥的重要标记。相关评价指标包括变电容载比、主变压器负载率及其分布、配电变压器负载率及其分布、线路负载率及其分布、线路故障停电率、电缆线路故障停电率、配变故障停电率、开关设备故障停电率等指标。

4. 装备水平

配电网装备水平是实现企业优质供电、提升企业服务效率的主要手段。相关评价指标包括 10kV 架空/电缆线路截面型号、高损耗配电变压器比例、配电自动化终端覆盖率等。

5. 基本情况

配电网基本情况是对配电网总体形象的概要描述，主要通过把握配电网供电营业区情况、资产规模和电力供需水平等方面信息，为下一步进行配电网评价打好基础，由供电营业区情况、电网资产规模和电力供需水平 3 部分组成。其中，供电营业区情况关注的内容通常包括供电人口、供电面积、用电户数、供电区 GDP 等；电网资产规模相关的内容包括配电网各电压等级变（配）电容量规模、线路长度、年末净资产总额等；电力供需水平相关的内容包括全社会最大用电量、全社会最大负荷、网供最大用电量、网供最大负荷及负荷密度等，详细情况如图 11－7 所示。配电网基本情况除在给出上述定量统计分析数据外，一般还需要对配电网各电压等级网络结构进行定性的描述，以便充分掌握配电网发展的特点及相关影响因素等情况。

四、配电网评价方法及分布式接入影响分析

（一）配电网评价体系指标分值计算

不同的评价指标由于具有不同的含义和设计目的，其单位和量级可能存在着一定差异，导致指标之间产生了不可共度性，从而给各方案的综合评价带来了不便。为尽可能反映实际情况，消除指标因为单位和量级的不同所带来的影响，需要通过标量化手段将指标的描述转换为规范化的定量数据。可以通过一定标度体系，将各种原始数据转换成可直接比较、无量纲的规范化格式。

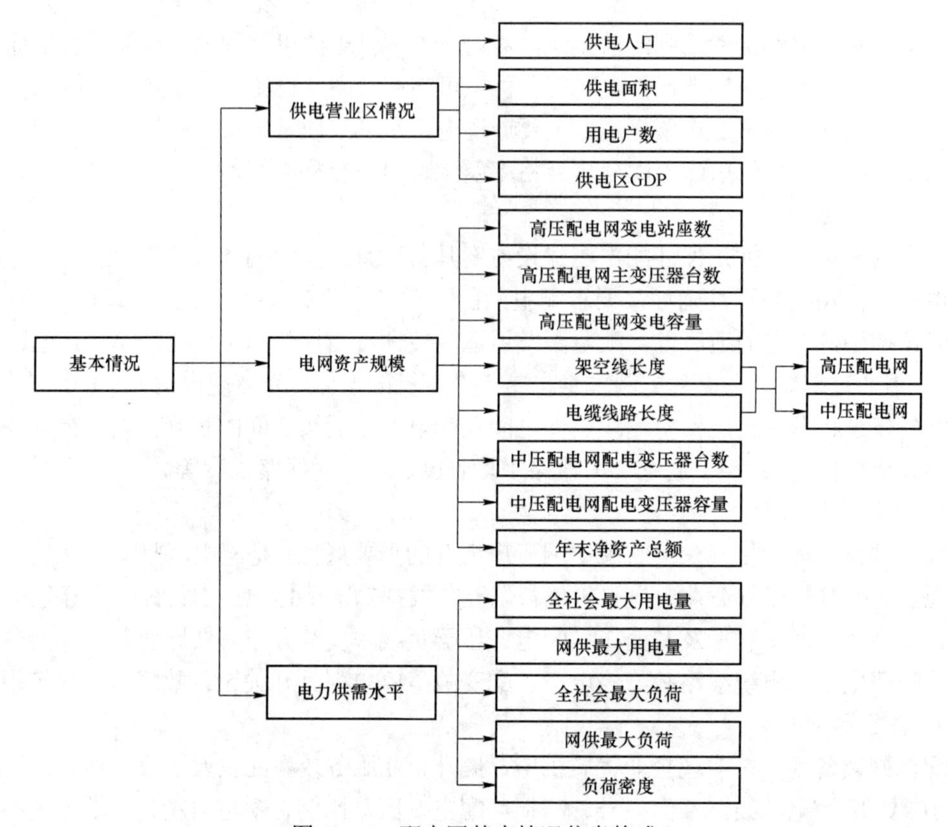

图 11－7　配电网基本情况信息构成

配电网评价指标分值计算的方法有很多，目前应用较为广泛的是模糊隶属度法。模糊隶属度法由美国科学家扎德教授于 20 世纪 60 年代首先提出，并在多个领域逐步得到推广应用。模糊隶属度法通过隶属度来反映因素差异的模糊程度，从而实现了利用精确的数学语言对模糊性的描述。隶属度的大小可通过建立隶属度函数来确定。建立隶属度函数实质上就是建立一个从论域（被考虑对象的全体）到［0，1］上的映射，以反映某个对象具有某种模糊性质或属于某个模糊概念的程度（具体的程度大小即隶属度）。根据模糊数学理论，隶属函数的分布可大致分为效益型、成本型和适中型 3 种。与此相对应，评价指标也可分为正向指标、逆向指标和双向指标 3 类。显然，不同类型的指标采用的隶属函数不同，在近似计算中可根据线性插值方法构造简易函数进行无量纲化处理。

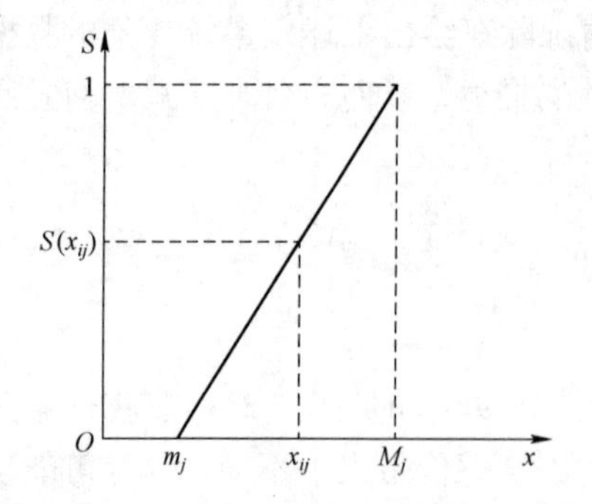

图 11－8　正向指标隶属函数构造示意图

1. 正向指标

正向指标表示指标数值越大越好，根据图 11－8 所示原理，可通过构造以下隶属函数进行无量纲化处理

$$S(x_{ij})=\frac{x_{ij}-m_j}{M_j-m_j} \tag{11-38}$$

$$m_j=\min_i\{x_{ij}\},M_j=\max_i\{x_{ij}\}$$

式中　x_{ij} ——方案 i 在指标 j 下的原始数值；

$S(x_{ij})$ ——方案 i 在指标 j 下经无量纲化处理后的分值。

2. 逆向指标

逆向指标表示指标数值越小越好，根据图 11－9 所示原理，可通过构造以下隶属函数进行无量纲化处理

$$S(x_{ij})=\frac{M_j-x_{ij}}{M_j-m_j} \tag{11-39}$$

3. 双向指标

双向指标表示指标越接近于区间中部效果越好，根据图 11－10 所示原理，可通过构造以下隶属函数进行无量纲化处理

$$S(x_{ij})=\begin{cases}\dfrac{2(x_{ij}-m_j)}{M_j-m_j}, & x_{ij}<\dfrac{M_j+m_j}{2}\\ \dfrac{2(M_j-x_{ij})}{M_j-m_j}, & x_{ij}\geqslant\dfrac{M_j+m_j}{2}\end{cases} \tag{11-40}$$

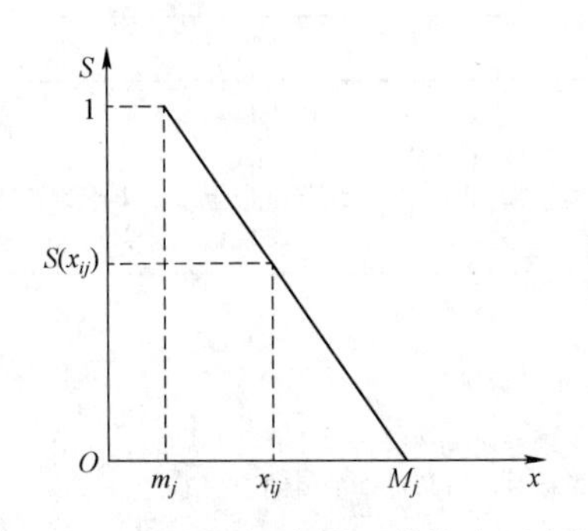

图 11－9　逆向指标隶属函数构造示意图

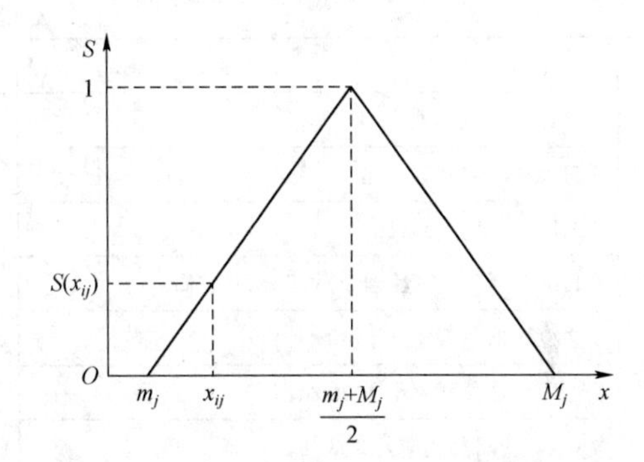

图 11－10　双向指标隶属函数构造示意图

综上，配电网评价主要指标分类如表 11－8 所示。

表 11－8　　配电网评价主要指标分类

指标分类		Ⅰ	Ⅱ	Ⅲ
		正向指标	逆向指标	双向指标
1	供电质量	电压合格率 供电可靠率		
2	网架合理性	主变压器 $N-1$ 通过率 线路 $N-1$ 通过率	线路单放射比例 线路配电变压器装接容量大于 12MVA 线路比例	
3	供电能力		重（轻）载主变压器负载率分布 重（轻）载线路负载率分布	容载比
4	装备水平	配网自动化终端覆盖率 中压架空线路绝缘化率	高损变比率	
5	经济社会性	户户通电率 一户一表率	综合线损率 单位负荷投资	

各指标的记分方法也因为其计算公式与取值的不同各不相同，如表 11－9 所示。

表 11－9　　　　各评价指标分值计算方法

<table>
<tr><th>序号</th><th>评价指标</th><th>指标得分计算公式</th></tr>
<tr><td></td><td>技术经济指标</td><td></td></tr>
<tr><td>1</td><td>供电质量</td><td></td></tr>
<tr><td>1.1</td><td>供电可靠率（RS－3）（%）</td><td>1. 超过指标=100 分
2. 未超指标时，每降低 0.01%扣 1 分</td></tr>
<tr><td>1.2</td><td>综合电压合格率（%）</td><td>1. 超过指标=100 分
2. 未超指标时，每降低 0.05%扣 1 分</td></tr>
<tr><td>2</td><td>网架合理性</td><td></td></tr>
<tr><td>2.1</td><td>110、35kV 主变压器 $N-1$ 通过率（%）</td><td rowspan="3">1. 超过指标=100 分
2. 未超指标时，每降低基准值的 1%扣 1 分</td></tr>
<tr><td>2.2</td><td>110、35kV 线路 $N-1$ 通过率（%）</td></tr>
<tr><td>2.3</td><td>10kV 线路 $N-1$ 通过率（%）</td></tr>
<tr><td>2.4</td><td>10kV 主干线路单放射比例（%）</td><td>1. 未超过指标=100 分
2. 超过指标时，每超过基准值的 1%扣 1 分</td></tr>
<tr><td>2.5</td><td>线路配电变压器装接容量大于 12MVA 线路比例</td><td>1. 低于指标=100 分
2. 超指标时，每超过基准值的 1%扣 1 分</td></tr>
<tr><td>3</td><td>供电能力</td><td></td></tr>
<tr><td rowspan="3">3.1</td><td>高压配电网容载比</td><td rowspan="3">1. 满足指标=100 分
2. 偏离于指标时，每偏离基准值上限（下限）1%扣 1 分</td></tr>
<tr><td>110kV 配电网容载比</td></tr>
<tr><td>35kV 配电网容载比</td></tr>
<tr><td rowspan="6">3.2</td><td>110、35kV 主变压器负载率分布（%）</td><td rowspan="6">1. 低于指标=100 分
2. 超指标时，每超过基准值的 1%扣 1 分</td></tr>
<tr><td>主变压器负载率大于 80%比率</td></tr>
<tr><td>主变压器负载率小于 20%比率</td></tr>
<tr><td>10kV 线路负载率分布（%）</td></tr>
<tr><td>线路负载率大于 80%比率</td></tr>
<tr><td>线路负载率小于 20%比率</td></tr>
<tr><td>4</td><td>装备水平</td><td></td></tr>
<tr><td>4.1</td><td>中压架空线路绝缘化率（%）</td><td>1. 超过指标=100 分
2. 未超指标时，每降低基准值的 1%扣 1 分</td></tr>
<tr><td>4.2</td><td>10kV 高损变比率（%）</td><td>1. 低于指标=100 分
2. 超指标时，每超过基准值的 0.5%扣 1 分</td></tr>
<tr><td>4.3</td><td>配网自动化终端覆盖率（%）</td><td>1.超过指标=100 分
2. 未超指标时，每降低基准值的 1%扣 1 分</td></tr>
<tr><td>5</td><td>社会经济性</td><td></td></tr>
<tr><td>5.1</td><td>单位负荷投资</td><td>1. 低于指标=100 分
2. 超指标时，每超过基准值的 1%扣 1 分</td></tr>
<tr><td>5.2</td><td>综合线损率（%）</td><td>1. 低于指标=100 分
2. 超指标时，每超过基准值的 0.1 扣 1 分</td></tr>
<tr><td>5.3</td><td>户户通电率（%）</td><td rowspan="2">1. 超过指标=100 分
2. 未超指标时，每降低 0.2 扣 1 分</td></tr>
<tr><td>5.4</td><td>一户一表率（%）</td></tr>
</table>

（二）配电网评价指标权重的确定

权重是反映评价指标相对重要性的数值，又称权数。各分项指标对综合评价目标的影响程度可能不同，为了能够正确反映各分项指标对评价目标影响的重要程度，通过加权予以修正。重要的指标赋予较大权重，相对次要的指标赋予较小的权重。确定权重的方法有多种，大体上可分为定性分析法和定量计算法两类。

1. 定性分析法

定性分析法习惯上也称为专家判断法，主要适用于指标数量不多的情况。该方法可以有效结合专家的经验，实现相对较为容易，如何选定专家，并收集、处理专家的意见是获得较为客观权重的关键。

2. 定量计算法

当指标个数较多，通过定性的方法难以决策时，一般需要通过定量计算的方法得到权重。比较典型的定量计算法有判断矩阵法。该方法首先通过对同级各指标之间的两两比较，判断其相对重要性，构造判断矩阵；然后计算判断矩阵的最大特征根和特征向量，经一致性检验和归一化处理后得到各个指标的权重系数。由判断矩阵法得到的权重系数相对较为可靠，但随着评价指标数量的增加，计算工作量将呈阶梯增长，并可能存在一致性检验难以通过的情况。

判断矩阵通过一致性检验，对特征向量归一化处理后，得到指标相应权重；再通过手动设定专家认为有意义的权重值，最终确定权重如表 11－10 所示。

表 11－10　　指　标　权　重

序号	评价指标	指标权重
1	供电质量	0.26
1.1	供电可靠率（RS－3）（%）	0.2
1.2	综合电压合格率（%）	0.06
2	网架合理性	0.20
2.1	110、35kV 主变压器 $N-1$ 通过率（%）	0.04
2.2	110、35kV 线路 $N-1$ 通过率（%）	0.04
2.3	10kV 线路 $N-1$ 通过率（%）	0.04
2.4	10kV 主干线路单放射线路比例	0.04
2.5	线路配电变压器装接容量大于 12MVA 线路比例	0.04
3	供电能力	0.18
3.1	高压配电网容载比	
	110kV 配电网容载比	0.03
	35kV 配电网容载比	0.03
3.2	110、35kV 主变压器负载率分布（%）	
	主变压器负载率大于 80%比率	0.03
	主变压器负载率小于 20%比率	0.03
	10kV 线路负载率分布（%）	
	线路负载率大于 80%比率	0.03
	线路负载率小于 20%比率	0.03

续表

序号	评价指标	指标权重
4	装备水平	0.15
4.1	中压架空线路绝缘化率（%）	0.05
4.2	10kV 高损变比率（%）	0.05
4.3	配网自动化终端覆盖率（%）	0.05
5	社会经济性	0.21
5.1	单位负荷投资	0.05
5.2	综合线损率（%）	0.06
5.3	户户通电率（%）	0.05
5.4	一户一表率（%）	0.05

（三）配电网综合评价体系方法

被评价区域可以是单独的区域、县、地市、省等。通过以下步骤进行配电网评价。

1. 地区经济社会发展及电网发展情况

介绍被评价对象的经济社会发展总体情况，如供电企业情况、用电负荷情况、电网现状，分析存在的问题。

2. 区域划分

根据区域分类将本地区分为 A、B、C、D 这 4 类区域，并分类统计 4 个区域的负荷，得到 4 类区域所占的负荷权重。

3. 计算基准值

根据区域划分结果，按照负荷的权重，以 A～D 类单独基准值为基础，进行加权，计算出被评价区域的各个指标的基准值（本地区唯一，各地区不同）。

基准值=A 类地区基准值×A 类负荷权重+B 类地区基准值×B 类负荷权重+C 类地区基准值×C 类负荷权重+D 类地区基准值×D 类负荷权重（不存在 A/B/C/D 类地区或 A/B/C/D 类地区无指标要求时取值为零）

4. 计算单独指标得分

将地区各指标与基准值相比较，计算各指标得分。

得分的计算方法参考前面的理论计算方式，分别按照正向指标、逆向指标，双向指标计算得分。其中：

（1）正向指标评分方式：超过指标为 100 分，未超指标时，每降低一定数值扣相应分数。

（2）逆向指标评分方式：不超过指标为 100 分，超过指标时，每超过一定数值或比例扣相应分数。

（3）双向指标评分方式：指标区间内为 100 分，不在指标区间内时，每偏离限值（上限或下限）一定数值或比例扣相应分数。

5. 计算总分

根据各指标的得分，按照总体的指标权重，计算评价总分。根据得分情况，从各个方面详细分析评价结果、总结评价结论，提出发展建议。

（四）分布式电源接入对配电网稳定运行影响分析

该部分内容在常规电网分析过程中大多存在重视程度不够的问题，而在本次诊断方法研究过程中将对该部分内容计算方法予以研究，为后续DG接入提供指引方向。

1. DG接入配电网模式

由于DG的不同接入模式对DG的接入容量有较大影响，因此首先介绍DG的几种主要接入模式。

（1）低压分散接入模式：一种基于用户的接入模式，主要是将小容量DG接入中压配电变压器低压侧。

（2）中压分散接入模式：将容量中等的DG接入中压配电线路支线的方式。

（3）专线接入模式：DG容量较大时，为避免对用户电能质量产生影响，宜考虑以专线形式接入高压变电站的中、低压侧母线。受容量所限，采用此模式的DG所接入的电压等级通常为中压。

无论DG采用何种方式接入配电网，都应当满足的重要原则是不能向上一电压等级送电，主要原因是原本用来降压的中压配电变压器在升压过程中不仅允许通过容量有所下降，而且传输功率的损耗也将大幅提升。因此，低压接入的DG的最大功率必须限制在配电变压器最小负荷之内，故可将低压接入的DG与配电变压器原来负荷整体等效为一个负荷，此负荷与其他用户负荷具有类似的波动性和不确定性，对配电网运行无特殊影响。因而将重点探讨DG在中压分散接入模式和专线接入两种模式下对配电网的运行影响，并研究DG的接入容量限制。

2. DG接入的逆功率限制

对于中压分散接入模式，考虑负荷峰谷差因素，需要在DG功率为额定功率且馈线负荷为其谷值时依然能够满足不出现逆潮流的限制，否则将影响其他馈线的DG接入。因此，接入DG的最大功率应小于馈线负荷的谷值。根据调研，“负荷谷值/负荷峰值”的比值为0.4～0.6。因此，DG总容量不应超过馈线最大负荷的40%～60%。实际运行中的最严重情况是DG功率最大而馈线负荷最小，此时DG功率与馈线负荷相同。对于专线接入模式，国家电网公司在《分布式电源接入电网技术规定》（Q/GDW 480—2010）中指出，分布式电源总容量原则上不宜超过上一级变压器供电区域内最大负荷的25%。显然这是基于逆功率限制考虑的。因此，在分析专线接入问题时，分布式电源容量最大不超过主变压器所带负荷的25%。

3. DG接入对电网稳态运行的影响分析

（1）典型配电网模型。为计算DG接入对配电网潮流（电压水平）与短路的影响，针对配电网的运行特点建立了典型模型，如图11－11所示。该线路电压等级为10kV，共14个负荷节点，其中，0号节点是变压器低压侧母线。线路参数采用240绝缘线，总长度2km，每段线路等长。线路总负荷按照50%负载率来考虑，约为3.64MW，且各节点负荷均分总负荷。

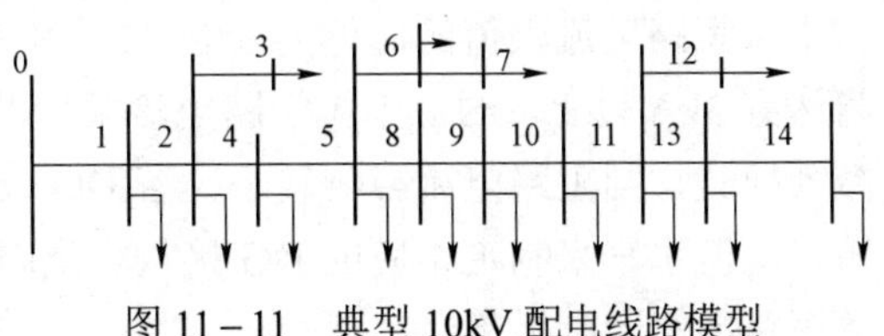

图11－11　典型10kV配电线路模型

（2）DG接入对配电网电压的影响。为实现DG接入电网的潮流计算，根据DG的运行和控制方式，可将DG分别看作PQ节点、PV

节点、PI 节点和 PQ（V）节点。其中，长期运行在额定工况附近、波动性不大的 DG 可看作 PQ 节点，如同步电机接入电网的 DG，当其励磁控制方式为功率因数控制时，则其可看作 PQ 节点；将能维持节点电压幅值的 DG 节点看作 PV 节点，如用同步电机接入电网，当其励磁控制方式为电压控制时，其可看作 PV 节点；储能系统可看作 PI 节点；直接并网的异步风力发电机组可看作 PQ（V）节点 1。

1）中压分散接入模式。

根据电力系统运行特性，作为电源的 DG，接入位置在线路末端且功能与线路负荷相等的情况下对电压抬升作用最为明显。将上述条件均带入电压降落计算公式 $\Delta U=(PR+QX)/U$，可以得出 DG 接入配电线路对节点电压的最大提升率不足 1%，因此，电压问题不构成限制 DG 接入的因素。

2）专线接入模式。

受接入点的影响，此接入模式只影响变压器电压，不对馈线电压产生影响。根据逆功率限制结果，专线接入模式下，DG 容量最大不超过变压器所带负荷的 25%，即使在变压器负荷处于低谷、DG 为峰值功率的最严重情况下，DG 对电压降落的影响依旧在 1%以内，若同时考虑变压器分接头的调节作用，则可忽略专线接入 DG 对配电网电压的影响。

（3）DG 接入对配电网短路电流的影响。

为实现 DG 接入电网的短路计算分析，可按照并网接口的不同将 DG 分为旋转型和逆变型两种类型。其中，旋转型又可以分为采用同步电机并网和异步电机并网两类。由于以同步电机作为接口的 DG 短路电流注入能力最大，为考虑最严重情况，将针对采用同步电机接口方式的 DG 进行分析。在 DG 的同步电机接口的出口短路情况下，单位 DG 容量可提供的短路电流约为 0.3kA/MW。

采用专线接入模式和中压分散接入模式时不同容量 DG 所提供的最大短路电流如表 11－11 所示。

表 11－11　　DG 所提供短路电流情况

接入模式	主变压器容量/MVA	主变压器最大负荷/MW	DG 最大接入容量/MW	短路电流/kA
专线接入	50	25	6.25	1.88
	40	20	5	1.50
	31.5	15.75	3.94	1.18
	20	10	2.5	0.75
中压分散接入	7.27	3.635	1.45	0.44

根据现有配电网规划技术原则，中压短路电流限制为 16kA，特殊地区允许到达 20kA。从表 11－11 中可以看出，在中压分散接入模式下，DG 最大能提供的短路电流为 0.545kA，占中压短路电流限值的比例为 3%左右；在专线接入模式下，DG 最大能提供的短路电流则将达到 3kA 以上，约占中压短路电流限值的比例为 15%以上。因此，若 DG 采用中压分散接入模式，则短路电流影响较小；若 DG 采用专线接入模式，则各地区应结合自身的实际短路电流水平来制定相应的 DG 接入容量限制措施，或者在 DG 接入时应采用故障限流器等短路电流限制措施。

（4）DG 接入容量与模式的建议。通过以上分析可知，各种接入模式下影响 DG 接入容量的主要因素还是逆功率限制，而电压与短路对 DG 接入容量的影响均有限。综合上述研究结果，可以得出 DG 接入容量与模式的建议如下。

1）采用低压接入模式时，建议 DG 的容量小于所接入中压配电变压器最大负荷的 40%。以配电变压器的容量为 400kVA 计，若其负载率为 50%，则建议采用低压接入模式的 DG 容量小于 80kVA。

2）采用中压分散接入模式时，建议 DG 的容量要小于所接入中压馈线最大负荷的 40%。以绝缘 240 型号导线为例，若采用单联络接线，则建议采用中压分散接入模式的 DG 容量小于 1.5MVA。

3）采用专线接入模式时，建议 DG 的容量要小于所接入主变压器最大负荷的 25%。其中，若考虑容载比为 2.0，则容量为 20MVA 和 31.5MVA 的 35kV 主变压器所能接入的最大 DG 容量分别为 2.5MVA 和 3.9MVA，而 2.5（3.9）～10MVA 的 DG 只能采用 35kV 专线接入更高等级的变电站中低压侧母线。

（5）DG 的接入对电网可靠性的影响。在线路发生故障时，DG 可以为停电的用户供电，尤其是对于那些非常重要的负荷，年平均断电时间将可大大减少。但在 DG 并网条件下，配电网可靠性的评估需要考虑新出现的影响因素，如孤岛的出现和 DG 输出功率的随机性等。其中，DG 对供电可靠性的影响与 DG 孤岛运行紧密相关。孤岛运行是指当连接主电网和 DG 的任一开关跳闸，与主网解列后，DG 继续给部分负荷独立供电，形成孤岛运行状态。在当前条件下，孤岛运行将影响检修人员的安全性，因此是不允许的，但若能提高运行管理水平，则可确保供电可靠性的有效提升。另外，DG 受环境、气候影响很大，特别是风力发电和太阳能发电，它们的功率很不稳定。这两种因素从一定程度上影响可靠性的提升效果。

五、配电网评价典型地区应用实例

（一）A 地州电网基本情况

1. 配电网现状

至 2017 年底，A 地州 110kV 公用变电站共计 8 座，主变压器台数共计 11 台，变电容量 384.5MVA；10kV 出线间隔 94 个，剩余 10kV 出线间隔 36 个。110kV 主变压器 $N-1$ 通过率较低，仅为 36.36%。

A 地州电网有 26 座公用 35kV 变电站，主变压器 30 台，变电容量为 145.75MVA。10kV 出线间隔 194 个，剩余 10kV 出线间隔 105 个。35kV 主变压器 $N-1$ 通过率较低，仅为 16.67%。

A 地州电网共有 10kV 公用线路 110 回，线路总长度 2721.09km。绝缘化率 36.25%，电缆化率 6.16%。10kV 线路供电半径 15.8km，线路 $N-1$ 通过率较低，仅为 11.82%。

2. 供电区域划分

按照当时《配电网“十二五”规划设计指导意见》和《“十二五”配电网规划（技术原则）指导意见》，结合地区总体规划合理划分供电区类别，为实现配电网结构模式和标准与 A 地州不同区域发展情况相匹配，根据各地区的功能定位、经济发展水平、负荷性质和负荷密度等条件，A 地州的电网规划标准划分为 B、C、D、E 四类。

B 类标准适用的供电区域：A 地州市中心城区。

C 类标准适用的供电区域：A 县、B 县、C 县城及重、轻工业园区。

D 类标准适用的供电区域：A 地州市的城郊区和近城区的农村。

E 类标准适用的供电区域：A 县、B 县、C 县的农村、农牧区。

A 地州的电网规划标准没有划分 A 类区域，所以 A 地州 A 类区域的权重为 0。根据 2017 年 B 类、C 类、D 类、E 类区域的供电量占 A 地州电力公司总负荷的比例，得到 4 类区域所占的负荷分区权重分别为 21.53%、45.75%、17.53%、15.20%。

（二）配电网评价及数据分析

评价体系评定 A 地州电网，根据 A 地州区域划分结果，按照供电量的权重，以 B～D 类单独基准值为基础，进行加权，计算出被评价区域的各个指标的基准值，如表 11－12 所示。基准值= B 类地区基准值×B 类负荷权重+C 类地区基准值×C 类负荷权重+D 类地区基准值×D 类负荷权重+E 类地区基准值×E 类负荷权重。

表 11－12　　配电网评价指标基准值

<table>
<tr><th colspan="3">评价指标</th><th>A 类地区</th><th>B 类地区</th><th>C 类地区</th><th>D 类地区</th><th>基准值</th></tr>
<tr><td colspan="2" rowspan="2">供电质量</td><td>供电可靠率（RS－3）/%</td><td></td><td>99.956</td><td>99.94</td><td>99.77</td><td>99.83</td></tr>
<tr><td>综合电压合格率/%</td><td></td><td>99.94</td><td>99.6</td><td>99.23</td><td>99.01</td></tr>
<tr><td colspan="2" rowspan="5">网架合理性</td><td>110、35kV 主变压器 $N-1$ 通过率/%</td><td></td><td>50</td><td>28.57</td><td>0</td><td>79.75</td></tr>
<tr><td>110、35kV 线路 $N-1$ 通过率/%</td><td></td><td>100</td><td>11.11</td><td>21.05</td><td>79.75</td></tr>
<tr><td>10kV 线路 $N-1$ 通过率/%</td><td></td><td>66.67</td><td>10.71</td><td>12.5</td><td>36.9</td></tr>
<tr><td>10kV 主干线路单放射比例/%</td><td></td><td>33.33</td><td>89.29</td><td>87.5</td><td>60</td></tr>
<tr><td>线路配电变压器装接容量大于 12MVA 线路比例</td><td colspan="2">3.63</td><td colspan="3">10</td></tr>
<tr><td rowspan="6">供电能力</td><td rowspan="2">高压配电网容载比</td><td>110kV 配电网容载比</td><td colspan="2">1.58</td><td colspan="3">1.8～2.2</td></tr>
<tr><td>35kV 配电网容载比</td><td colspan="2">3.21</td><td colspan="3">1.8～2.2</td></tr>
<tr><td rowspan="2">110、35kV 主变压器负载率分布/%</td><td>主变压器负载率大于 80%比率</td><td></td><td>10</td><td>10</td><td>20</td><td>10</td></tr>
<tr><td>主变压器负载率小于 20%比率</td><td></td><td>12</td><td>12</td><td>22</td><td>12</td></tr>
<tr><td rowspan="2">10kV 线路负载率分布/%</td><td>线路负载率大于 80%比率</td><td></td><td>0</td><td>14.28</td><td>9.3</td><td>8</td></tr>
<tr><td>线路负载率小于 20%比率</td><td></td><td>0</td><td>10.71</td><td>0</td><td>10</td></tr>
<tr><td colspan="2" rowspan="3">装备水平</td><td>中压架空线路绝缘化率/%</td><td></td><td>76.55</td><td>66.97</td><td>28.55</td><td>52.12</td></tr>
<tr><td>10kV 高损变比率/%</td><td></td><td>0</td><td>0</td><td>0</td><td>5</td></tr>
<tr><td>配网自动化终端覆盖率/%</td><td></td><td>100</td><td>100</td><td>40</td><td>66.63</td></tr>
<tr><td colspan="2" rowspan="3">社会经济性</td><td>综合线损率/%</td><td></td><td>4.74</td><td>5.45</td><td>6.85</td><td>5.35</td></tr>
<tr><td>户户通电率/%</td><td></td><td>100</td><td>100</td><td>100</td><td>100</td></tr>
<tr><td>一户一表率/%</td><td></td><td>100</td><td>100</td><td>100</td><td>100</td></tr>
</table>

在对电网进行综合评价的过程中，需要对电网供电质量、网架合理性、供电能力、装备水平和社会经济型的各项指标进行评价，如供电可靠率、主变压器和线路 $N-1$ 通过率、配电网容载比及主变压器负载率等，只有这些指标在基准值一定的范围内时，电网才会达到最好的运行效果。根据这些基准值对电网的各项指标进行综合评价，可以确定现状电网

的运行状况，为电网的规划提供指导。

根据实际值与各评价指标的基准值的比较，用各指标计算方法计算各项得分。配电网评价指标实际得分如表 11－13 所示。

表 11－13　　配电网评价指标实际得分

<table>
<tr><th colspan="3">评价指标</th><th>基准值</th><th>实际值</th><th>指标权重</th><th colspan="2">各项得分</th><th>本项部分</th></tr>
<tr><td colspan="2" rowspan="2">供电质量</td><td>供电可靠率（RS－3）/%</td><td>99.83</td><td>99.88</td><td>0.06</td><td colspan="2">6</td><td rowspan="2">24</td></tr>
<tr><td>综合电压合格率/%</td><td>99.01</td><td>98.54</td><td>0.2</td><td colspan="2">18</td></tr>
<tr><td colspan="2" rowspan="5">网架合理性</td><td>110、35kV 主变压器 N－1 通过率/%</td><td>79.75</td><td>34.14</td><td>0.04</td><td colspan="2">1.82</td><td rowspan="5">10.48</td></tr>
<tr><td>110、35kV 线路 N－1 通过率/%</td><td>79.75</td><td>16.45</td><td>0.04</td><td colspan="2">2.53</td></tr>
<tr><td>10kV 线路 N－1 通过率/%</td><td>36.9</td><td>11.81</td><td>0.04</td><td colspan="2">1</td></tr>
<tr><td>10kV 主干线路单放射比例/%</td><td>60</td><td>88.29</td><td>0.04</td><td colspan="2">1.13</td></tr>
<tr><td>线路配电变压器装接容量大于 12MVA 线路比例</td><td>10</td><td>3.63</td><td>0.04</td><td colspan="2">4</td></tr>
<tr><td rowspan="6">供电能力</td><td rowspan="2">高压配电网容载比</td><td>110kV 配电网容载比</td><td>1.8～2.2</td><td>1.58</td><td>0.03</td><td>2.64</td><td rowspan="2">4.26</td><td rowspan="6">15.93</td></tr>
<tr><td>35kV 配电网容载比</td><td>1.8～2.2</td><td>3.21</td><td>0.03</td><td>1.62</td></tr>
<tr><td rowspan="2">110、35kV 主变压器负载率分布/%</td><td>主变压器负载率大于 80%比率</td><td>10</td><td>0</td><td>0.03</td><td>3</td><td rowspan="2">5.76</td></tr>
<tr><td>主变压器负载率小于 20%比率</td><td>12</td><td>19.51</td><td>0.03</td><td>2.76</td></tr>
<tr><td rowspan="2">10kV 线路负载率分布/%</td><td>线路负载率大于 80%比率</td><td>8</td><td>6.36</td><td>0.03</td><td>3</td><td rowspan="2">5.91</td></tr>
<tr><td>线路负载率小于 20%比率</td><td>10</td><td>12.72</td><td>0.03</td><td>2.91</td></tr>
<tr><td colspan="2" rowspan="3">装备水平</td><td>中压架空线路绝缘化率/%</td><td>52.12</td><td>36.25</td><td>0.05</td><td colspan="2">4.2</td><td rowspan="3">10.9</td></tr>
<tr><td>10kV 高损变比率/%</td><td>5</td><td>0</td><td>0.05</td><td colspan="2">5</td></tr>
<tr><td>配网自动化终端覆盖率/%</td><td>66.63</td><td>0</td><td>0.05</td><td colspan="2">1.7</td></tr>
<tr><td colspan="2" rowspan="3">社会经济性</td><td>综合线损率/%</td><td>5.35</td><td>5.69</td><td>0.11</td><td colspan="2">10.67</td><td rowspan="3">20.67</td></tr>
<tr><td>户户通电率/%</td><td>100</td><td>100</td><td>0.05</td><td colspan="2">5</td></tr>
<tr><td>一户一表率/%</td><td>100</td><td>100</td><td>0.05</td><td colspan="2">5</td></tr>
<tr><td colspan="6">总分</td><td colspan="3">81.98</td></tr>
</table>

依据该评价指标体系，A 地州电网得分 81.98 分，其中，供电质量 24 分，网架合理性 10.48 分，供电能力 15.93 分，装备水平 10.9 分，社会经济性 20.67 分。

（三）评分结果分析

1. 总体来看

A 地州电网架合理性得分较低，高压主变压器 $N-1$ 通过率、线路通过率及 10kV 线路 $N-1$ 通过率均处于较低水平。在规划中需要加强网架完善工作，逐步提升网架可靠性水平。由于 A 地州地区的配电自动化建设仍处于研究阶段，随着后续规划建设工作的跟进，配电自动化终端覆盖率比较低的问题将会得到解决。

2. 供电质量方面

A 地州电网供电可靠率为 99.88%，高于基准值 99.83%，处于合理状态，而综合电压合格率为 98.54%，低于基准值 99.01%，主要原因为 A 地州地区地广人稀，10kV 线路存在长距离供电问题。

建议在后续 A 地州电网的建设与改造过程中，对中、低压配电网络结构逐步改善，供电半径缩短，减小供电过程中电压损失，缩小线路首末端电压差。建立电压监测管理平台，使电压监测数据统计、分析的及时性、准确性得到保障。

3. 网架合理性方面

A 地州电网 35～110kV 主变压器 $N-1$ 通过率、35～110kV 线路 $N-1$ 通过率、10kV 线路 $N-1$ 通过率等指标均低于基准值，而 10kV 单辐射比例高于基准值，故 A 地州电网在网架合理性方面存在较大问题，建议后续工作在保证供电能力合理的情况下重点关注电网结构的合理性。

线路配电变压器装接容量大于 12MVA 的比例为 3.63%，低于基准值，现阶段处于合理状态，无须重点关注。

4. 供电能力方面

A 地州电网 110kV 整体变电容载比整体偏高，分区容载比分布不均匀，超出要求范围。主要原因：一是近年受经济下滑的影响，各行业对电力用电需求下降，负荷增长放缓，引起 A 地州各县供电片区 110kV 电网容载比较高。二是由于 A 地州电网覆盖面积广，用电负荷较为分散，受地理因素和 35kV 电网输送距离限制的影响，偏远地区必须由高一级电压等级电网延伸覆盖，在 C、B、A 县等以解决农牧民用电的区域，110kV 电网容载比较高。

A 地州电网 35kV 电网变电容载比 2.56，高于要求，主要原因是 A 地州电网季节性负荷较为突出。近几年 110kV 变电站相继投运，转带原 35kV 变电站的负荷，以及城市区域逐步取消 35kV 电压等级供电，使 35kV 电网容载比有所增高。

5. 社会经济性

户户通电率与一户一表率均达到 100%水平，而综合线损率为 5.69%，高于 5.35%。

附录A 资金换算表

表 A－1 资金换算表（i=3%）

期数 N	整付			等额分付		
	本利和系数	现在值系数	资本回收系数	现在值系数	基金积累系数	本利和系数
	（F/P，4，N）	（P/F，4，N）	（A/P，4，N）	（P/A，4，N）	（A/F，4，N）	（F/A，4，N）
1	1.030 00	0.970 87	1.030 00	0.970 87	1.000 00	1.000 00
2	1.060 90	0.942 60	0.522 61	1.913 47	0.492 61	2.030 00
3	1.092 73	0.915 14	0.353 53	2.828 61	0.323 53	3.090 90
4	1.125 51	0.888 49	0.269 03	3.171 70	0.239 03	4.183 63
5	1.159 27	0.862 61	0.218 35	4.579 71	0.188 35	5.309 13
6	1.194 05	0.837 49	0.184 60	5.417 19	0.154 60	6.468 41
7	1.229 87	0.813 09	0.160 51	6.230 28	0.130 51	7.662 46
8	1.266 77	0.789 41	0.142 46	7.019 69	0.112 46	8.892 33
9	1.304 77	0.766 42	0.124 3	7.786 11	0.098 43	10.159 10
10	1.343 92	0.744 09	0.117 23	8.530 20	0.087 23	11.483 87
11	1.384.23	0.722 42	0.108 08	9.252 62	0.078 08	12.807 79
12	1.425 76	0.701 38	0.100 46	9.954 00	0.070 46	14.192 02
13	1.468 53	0.680 95	0.094 03	10.634 95	0.064 03	15.617 78
14	1.512 59	0.611 2	0.088 53	11.296 07	0.058 53	17.086 31
15	1.557 97	0.641 86	0.083 77	11.937 93	0.053 77	18.598 90
16	1.604 71	0.623 17	0.079 61	12.561 10	0.049 61	20.156 87
17	1.652 85	0.605 02	0.075 95	13.166 11	0.045 95	21.761 58
18	1.702 43	0.587 39	0.072 71	13.753 51	0.042 71	23.411 42
19	1.753 51	0.570 29	0.698 1	14.323 79	0.039 81	25.116 85
20	1.806 11	0.553 68	0.067 22	14.877 47	0.037 22	29.870 36
21	1.860 29	0.537 55	0.064 87	15.415 02	0.034 87	28.676 47
22	1.916 10	0.521 89	0.062 75	15.936 91	0.032 75	30.536 76
23	1.973 59	0.506 69	0.060 81	16.443 60	0.030 81	32.452 86
24	2.032 79	0.491 93	0.059 05	16.935 54	0.029 05	34.426 45
25	2.093 78	0.477 61	0.057 43	17.413 14	0.027 43	36.459 24
26	2.156 59	0.463 69	0.055 94	17.876 84	0.025 94	38.553 02
27	2.221 29	0.450 19	0.054 56	18.327 03	0.024 56	40.709 61
28	2.287 93	0.437 08	0.053 29	18.764 10	0.023 29	42.930 89
29	2.358 56	0.424 35	0.052 11	19.188 45	0.022 11	45.218 82
30	2.427 26	0.411 99	0.051 02	19.600 44	0.021 02	47.575 38
31	2.500 08	0.399 99	0.050 00	20.000 42	0.020 00	50.002 64
32	2.575 08	0.388 34	0.049 05	20.388 76	0.019 05	52.502 72

表 A－2　　　　资 金 换 算 表（i=4%）

期数 N	整付			等额分付		
	本利和系数	现在值系数	资本回收系数	现在值系数	基金积累系数	本利和系数
	（F/P，4，N）	（P/F，4，N）	（A/P，4，N）	（P/A，4，N）	（A/F，4，N）	（F/A，4，N）
1	1.040 00	0.961 54	1.040 00	0.961 54	1.000 00	1.000 00
2	0.181 60	0.924 56	0.530 20	1.886 09	0.490 20	2.040 00
3	1.124 86	0.889 00	0.360 35	2.775 09	0.390 35	3.121 60
4	1.169 86	0.854 80	0.275 49	3.629 89	0.235 49	4.246 46
5	1.216 65	0.821 93	0.224 63	4.451 82	0.184 63	5.416 32
6	1.265 32	0.790 31	0.190 76	5.242 14	0.150 76	6.632 97
7	1.315 93	0.579 92	0.166 61	6.002 05	0.126 61	7.898 29
8	1.368 57	0.730 69	0.148 53	6.732 74	0.108 53	9.214 22
9	1.423 31	0.702 59	0.134 49	7.435 33	0.094 49	10.582 79
10	1.480 24	0.675 56	0.123 29	8.110 89	0.083 29	12.006 10
11	1.539 45	0.649 58	0.114 15	8.760 48	0.074 15	13.486 35
12	1.601 03	0.624 60	0.106 55	9.385 07	0.066 55	15.025 80
13	1.665 07	0.600 57	0.100 14	9.985 65	0.060 14	16.626 83
14	1.731 68	0.577 48	0.094 67	10.563 12	0.054 67	18.291 91
15	1.800 94	0.555 26	0.089 94	11.118 39	0.049 94	20.023 58
16	1.872 98	0.533 91	0.085 82	11.652 29	0.045 82	21.824 53
17	1.947 90	0.513 37	0.082 20	12.165 67	0.042 20	23.697 51
18	2.025 82	0.493 63	0.078 99	12.659 30	0.038 99	26.645 41
19	2.106 85	0.474 64	0.076 14	13.133 94	0.036 14	27.671 22
20	2.191 12	0.456 39	0.073 58	13.590 32	0.033 58	29.778 07
21	2.278 77	0.438 83	0.071 28	14.029 16	0.031 28	31.969 19
22	2.369 92	0.421 96	0.069 20	14.451 11	0.029 20	34.247 96
23	2.464 72	0.405 73	0.067 31	14.856 84	0.027 31	36.617 88
24	2.563 30	0.390 12	0.065 59	15.246 96	0.025 59	39.082 58
25	2.665 84	0.375 12	0.064 01	15.622 08	0.024 01	41.645 90
26	2.772 47	0.360 69	0.062 57	15.982 77	0.022 57	44.311 73
27	2.883 37	0.346 82	0.061 24	16.329 58	0.021 24	47.084 20
28	2.998 70	0.333 46	0.060 01	16.663 06	0.020 01	49.967 57
29	3.118 65	0.320 65	0.058 88	16.983 71	0.018 88	52.966 27
30	3.243 40	0.308 32	0.057 83	17.292 03	0.017 83	56.084 92
31	3.373 13	0.296 46	0.056 86	17.588 49	0.016 86	59.328 31
32	3.508 06	0.285 06	0.055 95	17.873 55	0.015 95	62.701 45

表A－3　　资金换算表（*i*=5%）

期数 *N*	整付			等额分付		
	本利和系数	现在值系数	资本回收系数	现在值系数	基金积累系数	本利和系数
	（*F*/*P*，5，*N*）	（*P*/*F*，5，*N*）	（*A*/*P*，5，*N*）	（*P*/*A*，5，*N*）	（*A*/*F*，5，*N*）	（*F*/*A*，5，*N*）
1	1.050 00	0.952 38	1.050 00	0.952 83	1.000 00	1.111 1
2	1.102 50	0.907 03	0.537 80	1.859 41	0.487 80	2.050 0
3	1.157 62	0.863 84	0.367 21	2.723 25	0.317 21	3.152 5
4	1.215 51	0.892 70	0.282 01	3.545 95	0.232 01	4.310 1
5	1.276 28	0.783 53	0.230 97	4.329 46	0.180 97	5.525 6
6	1.340 10	0.746 22	0.197 02	5.075 69	0.147 02	6.801 9
7	1.407 10	0.710 68	0.172 82	5.786 27	0.122 82	8.142 0
8	1.477 46	0.676 84	0.154 72	6.463 21	0.104 72	9.549 1
9	1.551 33	0.644 61	0.140 69	7.107 82	0.090 69	11.026 5
10	1.628 89	0.613 91	0.129 50	7.721 73	0.079 50	12.577 9
11	1.710 34	0.584 68	0.120 39	8.306 41	0.070 39	14.206 8
12	1.795 86	0.556 84	0.112 83	8.863 25	0.062 83	15.917 1
13	1.885 65	0.530 32	0.106 46	9.393 57	0.056 46	17.713 0
14	1.979 93	0.550 7	0.101 02	9.898 64	0.051 02	19.598 6
15	2.078 93	0.481 02	0.096 34	10.379 66	0.046 34	21.578 6
16	2.182 87	0.458 11	0.092 27	10.837 77	0.042 27	23.657 5
17	2.292 02	0.436 30	0.088 70	11.274 07	0.038 70	25.840 4
18	2.406 62	0.415 52	0.085 55	11.689 59	0.035 55	28.132 4
19	2.526 95	0.395 73	0.082 75	12.085 32	0.032 75	30.539 0
20	2.653 30	0.376 89	0.080 24	12.462 21	0.030 24	33.066 0
21	2.785 96	0.358 94	0.078 00	12.821 15	0.028 00	35.719 3
22	2.925 26	0.314 85	0.075 97	13.163 00	0.025 97	38.505 2
23	3.071 52	0.325 57	0.074 14	13.488 57	0.024 14	41.430 5
24	3.225 10	0.310 07	0.072 47	13.198 64	0.022 47	44.502 0
25	3.386 35	0.295 30	0.070 95	14.093 94	0.020 95	47.727 1
26	3.555 57	0.281 24	0.069 56	14.375 18	0.019 56	51.113 5
27	3.733 46	0.267 85	0.068 29	14.643 03	0.018 29	54.669 1
28	3.920 13	0.255 09	0.067 12	14.898 13	0.017 12	58.402 6
29	4.116 14	0.242 95	0.066 05	15.141 07	0.016 05	62.322 7
30	4.321 94	0.231 38	0.065 05	15.372 45	0.015 05	66.438 8
31	4.538 04	0.220 37	0.064 13	15.592 81	0.014 13	70.760 8
32	4.764 94	0.209 87	0.063 82	15.802 68	0.013 28	75.298 8

表 A-4　　资金换算表（*i*=6%）

期数 *N*	整付			等额分付		
	本利和系数	现在值系数	资本回收系数	现在值系数	基金积累系数	本利和系数
	（*F*/*P*，6，*N*）	（*P*/*F*，6，*N*）	（*A*/*P*，6，*N*）	（*P*/*A*，6，*N*）	（*A*/*F*，6，*N*）	（*F*/*A*，6，*N*）
1	1.060 00	0.943 40	1.060 0	0.943 4	1.000 0	1.000 0
2	1.132 60	0.890 00	0.545 4	1.833 4	0.485 4	2.060 0
3	1.191 02	0.839 62	0.374 1	2.673 0	0.314 1	3.183 6
4	1.262 48	0.792 09	0.288 6	3.465 1	0.228 6	4.374 6
5	1.338 23	0.747 26	0.237 4	4.212 4	0.177 4	5.637 1
6	1.418 52	0.704 96	0.203 4	4.917 3	0.143 4	6.975 3
7	1.503 63	0.665 06	0.179 1	5.582 4	0.119 1	8.393 8
8	1.593 85	0.627 41	0.161 0	6.209 8	0.101 0	9.897 5
9	1.689 48	0.591 90	0.147 0	6.801 7	0.087 0	11.491 3
10	1.790 85	0.558 39	0.135 9	7.360 1	0.075 9	13.180 8
11	1.898 30	0.526 79	0.126 8	7.886 9	0.066 8	14.971 7
12	2.012 20	0.496 97	0.119 3	8.383 8	0.059 3	16.869 9
13	2.132 93	0.468 84	0.113 0	8.852 7	0.053 0	18.882 1
14	2.260 90	0.442 30	0.107 6	9.295 0	0.047 6	21.015 1
15	2.396 56	0.417 27	0.103 0	9.712 3	0.043 0	23.276 0
16	2.540 35	0.393 65	0.099 0	10.158 9	0.039 0	25.672 5
17	2.692 77	0.371 36	0.095 4	10.477 3	0.035 4	28.212 9
18	2.854 34	0.350 34	0.092 4	10.827 6	0.032 4	30.905 6
19	3.025 60	0.330 51	0.089 6	11.158 1	0.029 6	33.759 9
20	3.207 13	0.311 80	0.087 2	11.469 9	0.027 2	36.785 6
21	3.399 56	0.294 16	0.085 0	11.764 1	0.025 0	39.992 7
22	3.603 54	0.277 51	0.083 1	12.041 6	0.023 1	43.392 3
23	3.819 75	0.261 80	0.081 3	12.303 4	0.021 3	46.995 8
24	4.048 93	0.246 98	0.079 7	12.550 4	0.019 7	50.815 6
25	4.291 87	0.233 00	0.078 2	12.783 4	0.018 2	54.864 5
26	4.549 38	0.219 81	0.076 9	13.003 2	0.016 9	59.156 4
27	4.822 34	0.207 37	0.075 7	13.210 5	0.015 7	63.705 7
28	5.111 68	0.195 63	0.074 6	13.406 2	0.014 6	68.528 1
29	5.418 39	0.184 56	0.073 6	13.590 7	0.013 6	73.639 8
30	5.174 349	0.174 11	0.072 7	13.764 8	0.012 7	79.058 2
31	6.088 10	0.164 25	0.071 8	13.929 1	0.011 8	84.801 6
32	6.453 38	0.154 96	0.071 0	14.084 0	0.011 0	90.889 7

表A-5　　**资 金 换 算 表（i=7%）**

期数 N	整付			等额分付		
	本利和系数	现在值系数	资本回收系数	现在值系数	基金积累系数	本利和系数
	（F/P，7，N）	（P/F，7，N）	（A/P，7，N）	（P/A，7，N）	（A/F，7，N）	（F/A，7，N）
1	1.070 0	0.934 6	1.070 0	0.934 6	1.111 1	1.000 0
2	1.144 9	0.873 4	0.553 1	1.808 0	0.483 1	2.070 0
3	1.225 0	0.816 3	0.381 1	2.624 3	0.311 1	3.214 9
4	1.310 8	0.762 9	0.295 2	3.387 2	0.225 2	4.439 9
5	1.402 6	0.713 0	0.243 9	4.100 2	0.173 9	5.750 7
6	1.500 7	0.666 3	0.209 8	4.766 5	0.139 8	7.153 3
7	1.605 8	0.622 8	0.185 6	5.389 3	0.115 6	8.654 0
8	1.718 2	0.582 0	0.167 5	5.971 3	0.097 5	10.259 8
9	1.838 5	0.543 9	0.153 5	6.515 2	0.083 5	11.978 0
10	1.967 2	0.508 4	0.142 4	7.023 6	0.072 4	13.816 5
11	2.104 9	0.475 1	0.133 4	7.498 7	0.063 4	15.783 6
12	2.252 2	0.444 0	0.125 9	7.942 7	0.055 9	17.888 5
13	2.409 8	0.415 0	0.119 7	8.357 7	0.049 7	20.140 6
14	2.578 5	0.387 8	0.114 3	8.745 5	0.044 3	22.550 5
15	2.759 0	0.362 5	0.109 8	9.109 7	0.039 8	25.129 0
16	2.952 2	0.338 7	0.105 9	9.446 7	0.035 9	27.888 1
17	3.158 8	0.316 6	0.102 4	9.763 2	0.032 4	30.840 2
18	3.379 9	0.295 9	0.099 4	10.059 1	0.029 4	33.999 0
19	3.616 5	0.276 5	0.096 8	10.335 6	0.026 6	37.379 0
20	3.869 7	0.258 4	0.094 4	10.594 0	0.024 4	40.995 5
21	4.140 6	0.241 5	0.092 3	10.935 5	0.022 3	44.865 2
22	4.430 4	0.225 7	0.090 4	11.061 2	0.020 4	49.005 7
23	4.740 5	0.211 0	0.088 7	11.272 2	0.018 7	53.436 1
24	5.072 4	0.197 2	0.087 2	11.469 3	0.017 2	58.176 7
25	5.427 4	0.184 3	0.085 8	11.653 6	0.015 8	63.249 0
26	5.807 4	0.172 2	0.084 6	11.825 8	0.014 6	68.676 5
27	6.213 9	0.160 9	0.083 4	11.986 7	0.013 4	74.483 8
28	6.648 8	0.150 4	0.082 4	12.137 1	0.012 4	80.697 7
29	7.114 3	0.140 6	0.081 5	12.277 7	0.011 5	87.346 5
30	7.612 3	0.131 4	0.080 6	12.409 0	0.010 6	94.460 8
31	8.145 1	0.122 8	0.079 8	12.531 8	0.009 8	102.073 0
32	8.715 3	0.114 7	0.079 1	12.646 6	0.009 1	110.218 1

表 A－6　　资金换算表（i=8%）

期数 N	整付			等额分付		
	本利和系数	现在值系数	资本回收系数	现在值系数	基金积累系数	本利和系数
	（F/P，8，N）	（P/F，8，N）	（A/P，8，N）	（P/A，8，N）	（A/F，8，N）	（F/A，8，N）
1	1.080 0	0.925 93	1.080 0	0.925 9	1.000 0	1.000 0
2	1.166 4	0.857 34	0.560 8	1.783 3	0.480 8	2.080 0
3	1.259 7	0.793 83	0.388 0	2.577 0	0.308 0	3.246 4
4	1.360 5	0.735 03	0.301 9	3.312 1	0.221 9	4.506 1
5	1.469 3	0.680 59	0.250 5	3.392 7	0.170 5	5.866 6
6	1.586 9	0.630 17	0.216 3	4.622 9	0.136 3	7.335 9
7	1.713 8	0.583 49	0.192 1	5.206 4	0.112 1	8.922 8
8	1.850 9	0.540 27	0.174 0	5.746 6	0.094 0	10.636 6
9	1.999 0	0.500 25	0.160 1	6.246 9	0.080 1	12.487 6
10	2.158 9	0.463 19	0.149 0	6.710 1	0.069 0	14.486 6
11	2.331 6	0.428 88	0.140 1	7.139 0	0.060 1	16.645 5
12	2.518 2	0.397 11	0.132 7	7.536 1	0.052 7	18.977 1
13	2.719 6	0.367 70	0.126 5	7.903 8	0.046 5	21.495 3
14	2.937 2	0.340 46	0.121 3	8.244 2	0.041 3	24.214 9
15	3.172 2	0.315 24	0.116 8	8.559 5	0.036 8	27.152 1
16	3.425 9	0.291 89	0.113 0	8.514	0.033 0	30.324 3
17	3.700 0	0.270 27	0.109 6	9.121 6	0.029 6	33.750 2
18	3.996 0	0.250 25	0.106 7	9.371 9	0.026 7	37.450 2
19	4.315 7	0.231 71	0.104 1	9.603 6	0.024 1	41.446 3
20	4.661 0	0.214 55	0.101 9	9.818 2	0.021 9	45.762 0
21	5.033 8	0.198 66	0.099 8	10.016 8	0.019 8	50.422 9
22	5.436 5	0.183 94	0.098 0	10.200 7	0.018 0	55.456 8
23	5.871 5	0.170 32	0.096 4	10.371 1	0.016 4	60.893 3
24	6.341 2	0.157 70	0.095 0	10.528 8	0.015 0	66.764 8
25	6.848 5	0.146 02	0.093 7	10.674 8	0.013 7	73.105 9
26	7.396 4	0.135 20	0.092 5	10.810 0	0.012 5	79.954 4
27	7.988 1	0.125 19	0.091 5	10.935 2	0.011 5	87.350 8
28	8.627 1	0.115 91	0.090 5	11.051 1	0.010 5	95.338 8
29	3.317 3	0.107 33	0.089 6	11.158 4	0.009 6	103.965 9
30	10.062 7	0.099 38	0.088 8	11.257 8	0.008 8	113.283 2
31	10.867 7	0.092 02	0.088 1	11.349 8	0.008 1	123.345 9
32	11.737 1	0.085 02	0.087 5	11.435 0	0.007 5	134.213 5

表A－7　　资金换算表（i=9%）

期数 N	整付			等额分付		
	本利和系数	现在值系数	资本回收系数	现在值系数	基金积累系数	本利和系数
	（F/P，9，N）	（P/F，9，N）	（A/P，9，N）	（P/A，9，N）	（A/F，9，N）	（F/A，9，N）
1	1.090 0	0.917 4	1.090 0	0.917 4	1.000 0	1.000 0
2	1.188 1	0.841 7	0.568 5	1.759 1	0.478 5	2.090 0
3	1.295 0	0.772 2	0.395 1	2.531 3	0.305 1	3.278 1
4	1.411 6	0.708 4	0.308 7	3.239 7	0.218 8	4.573 1
5	1.538 6	0.649 9	0.257 1	3.889 7	0.167 1	5.594 7
6	1.677 1	0.596 3	0.222 9	4.485 9	0.132 9	7.523 3
7	1.828 0	0.547 0	0.198 7	5.033 0	0.108 7	9.200 4
8	1.922 6	0.501 9	0.180 7	5.534 8	0.090 7	11.028 5
9	12.171 9	0.460 4	0.166 8	5.995 3	0.076 8	13.021 0
10	2.367 4	0.422 4	0.155 8	6.417 7	0.065 8	15.192 9
11	2.580 4	0.387 5	0.147 0	6.805 2	0.057 0	17.560 3
12	2.812 7	0.355 5	0.139 7	7.160 7	0.049 7	20.140 7
13	3.065 8	0.326 2	0.133 6	7.486 9	0.043 6	22.953 4
14	3.341 7	0.299 3	0.128 4	7.786 2	0.038 4	26.019 2
15	3.642 5	0.274 5	0.124 1	8.060 7	0.034 1	29.360 9
16	3.970 3	0.251 9	0.120 3	8.312 6	0.030 3	33.003 4
17	4.327 6	0.231 1	0.117 1	8.543 6	0.027 1	36.973 7
18	4.717 1	0.212 0	0.114 2	8.755 6	0.024 2	41.301 3
19	5.141 7	0.194 5	0.111 7	8.950 1	0.021 7	46.018 5
20	5.604 4	0.178 4	0.109 6	9.128 6	0.019 6	51.160 1
21	6.108 8	0.163 7	0.107 6	9.292 2	0.017 6	56.764 5
22	6.658 6	0.150 2	0.105 9	9.442 4	0.015 9	62.873 3
23	7.257 9	0.137 8	0.104 4	9.580 9	0.014 4	69.531 9
24	7.911 1	0.126 4	0.103 0	9.706 6	0.013 0	76.789 8
25	8.623 1	0.116 0	0.101 8	9.822 6	0.011 8	84.700 9
26	9.399 2	0.106 4	0.100 7	9.929 0	0.010 7	93.324 0
27	10.245 1	0.097 6	0.099 7	10.026 6	0.009 7	102.723 1
28	11.167 1	0.089 6	0.098 9	10.116 1	0.008 9	112.968 2
29	12.172 2	0.082 2	0.098 1	10.198 3	0.008 1	124.135 3
30	13.267 7	0.075 4	0.097 3	10.273 7	0.007 3	136.307 5
31	14.461 8	0.069 2	0.096 7	10.342 8	0.006 7	149.575 2
32	15.763 3	0.063 4	0.096 1	10.406 2	0.006 1	164.036 9

附录 B 配电网典型供电模式

配电网典型供电模式（A－2）如图 B－1 所示。

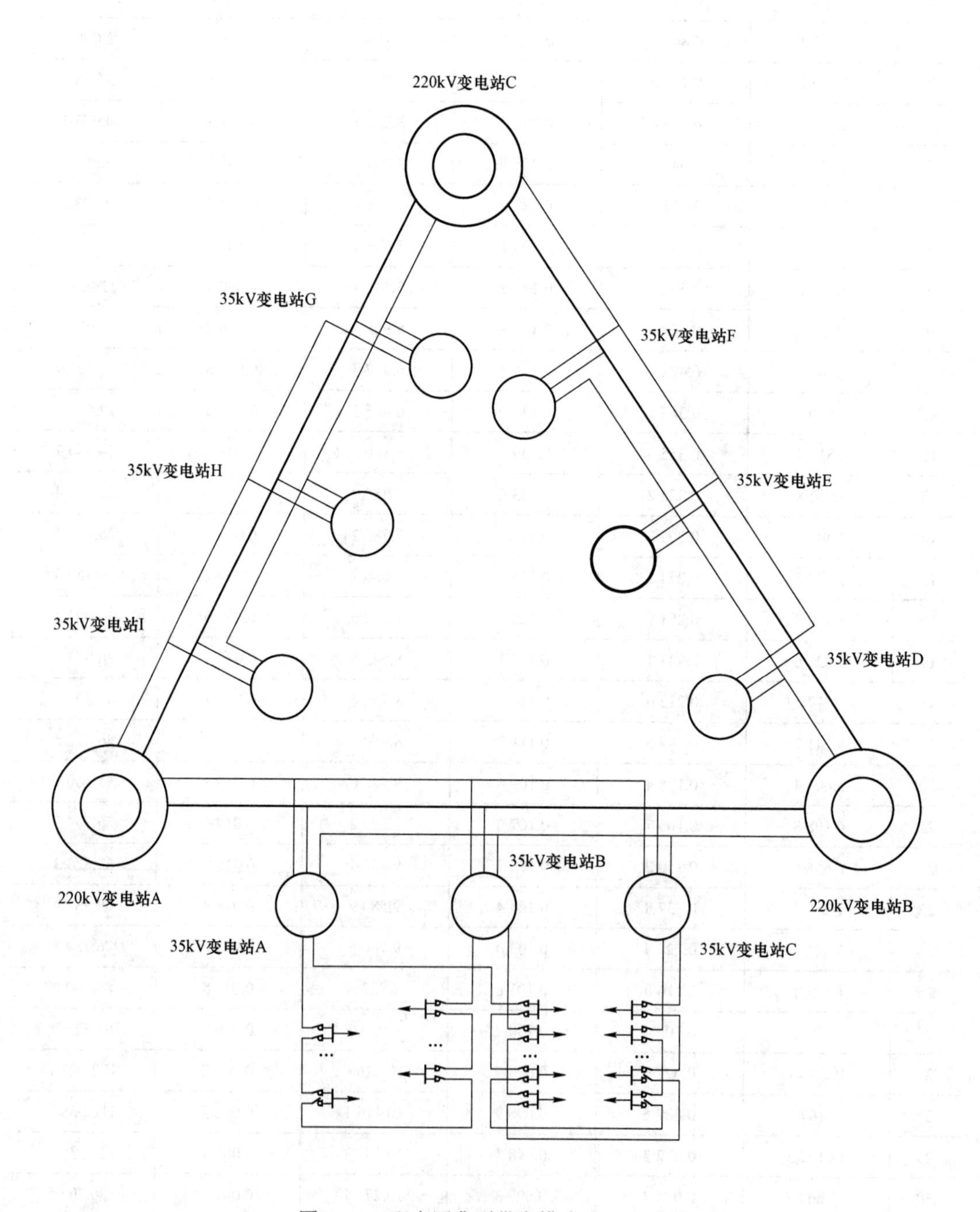

图 B－1 配电网典型供电模式（A－2）

配电网典型供电模式（A－4）如图 B－2 所示。

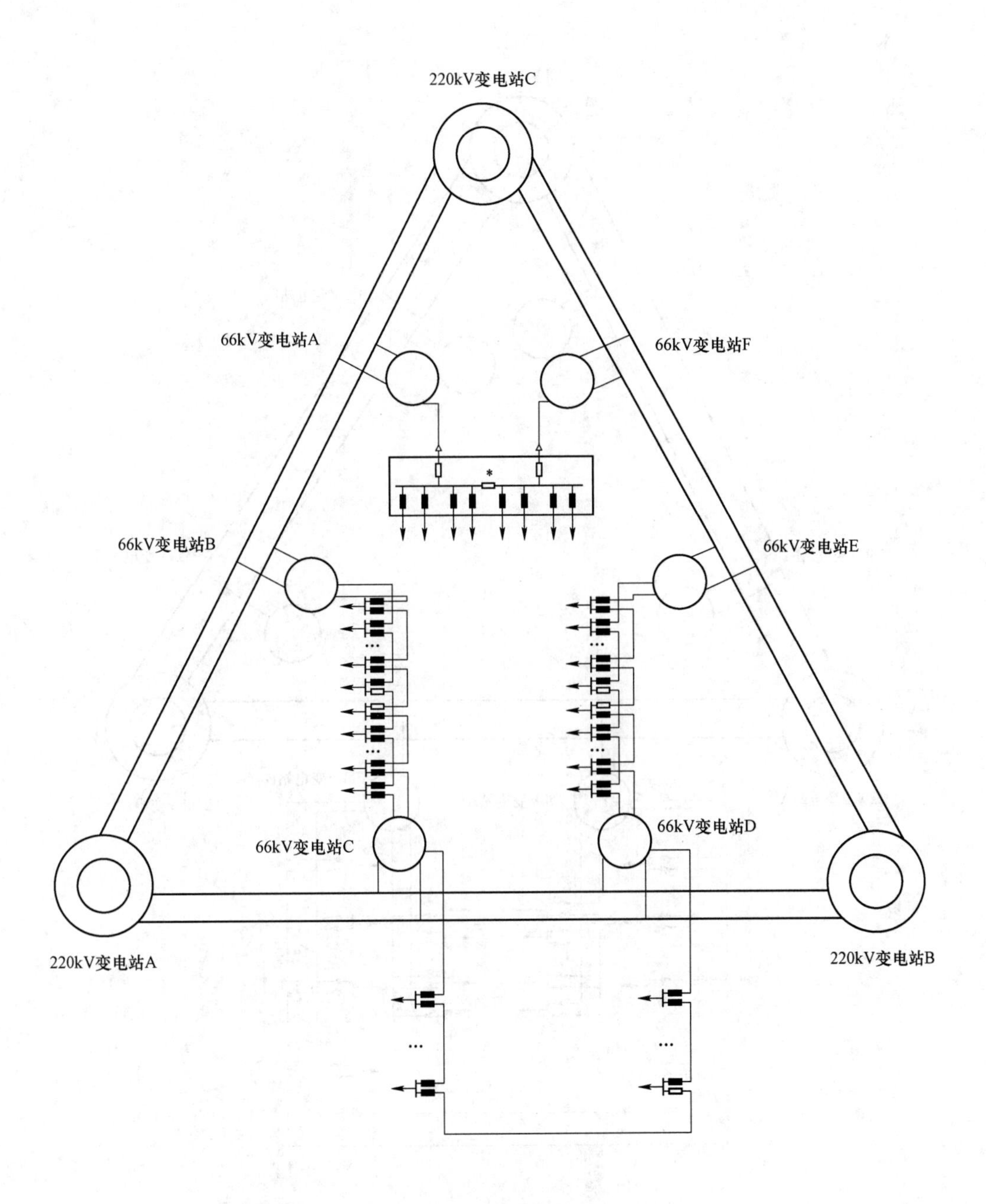

图 B－2　配电网典型供电模式（A－4）

配电网典型供电模式（B－2）如图 B－3 所示。

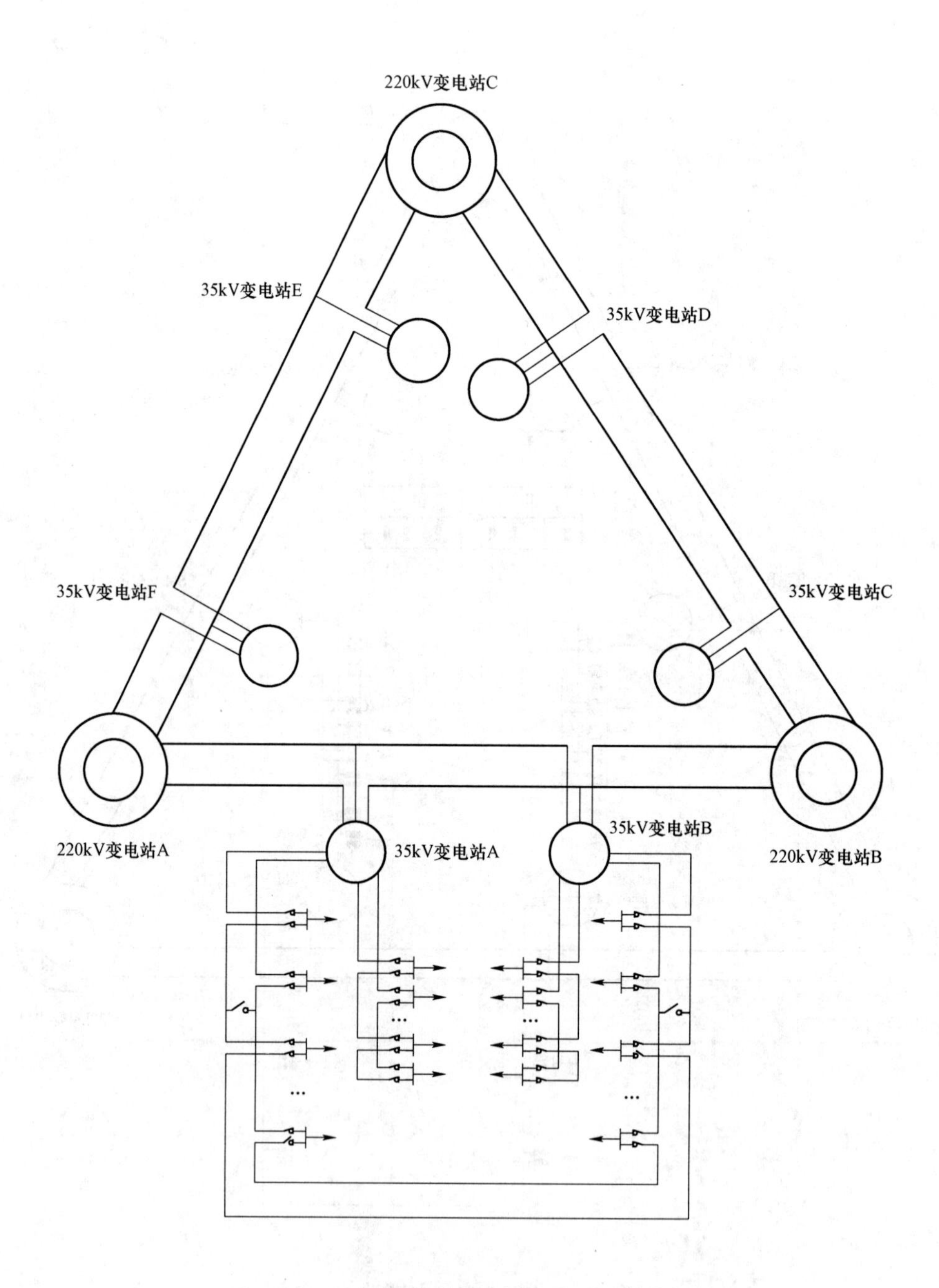

图 B－3　配电网典型供电模式（B－2）

配电网典型供电模式（B－3）如图 B－4 所示。

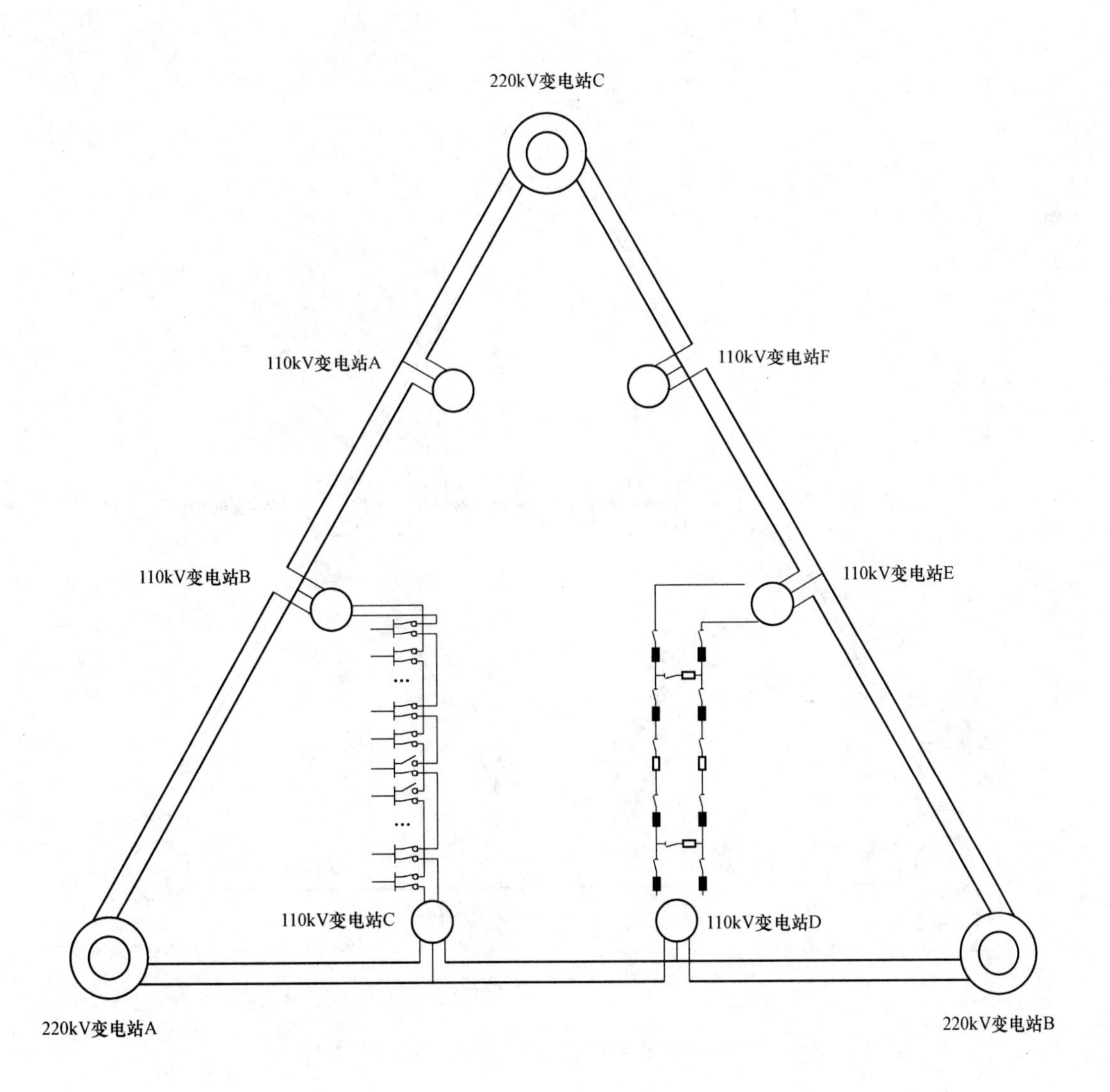

图 B－4　配电网典型供电模式（B－3）

配电网典型供电模式（C－3）如图 B－5 所示。

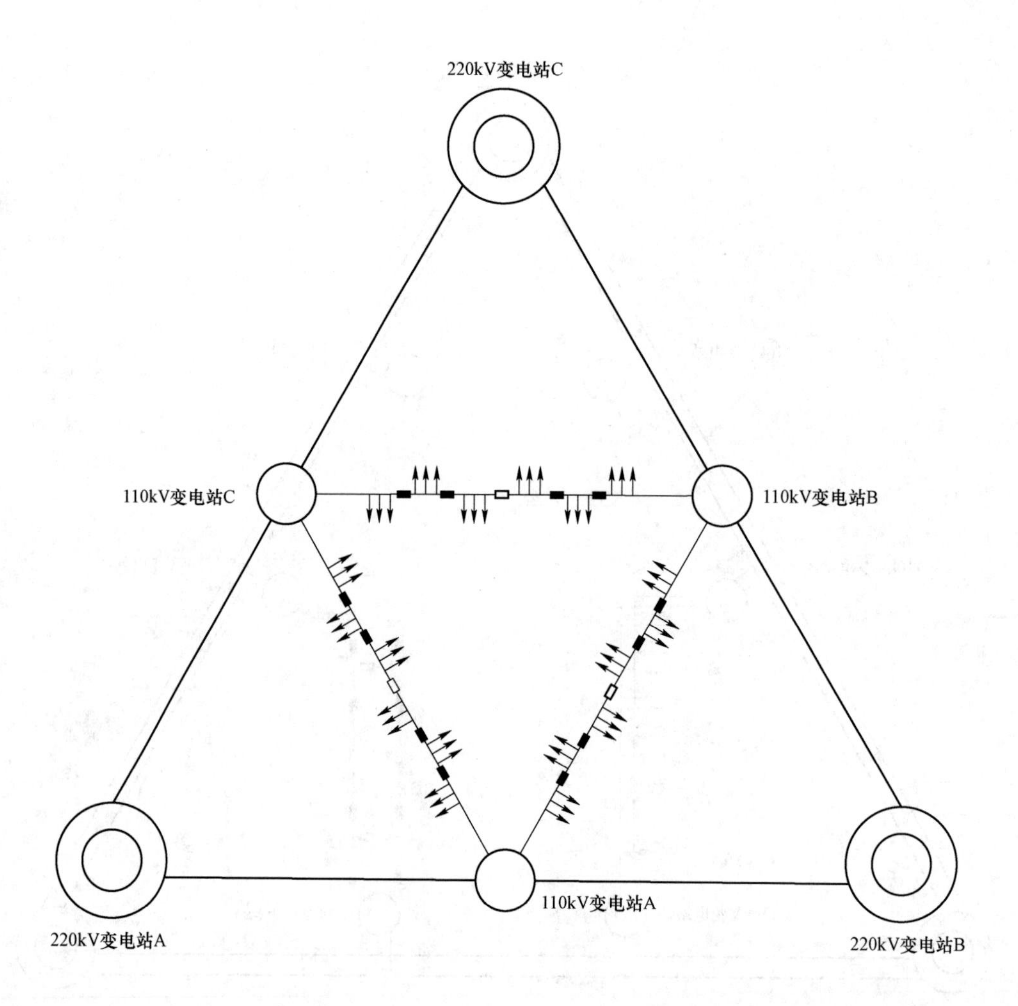

图 B－5　配电网典型供电模式（C－3）

配电网典型供电模式（D–2）如图B–6所示。

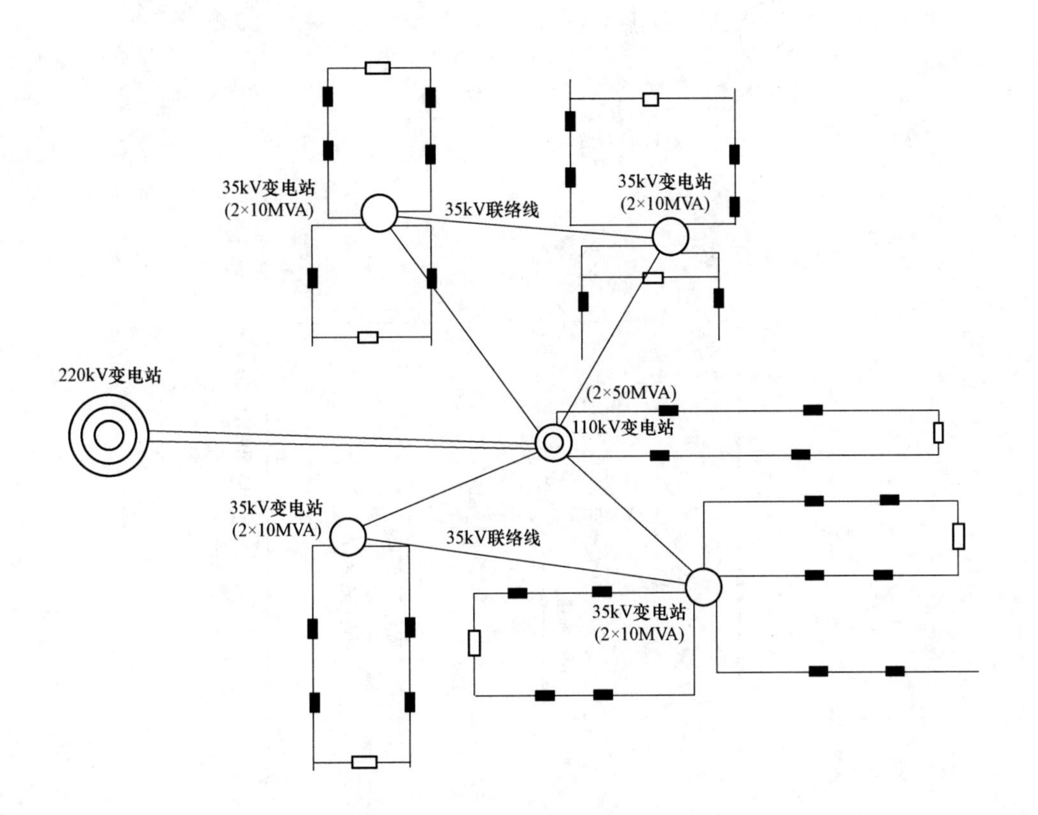

图B–6 配电网典型供电模式（D–2）

配电网典型供电模式（E－2）如图 B－7 所示。

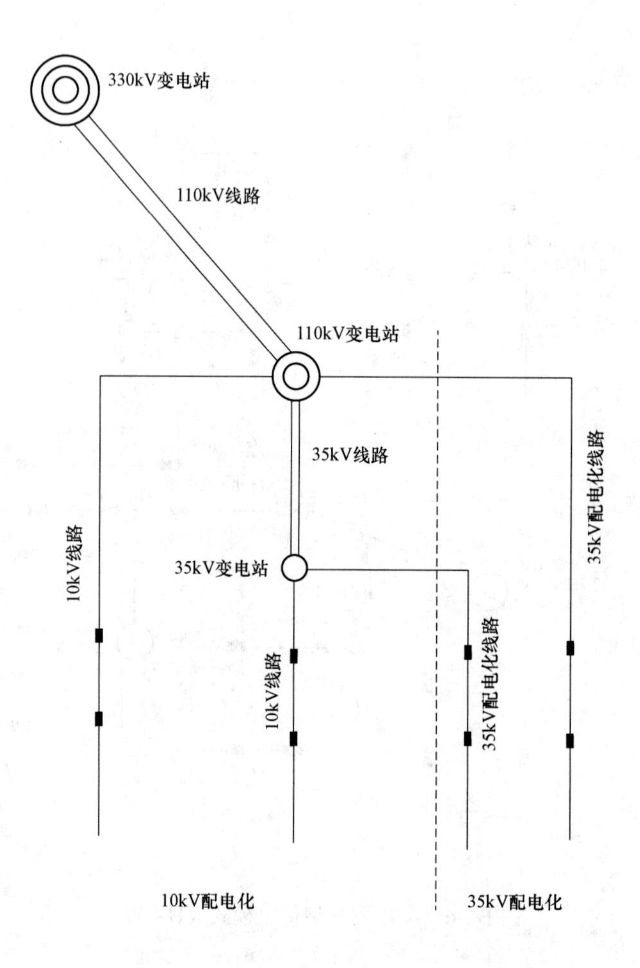

图 B－7　配电网典型供电模式（E－2）